河南省"十四五"普通高等教育规划教材

高等学校计算机教育信息素养系列教材

计算机
应用基础

毛建景 刘彩霞 ◎ 主编

人民邮电出版社

北京

图书在版编目（CIP）数据

计算机应用基础 / 毛建景，刘彩霞主编. -- 北京：
人民邮电出版社，2021.9
高等学校计算机教育信息素养系列教材
ISBN 978-7-115-57087-1

Ⅰ．①计… Ⅱ．①毛… ②刘… Ⅲ．①电子计算机—
高等学校—教材 Ⅳ．①TP3

中国版本图书馆CIP数据核字(2021)第159373号

内 容 提 要

本书根据教育部高等院校大学计算机课程教学指导委员会关于推进新时代高校计算机基础教学改革的有关精神，在应用型本科院校人才培养关于"计算机应用基础"课程的教学实践和调查研究的基础上编写完成。

本书共 10 章，包括计算机基础知识、操作系统基础、使用 Word 2016 制作文档、使用 Excel 2016 制作电子表格、使用 PowerPoint 2016 制作演示文稿、数据库设计基础、计算机网络基础、信息浏览与发布、常用工具软件和计算机新技术及应用。

本书可作为高等院校非计算机专业"大学计算机基础"课程的教材，尤其适合作为应用型本科院校的"计算机应用基础"课程的教材，也可供计算机爱好者和初学者学习使用。

◆ 主　　编　毛建景　刘彩霞
　　责任编辑　张　斌
　　责任印制　王　郁　马振武
◆ 人民邮电出版社出版发行　　北京市丰台区成寿寺路 11 号
　　邮编　100164　电子邮件　315@ptpress.com.cn
　　网址　https://www.ptpress.com.cn
　　固安县铭成印刷有限公司印刷
◆ 开本：787×1092　1/16
　　印张：17　　　　　　　　　　2021 年 9 月第 1 版
　　字数：431 千字　　　　　　　2024 年 9 月河北第 6 次印刷

定价：56.80 元

读者服务热线：(010)81055256　印装质量热线：(010)81055316
反盗版热线：(010)81055315
广告经营许可证：京东市监广登字 20170147 号

编　委　会

主　　编：毛建景　刘彩霞

编　　委：（按姓氏笔画排序）

　　　　　王新露　冯新玲　张　瑶　张东坡　张凯萍

随着科学技术的飞速发展，计算机及其网络已经渗透到人们学习、工作、生活的方方面面。计算机及其网络的应用能力已经成为人们学习、工作、生活中所需要具备的基本技能。"计算机应用基础"课程是高等院校非计算机专业的一门重要的公共基础课程，这门课程的教材已有相当多的版本。然而，计算机及其网络技术的发展可以说是日新月异，新理念、新技术、新方法层出不穷。同时，各地域、各层次院校的办学定位及培养目标不同，所采用的培养方案及选择的教材体系有很大差异。因而教材的内容也要不断丰富、不断更新，以适应不同类型院校的人才培养目标。基于多年来的应用型本科院校人才培养关于"计算机应用基础"课程的教学实践和调查研究，并在参阅和借鉴众多相关教材的基础上，编者组织有关专家进行了研讨论证，结合教学过程中遇到的问题和积累的经验，编写了这本教材。

本书作为郑州工业应用技术学院建设的河南省精品在线开放课程——"计算机应用基础"的配套教材，重点介绍 Windows 10 和 Microsoft Office 2016，同时引入了与计算机相关的新技术（如云计算、大数据、人工智能、物联网、虚拟现实技术等）的介绍。本书内容紧扣应用型人才培养目标，案例紧密结合生活实践，同时深入挖掘思政元素，并兼顾计算机软件和硬件的最新发展。本书的编写目的是为本科生提供一本应用性较强、内容系统、结构完整、案例丰富的基础课教材。本书具有"内容丰富、与时俱进、实用性强"的特点，符合普通高等院校应用型人才的培养要求。

本书由郑州工业应用技术学院毛建景、刘彩霞任主编，冯新玲、王新露、张瑶、张东坡、张凯萍参与了本书的编写工作。本书的编写人员都是长期从事"计算机应用基础"课程教学、具有比较丰富的计算机公共课教学经验的教师，在该学科领域都有一定的研究成果和独到的创新之处。全书由毛建景、刘彩霞负责策划和审阅统稿。

本书是我们在 2019 年编写的同名教材的基础之上进行修订编写而成的，操作系统和应用软件的版本都进行了升级。书中的重难点内容配有讲解视频，读者扫描二维码即可观看。本书属于河南省"十四五"普通高等教育规划教材立项建设项目，在中国大学 MOOC 平台为学习者提供了优质的课程视频和丰富的配套资源。读者可登录中国大学 MOOC 平台搜索"郑州工业应用技术学院"，选择"计算机应用基础"或扫描课程二维码即可学习。

鉴于编者水平有限，书中难免存在不足之处，敬请广大读者批评指正。

编者
2021 年 5 月

目 录 CONTENTS

01 第1章 计算机基础知识

【学习目标】

- 了解计算机的发展、特点、分类和应用。
- 掌握计算机系统的基本结构、硬件组成。
- 了解计算机中的信息表示。

【引例】配置计算机系统

杨明是大一新生，为了满足学习需要，杨明决定购置一台计算机。想要顺利地组装一台计算机，首先要了解计算机的各个部件及其安装方法，以及安装注意事项；其次，组装好计算机后，还要设置参数、初始化硬盘；最后，需要安装和配置软件系统。如何购置一台性价比高的计算机是杨明所面对的问题。在学习和掌握了计算机的系统组成后，杨明根据需求轻松地组装了一台计算机。

1.1 计算机概述

计算机是一种令人惊奇的机器，能帮助用户执行许多不同的任务，无论用户是想完成工作、浏览网页、进行游戏，还是想看电影，它都能从不同的方面来协助用户达到目的。计算机已成为人们必备的工具之一。

随着微型计算机的出现及计算机网络的发展，计算机的应用已渗透到社会的各个领域，并逐渐改变人们的生活方式。21世纪的今天，熟练使用计算机已成为人们必须具备的技能。

1.1.1 计算工具的发展

人类所使用的计算工具是随着生产的发展和社会的进步，从简单到复杂、从低级到高级演变的，计算工具相继出现了算盘、加法器、乘法计算器、差分机、电子计算机等。从1946年出现第一台通用电子计算机到如今，计算机发展得十分迅速，已经渗透到社会的各个领域，对人类社会的发展产生了深刻的影响。

1. 算盘

算盘是我国传统的计算工具，它结合了十进制记数法和一整套计算口诀并一直沿用至今，被许多人看作最早的数字计算器。

2. 加法器

1642 年，法国数学家、物理学家布莱士·帕斯卡（Blaise Pascal）发明了滚轮式加法器，如图 1-1 所示。这是人类历史上第一台机械式数字计算器，其原理对后来的计算机械产生了深远的影响。帕斯卡从加法器的成功中得出结论——人的某些思维过程与机械过程没有差别，因此可以设想用机械模拟人的思维活动。

3. 乘法计算器

1673 年，德国数学家戈特弗里德·威廉·莱布尼茨（Gottfried Wilhelm Leibniz）发明了乘法计算器，如图 1-2 所示。这是第一台可以运行完整四则运算的计算器。莱布尼茨同时还提出了"可以用机械代替人进行烦琐重复的计算工作"的伟大构想，这一构想至今鼓舞着人们研发新的计算机。

图 1-1　滚轮式加法器

图 1-2　乘法计算器

4. 差分机

1822 年，英国数学家查尔斯·巴贝奇（Charles Babbage）发明了差分机，专门用于航海和天文计算，如图 1-3 所示。这是最早采用寄存器来存储数据的计算机，标志着早期程序设计思想的萌芽。

第一台差分机从设计到制造完成，耗费了巴贝奇整整 10 年光阴。它可以处理 3 个不同的 5 位数，计算精度达到 6 位小数，能演算出多种函数表。由于当时工业技术水平极低，第一台差分机从设计绘图到机械零件加工，都是巴贝奇亲自动手完成的。

5. 第一台通用电子计算机

1946 年 2 月 15 日，世界上第一台通用数字电子计算机——电子数字积分计算机（Electronic Numerical Integrator And Computer，ENIAC）研制成功，如图 1-4 所示。ENIAC 占地面积约 170m^2，有 30 个操作台，重达 30t，耗电 150kW，造价 48 万美元。它使用了 18800 个电子管、70000 个电阻、10000 个电容、1500 多个继电器、6000 多个开关，每秒能执行 5000 次加法或 400 次乘法计算，运算速度是继电器计算机的 1000 倍，是手工计算的 20 万倍。

图 1-3　差分机

图 1-4　ENIAC

6. 第一台晶体管计算机

美国贝尔实验室于 1955 年成功研制出世界上第一台晶体管计算机，如图 1-5 所示。晶体管计算机属于第二代计算机。相比采用定点运算的第一代计算机，第二代计算机普遍增加了浮点运算，使计算能力实现了一次飞跃。

7. 第一台微型计算机

1975 年 4 月，麻省理工学院研制出世界上第一台微型计算机 Altair 8800，如图 1-6 所示，售价 375 美元，带有 1KB 的存储器。

图 1-5　第一台晶体管计算机　　　　图 1-6　Altair 8800

8. 电子计算机的发展

自从 ENIAC 诞生后，计算机技术发展迅速。电子计算机经历了 70 多年的发展，可分为 4 代。

第一代计算机（1946—1954 年）：采用电子管，体积大、耗电高、价格昂贵、运算速度慢、可靠性低，使用机器语言，仅用于军事和科学研究工作。

第二代计算机（1955—1964 年）：采用晶体管，体积相对较小、成本低、功能强，运算速度和可靠性有所提升，使用汇编语言与高级语言，除用于军事和科学研究工作外，还用于数据处理和事务处理。

第三代计算机（1965—1971 年）：采用中小规模集成电路，体积进一步减小，耗电量进一步降低，运算速度和可靠性进一步提高，对计算机程序设计语言进行了标准化工作，并提出了计算机结构化程序设计思想，使用了操作系统，应用更加广泛。

第四代计算机（1971 年至今）：采用大规模或超大规模集成电路，体积小、耗电量大大降低，计算机的运算器、控制器等核心部件集成在一个集成电路芯片上，其运算速度和可靠性进一步提高，应用于工业、生活等各个方面。

1.1.2　计算机的特点

1. 运算速度快

运算速度是计算机的一个重要性能指标。计算机的运算速度通常用每秒执行的定点加法次数或平均每秒执行的指令条数来衡量。运算速度快是计算机的一个突出特点。计算机的运算速度已由早期的每秒几千次（如 ENIAC 每秒仅可完成 5000 次定点加法）发展到了现在的每秒可达几千亿次乃至亿亿次。

计算机的高速运算能力极大地提高了工作效率，把人们从浩繁的脑力劳动中解放了出来。过去用人工需要极长时间才能完成的计算，计算机在"瞬间"即可完成。曾有许多数学问题，由于计算量太大，数学家们毕生也无法解决，而使用计算机则可轻易地解决。

2. 计算精度高

科学研究和工程设计对计算结果的精度有很高的要求，一般的计算工具只能达到几位有效数字（如过去常用的四位数学用表、八位数学用表等），而计算机对数据的处理精度可达到十几位、几十位有效数字，根据需要甚至可达到任意位有效数字的精度。

3. 存储容量大

计算机的存储器可以存储大量数据，这使计算机具有了"记忆"功能。目前，计算机的存储容量越来越大，已高达千兆数量级的容量。计算机具有的"记忆"功能，是与传统计算工具的重要区别。

4. 具有逻辑判断功能

计算机的运算器除了能够完成基本的算术运算外，还具有进行比较、判断等逻辑运算的功能。这种能力是计算机处理逻辑推理问题的前提。

5. 自动化程度高，通用性强

由于计算机的工作方式是将程序和数据先存放在计算机内，工作时按程序规定的操作一步步地自动完成，一般无须人工干预，因而自动化程度高。这一特点是一般计算工具所不具备的。

计算机的通用性表现在几乎能求解自然科学和社会科学中一切类型的问题，能广泛地应用到各个领域。

1.1.3　计算机的分类

1. 按工作原理分类

计算机处理的信息在机内可用离散量或连续量表示。离散量也称为断续量，即用二进制数字表示的量（如用断续的电脉冲来表示数字 0 或 1）。连续量则用连续变化的物理量（如电压的振幅等）表示被运算量的大小。根据计算机信息表示形式和处理方式的不同，计算机可分为以下两大类。

（1）电子数字计算机：采用数字技术，处理离散量。

（2）电子模拟计算机：采用模拟技术，处理连续量。

目前，使用最多的是电子数字计算机，电子模拟计算机用得很少。由于当今使用的计算机绝大多数是电子数字计算机，故将其简称为电子计算机。

2. 按用途分类

计算机根据用途可分为通用计算机和专用计算机。

通用计算机的用途广泛，功能齐全，可适用于各个领域。专用计算机是为某一特定用途而设计的计算机。通用计算机数量多、应用广，目前市面上出售的计算机一般都是通用计算机。

3. 按规模分类

计算机根据规模（主要指硬件性能指标及软件配置）大小，可分为巨型机、大型机、中型机、小型机、微型机。

当今计算机的发展呈现多极化的趋势，而微型化和巨型化则是其中的两个重要方向。多极化是指巨、大、中、小、微等各机种均在发展。这些机种在计算机家族中都占有一席之地，拥有各自的应用领域。其中，微型机发展最快，数量最多，应用最广泛。

1.1.4　计算机的应用

1．科学计算

科学计算是指科学和工程中的数值计算。科学计算、理论研究、科学实验是当代科学研究的 3 种主要方法，科学计算主要应用在航天工程、气象、地震、核能技术、石油勘探、密码解译等涉及复杂计算的领域。

2．信息管理

信息管理是指非数值形式的数据处理，以计算机技术为基础，对大量数据进行加工处理，形成有用的信息。其被广泛应用于办公自动化、事务处理、情报检索、企业管理等领域。信息管理是计算机应用最广泛的领域之一。

3．过程控制

过程控制又称实时控制，指用计算机及时采集检测数据，按最佳值迅速地对控制对象进行自动控制或自动调节。过程控制目前已在冶金、石油、化工、纺织、水电、机械、航天等领域得到广泛应用。

4．计算机辅助系统

计算机辅助系统指通过人机对话，使用计算机辅助人们进行设计、加工、教学、管理等工作。例如，计算机辅助设计（Computer Aided Design，CAD）、计算机辅助制造（Computer Aided Manufacturing，CAM）、计算机辅助教育（Computer Based Education，CBE）、计算机辅助教学（Computer Assisted Instruction，CAI）、计算机管理教学（Computer Managed Instruction，CMI）。另外还有计算机辅助测试（Computer Aided Testing，CAT）和计算机集成制造系统（Computer Integrated Manufacturing System，CIMS）等。

5．人工智能

人工智能是计算机科学的一个分支，它旨在了解智能的实质，并生产出一种新的能以与人类智能相似的方式做出反应的智能机器。该领域的研究包括机器人、语音识别、图像识别、自然语言处理和专家系统等。人工智能自诞生以来，理论和技术日益成熟，应用范围也在不断扩大。

6．计算机网络与通信

计算机网络与通信指利用通信技术，将处于不同地理位置的计算机互连，以实现世界范围内的信息资源共享，并能交互式地交流信息。

7．学习与娱乐

使用计算机的过程同时也是学习的过程。用户可以利用计算机通过多媒体、视频课程、在线教程、电子书籍、学习软件等进行学习。计算机若被合理利用，其将成为用户学习道路上的"好朋友"。

学习之余，计算机也能为用户带来欢乐。它的娱乐功能也是非常强大的，除了能播放电影、音乐外，还有各种各样的游戏软件供用户选择。如果厌倦了一个人玩游戏，用户也可以选择网络游戏，并与其他网络用户进行沟通与交流。

总之，计算机是一种功能多样的机器，其将通信功能、游戏功能、学习功能、工作功能集于一身，在人们日常生活和工作中扮演着越来越重要的角色。

1.1.5　计算机的发展趋势

1. 微型化

现阶段，微型化的计算机已经进入家用电器及仪表仪器等小型设备中，它也是工业控制过程中最核心的部件之一。同时，它也使这些小型设备真正地实现智能化。随着微电子技术的快速发展，掌上型和笔记本型等微型计算机具有更高的性价比，因此很受大众青睐。

2. 智能化

计算机应用系统的智能化是计算机发展的又一个重要趋势。它是建立在现代基础科学之上的、新一代的智能化计算机，不但能够很好地模拟人的思维逻辑过程和感官行为，还能进行人们常做的"听""说""读""写""想"等行为过程，具有学习能力、推理能力及逻辑判断能力。

3. 巨型化

这里的巨型化与微型化并不矛盾。巨型化主要是指计算机的运算速度更快、运算精度更高，同时它具备功能更强及存储容量更大的特点。现阶段，我国巨型化的计算机应用系统运算速度能够达到每秒几亿亿次。

1.2　计算机的系统组成

1.2.1　计算机的组成

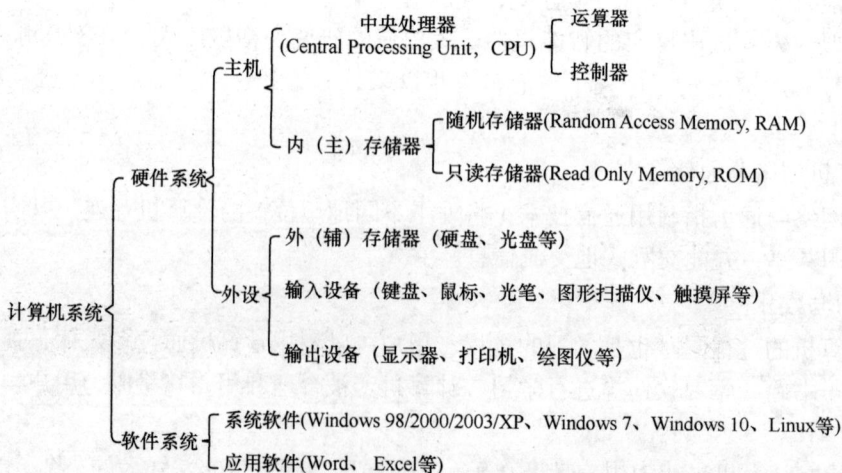

软件系统和硬件系统有机地组合起来就构成了计算机系统。硬件是计算机的实体，是软件存放和执行的物理场所；而软件则是计算机的"灵魂"，它"指挥"硬件完成用户给出的各种指令。计算机系统结构如图 1-7 所示。

计算机的组成

图 1-7　计算机系统结构

在计算机系统中，硬件是软件工作的物质基础，软件的正常工作是硬件发挥作用的唯一途径。计算机系统必须配备完善的软件系统才能正常工作，充分发挥其硬件的各种功能。因此，软件与硬件一样，都是计算机工作必不可少的组成部分。计算机硬件系统和软件系统的层次关系如图 1-8 所示。

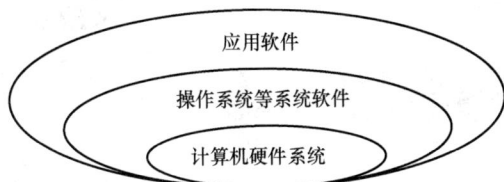

图 1-8　计算机系统层次关系

1.2.2　计算机硬件系统

硬件指的是计算机系统中由电子、机械、光电元件等组成的各种计算机部件和计算机设备。这些部件和设备依据计算机系统结构的要求，构成一个有机整体，称为计算机硬件系统。未配置任何软件的计算机叫裸机。硬件系统是计算机的"躯干"，是计算机完成工作的物质基础。

20 世纪 40 年代，著名数学家冯·诺依曼提出了"存储程序"和"程序控制"的概念。其主要思想如下。

（1）采用二进制形式表示数据和指令。

（2）计算机应包括运算器、控制器、存储器、输入设备和输出设备五大基本部件。

（3）采用存储程序和程序控制的工作方式。

所谓存储程序，就是将程序和处理问题所需的数据以二进制编码形式预先按一定顺序存放到计算机的存储器里。计算机运行时，中央处理器依次从内存储器中逐条取出指令，按指令规定执行一系列的基本操作，最后完成一个复杂的工作工程。这一切工作都是由一个负责指挥工作的控制器和一个执行运算工作的运算器共同完成的。这就是存储程序和程序控制的工作原理。

上述冯·诺依曼的思想为现代计算机设计奠定了基础，所以后来人们将采用这种设计思想的计算机称为冯·诺依曼型计算机。从 1946 年第一台通用电子计算机诞生至今，虽然计算机的设计和制造技术都有了极大的发展，但今天使用的绝大多数计算机的工作原理和基本结构仍然遵循冯·诺依曼的思想。

电子计算机从诞生至今，其体系结构基本没有发生变化，仍旧沿用冯·诺依曼体系结构，即计算机硬件是由运算器、控制器、存储器、输入设备和输出设备组成的，如图 1-9 所示。

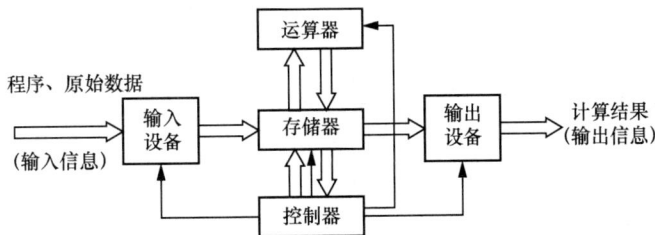

图 1-9　冯·诺依曼体系结构图

1. 输入设备

输入设备可以将外部信息（如文字、数字、声音、图像、程序、指令等）转变为数据输入计算机中，以便进行加工、处理。输入设备是用户和计算机系统之间进行信息交换的主要装置之一。键盘、鼠标、数码相机、摄像头、扫描仪、手写笔、手写输入板、游戏杆、语音输入装置等都属于输入设备，如图 1-10 所示。

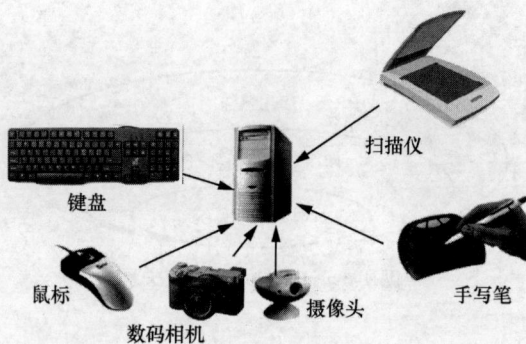

图 1-10　输入设备

2. 输出设备

输出设备可以把计算机对信息加工的结果反馈给用户。因此，输出设备是计算机实用价值的生动体现，它使系统能与外部世界沟通，能直接帮助用户大幅度地提高工作效率。输出设备分为显示输出、打印输出、绘图输出、影像输出及语音输出五大类，如图 1-11 所示。

3. 中央处理器

中央处理器是计算机内部完成指令读出、解释和执行的重要部件，是计算机的"心脏"。它由运算器、控制器组成，图 1-12 所示为 CPU 的实物图。

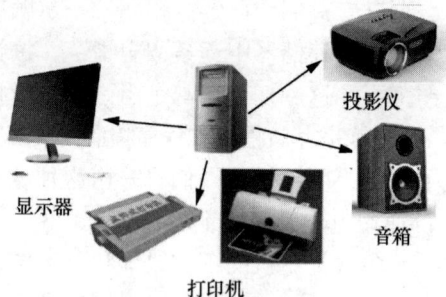

图 1-11　输出设备

图 1-12　CPU 的实物图

运算器和控制器是组成 CPU 的重要部件，在计算机系统中有不同的功能和作用。

（1）运算器是计算机对数据进行加工处理的中心，主要由算术逻辑部件（Arithmetic and Logic Unit，ALU）、通用寄存器和状态寄存器组成。ALU 主要完成对二进制信息的定点算术运算、逻辑运算和各种移位操作。通用寄存器用来保存参加运算的操作数和运算的中间结果。状态寄存器在不同的计算机中有不同的规定，在程序中，状态位通常作为转移指令的判断条件。

（2）控制器是计算机的控制中心，决定计算机运行过程的自动化。它不仅要保证程序的正确执行，而且要能够处理异常事件。控制器一般包括指令控制逻辑、时序控制逻辑、总线控制逻辑、中断控制逻辑等几个部分。

4. 存储器

存储器是计算机中存放所有数据和程序的记忆部件，其基本功能是按指定的地址存（写）入或者取（读）出信息。计算机中的存储器可分成两大类：一类是外存储器（辅助存储器），简称外存或辅存，硬盘是外存储器的典型代表，如图 1-13 所示；另一类是内存储器（主存储器），简称内存或主存，如图 1-14 所示。

图 1-13　外存储器

光驱（光盘）　U盘　硬盘　存储卡

图 1-14　内存储器

1.2.3　计算机软件系统

软件是指计算机运行所需的程序、数据和有关文档的总和。计算机软件通常分为系统软件和应用软件两大类，其中，系统软件一般由软件厂商提供，而应用软件是为解决某一问题而由用户或软件公司开发的。

1. 系统软件

系统软件一般是由计算机设计者提供的计算机程序，用于计算机管理、控制、维护和运行，方便用户使用计算机。系统软件包括操作系统、数据库管理系统、编译软件等。

2. 应用软件

应用软件是为解决计算机各类应用问题而编写的软件。随着计算机应用领域的不断拓展和计算机应用的广泛普及，各种各样的应用软件越来越多，如办公类软件 Microsoft Office、WPS Office、永中 Office、谷歌在线办公系统，图形处理软件 Photoshop、Illustrator，三维动画软件 3ds Max、Maya 等。

1.3　信息的表示与存储

1.3.1　数据与信息

信息是现代社会中广泛使用的一个概念。关于信息的定义众说纷纭。一般认为，信息是在自然界、人类社会和人类思维活动中普遍存在的一切物质和事物的属性。

所谓数据，是指存储在某种媒体上并且可以加以鉴别的符号资料。这里所说的符号，不仅包括文字、字母、数字，还包括图形、图像、音频与视频等多媒体数据。由于描述事物的属性必须借助于一定的符号，所以这些符号就是数据的形式。同一个信息也可以用不同形式的数据表示，例如，同样是星期天，中文用"星期日"表示，英文用"Sunday"表示。

在一般用语中，信息与数据并没有进行严格的区分。但是，从信息科学的角度来看，它们是不同的。数据是信息的具体表现形式，是信息的载体；而信息是对数据进行加工得到的结果，信息可以影响人们的行为、决策，或影响人们对客观事物的认知。

1.3.2　计算机中的数制

用若干数位（由数码表示）的组合去表示一个数，各个数位之间是什么关系，即逢"几"进位，就是进位计数制的问题，也就是数制问题。数制即进位计数制，是人们利用数字符号按进位原则进行数据大小计算的方法，通常生活中是以十进制来进行计算的。另外，还有二进制、八进制和十六进制等。

在计算机的数制中，要掌握 3 个概念，即数码、基数和位权。

① 数码：一个数制中表示基本数值大小的不同数字符号。例如，八进制有 8 个数码：0、1、2、3、4、5、6、7。

② 基数：一个数值所使用的数码个数。例如，八进制的基数为 8，二进制的基数为 2。

③ 位权：一个数值中某一位上的 1 所表示的数值大小。例如，八进制数 123，1 的位权是 64，2 的位权是 8，3 的位权是 1。

1. 十进制

十进制（Decimal Notation）的特点如下。

（1）有 10 个数码：0、1、2、3、4、5、6、7、8、9。

（2）基数为 10。

（3）逢十进一（加法运算），借一当十（减法运算）。

（4）按权展开式，对于任意一个有 n 位整数和 m 位小数的十进制数 D，均可按权展开，展开式如下。

$$D=D_{n-1} \cdot 10^{n-1}+D_{n-2} \cdot 10^{n-2}+\cdots+D_1 \cdot 10^1+D_0 \cdot 10^0+D_{-1} \cdot 10^{-1}+\cdots+D_{-m} \cdot 10^{-m}$$

例如，十进制数 456.24 的按权展开式如下。

$$456.24=4 \times 10^2+5 \times 10^1+6 \times 10^0+2 \times 10^{-1}+4 \times 10^{-2}$$

2. 二进制

二进制（Binary Notation）的特点如下。

（1）有两个数码：0、1。

（2）基数为 2。

（3）逢二进一（加法运算），借一当二（减法运算）。

（4）按权展开式，对于任意一个有 n 位整数和 m 位小数的二进制数 B，均可按权展开，展开式如下。

$$B=B_{n-1} \cdot 2^{n-1}+B_{n-2} \cdot 2^{n-2}+\cdots+B_1 \cdot 2^1+B_0 \cdot 2^0+B_{-1} \cdot 2^{-1}+\cdots+B_{-m} \cdot 2^{-m}$$

例如，$(11001.101)_2$ 的按权展开式和其表示的十进制数如下。

$$1 \times 2^4+1 \times 2^3+0 \times 2^2+0 \times 2^1+1 \times 2^0+1 \times 2^{-1}+0 \times 2^{-2}+1 \times 2^{-3}=(25.625)_{10}$$

3. 八进制

八进制（Octal Notation）的特点如下。

（1）有 8 个数码：0、1、2、3、4、5、6、7。

（2）基数为 8。

（3）逢八进一（加法运算），借一当八（减法运算）。

（4）按权展开式，对于任意一个有 n 位整数和 m 位小数的八进制数 O，均可按权展开，展开式如下。

$$O=O_{n-1} \cdot 8^{n-1}+\cdots+O_1 \cdot 8^1+O_0 \cdot 8^0+O_{-1} \cdot 8^{-1}+\cdots+O_{-m} \cdot 8^{-m}$$

例如，$(5346)_8$ 的按权展开式和其表示的十进制数如下。

$$5 \times 8^3+3 \times 8^2+4 \times 8^1+6 \times 8^0=(2790)_{10}$$

4. 十六进制

十六进制（Hexadecimal Notation）的特点如下。

（1）有 16 个数码：0、1、2、3、4、5、6、7、8、9、A、B、C、D、E、F。

（2）基数为 16。

（3）逢十六进一（加法运算），借一当十六（减法运算）。

（4）按权展开式，对于任意一个有 n 位整数和 m 位小数的十六进制数 H，均可按权展开，展开式如下。

$$H=H_{n-1} \cdot 16^{n-1}+\cdots+H_1 \cdot 16^1+H_0 \cdot 16^0+H_{-1} \cdot 16^{-1}+\cdots+H_{-m} \cdot 16^{-m}$$

在 16 个数码中，A、B、C、D、E 和 F 这 6 个数码分别代表十进制的 10、11、12、13、14 和 15。这是国际上通用的表示法。

例如，十六进制数（4C4D）$_{16}$ 的按权展开式和其代表的十进制数如下。

$$4\times16^3+C\times16^2+4\times16^1+D\times16^0=(19533)_{10}$$

4 种常用数制之间的对应关系如表 1-1 所示。

表 1-1　　　　　　　　　　　　　　4 种常用数制之间的对应关系

十 进 制 数	二 进 制 数	八 进 制 数	十六进制数
0	0000	0	0
1	0001	1	1
2	0010	2	2
3	0011	3	3
4	0100	4	4
5	0101	5	5
6	0110	6	6
7	0111	7	7
8	1000	10	8
9	1001	11	9
10	1010	12	A
11	1011	13	B
12	1100	14	C
13	1101	15	D
14	1110	16	E
15	1111	17	F

1.3.3　计算机中数制的转换

1. 二进制数、八进制数、十六进制数转换为十进制数

对于任何一个二进制数、八进制数、十六进制数，我们均可以先写出其位权展开式，再按十进制进行计算，将其转换为十进制数。

例如，以下两个式子就是分别将二进制数和十六进制数转换为十进制数。

$$(1111.11)_2 = 1\times2^3+1\times2^2+1\times2^1+1\times2^0+1\times2^{-1}+1\times2^{-2} =(15.75)_{10}$$

$$(A10B.8)_{16} = A\times16^3+1\times16^2+ 0\times16^1+B\times16^0 +8\times16^{-1} =(41227.5)_{10}$$

2. 十进制数转换为二进制数

整数部分：采用除 2 取余法，除到商为 0 为止；按从下往上的顺序排列余数即可得到结果。先取余数低位，后取余数高位。

小数部分：采用乘 2 取整法，直到小数部分为 0 或达到所要求的精度为止（小数部分可能永远不会得到 0），最先得到的整数排在最高位。

例如，将 $(241.43)_{10}$ 转换为二进制数（小数取 4 位）的过程如图 1-15 所示。

计算结果：$(241.43)_{10}=(11110001.0110)_2$。

3. 二进制数转换为八进制数

二进制数转换成八进制数的方法是从小数点开始，整数部分从右往左每 3 位分成一组，不足 3 位的向高位补 0 凑成 3 位；小数部分从左往右每 3 位分成一组，不足 3 位的向低位补 0 凑成 3 位。将每一组中的 3 位二进制数，转换成八进制数码中的数字，全部连接起来即可。

例如，把二进制数 11111101.101 转换为八进制数的方法如表 1-2 所示。

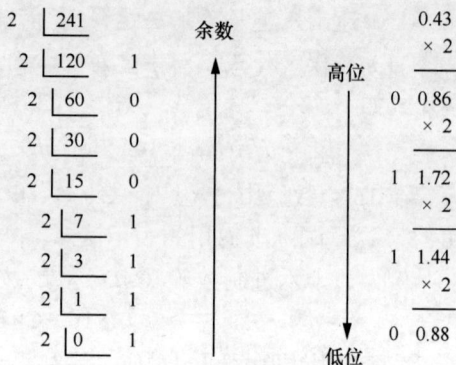

```
2 | 241              余数            0.43
2 | 120    1                        × 2
2 |  60    0        高位           0 0.86
2 |  30    0                        × 2
2 |  15    0                       1 1.72
2 |   7    1                        × 2
2 |   3    1                       1 1.44
2 |   1    1                        × 2
2 |   0    1        低位           0 0.88
```

图 1-15　十进制数转换为二进制数

表 1-2 　　　　　　　　　　　　　　　二进制数转换为八进制数

二进制数 3 位分组	011	111	101.	101
转换为八进制数	3	7	5.	5

所以，$(11111101.101)_2=(375.5)_8$。

4. 二进制数与十六进制数的相互转换

二进制数转换成十六进制数只要把每 4 位分成一组，不足 4 位的分别向高位或低位补 0 凑成 4 位，再分别转换成十六进制数中的数字，全部连接起来即可。

十六进制数转换成二进制数只要将每一位十六进制数转换成 4 位二进制数，然后依次连接起来即可。

将二进制数 10110001.101 转换为十六进制数的方法如表 1-3 所示。

表 1-3 　　　　　　　　　　　　　　　二进制数转换为十六进制数

二进制数 4 位分组	1011	0001.	1010
转换为十六进制数	B	1.	A

所以，$(10110001.101)_2=(B1.A)_{16}$。

1.3.4　计算机中数据的单位

在计算机内部，数据是以二进制的形式存储和参与运算的。计算机中数据的表示经常用到以下几个概念。

1. 位

二进制数据中的位（bit）是计算机存储数据的最小单位。一个二进制位只能表示 0 或 1 两种状态，要表示更多的信息，就要把多个位组合成一个整体，一般以 8 个二进制位组成一个基本单位。

2. 字节

字节（Byte）是计算机处理数据的最基本单位，计算机主要以字节为单位解释信息。一个字节为 8 位，即 1Byte=8bit。每个字节由 8 个二进制位组成。一般情况下，一个 ASCII 值占用一个字节，一个汉字国际码占用两个字节。

3. 字

一个字通常由一个或若干个字节组成。字（Word）是计算机进行数据处理时，一次存取、加工和传送的数据长度。由于字长是计算机一次所能处理信息的实际位数，所以字长决定了计算机处理数据的速度，它是衡量计算机性能的一个重要指标，字长越长，计算机的性能越好。

4. 数据的换算关系

计算机应用的数据换算关系如下。

1Byte=8bit；1KB=1024Byte；1MB=1024KB；1GB=1024MB；1TB=1024GB。

计算机型号不同，所对应的字长是不同的，常用的字长有 8、16、32 和 64 位。一般情况下，IBM PC/XT 的字长为 8 位，80286 微机的字长为 16 位，80386/80486 微机的字长为 32 位，Pentium 系列微机的字长为 64 位。

数据是计算机处理的对象。在计算机内部，各种信息都必须通过数字化编码后才能进行存储和处理。计算机内部一律采用二进制，而人们在编程中经常会使用十进制，有时为了方便还会采用八进制和十六进制。

1.3.5　字符的编码

1. ASCII

字符是用来组织、控制或表示数据的字母、数字，以及计算机能识别的其他符号，使用最广泛的是美国信息交换标准代码（American Standard Code for Information Interchange，ASCII），如表 1-4 所示。

表 1-4　　　　　　　　　　　　　　　　　ASCII 表

$b_4b_3b_2b_1$	$b_7b_6b_5$							
	000(0)	001(1)	010(2)	011(3)	100(4)	101(5)	110(6)	111(7)
0000(0)	NUL	DLE	SP	0	@	P	`	p
0001(1)	SOH	DC1	!	1	A	Q	a	q
0010(2)	STX	DC2	"	2	B	R	b	r
0011(3)	ETX	DC3	#	3	C	S	c	s
0100(4)	EOT	DE4	$	4	D	T	d	t
0101(5)	ENQ	NAK	%	5	E	U	e	u
0110(6)	ACK	SYN	&	6	F	V	f	v
0111(7)	BEL	ETB	'	7	G	W	g	w
1000(8)	BS	CAN	(	8	H	X	h	x
1001(9)	HT	EM	)	9	I	Y	i	y
1010(A)	LF	SUB	*	:	J	Z	j	z
1011(B)	VT	ESC	+	;	K	[	k	{
1100(C)	FF	FS	,	<	L	\	l	|
1101(D)	CR	GS	-	=	M	]	m	}
1110(E)	SO	RS	.	>	M	^	n	~
1111(F)	SI	US	/	?	O	_	o	DEL

ASCII 用 7 位二进制数表示一个字符，排列顺序为 $b_7b_6b_5b_4b_3b_2b_1$，并且规定用一个字节的低 7 位表示字符编码，最高位恒为 0。7 位二进制数共可以表示 128 个字符。这些字符包括 26 个大写英文字母，26 个小写英文字母，10 个十进制数字，32 个标点符号、运算符、专用字符，以及 34 个通用控制字符。

例如，"CR"符的 ASCII 十六进制为"0DH"，"LF"符的 ASCII 十六进制为"0AH"，"SP"符的 ASCII 十六进制为"20H"，"9"的 ASCII 十六进制为"39H"，"W"的 ASCII 十六进制为"57H"等。

2. 汉字编码

（1）汉字交换码。由于汉字数量极多，所以计算机一般用连续的两个字节（16 个二进制位）来表示一个汉字。1980 年，我国颁布了第一个汉字编码字符集标准，即 GB2312—1980《信息交换用汉字编码字符集基本集》。该标准编码简称国标码，是我国及海外华语区通用的汉字交换码。GB2312—1980 收录了 6763 个汉字及 682 个全角字符，共 7445 个字符，奠定了中文信息处理的基础。

（2）汉字机内码。国标码不能直接在计算机中使用，因为它没有考虑与基本的信息交换代码 ASCII 的冲突。例如，"大"的国标码是 3473H，与字符组合"4S"的 ASCII 相同；"嘉"的汉字编码为 3C4EH，与码值为 3CH 和 4EH 的两个 ASCII 字符"<"和"N"混淆。为了能区分汉字与 ASCII，在计算机内部表示汉字时把交换码（国标码）的两个字节的最高位改为 1，称为"机内码"。这样，当某字节的最高位是 1 时，它必须和下一个最高位同样为 1 的字节合起来，代表一个汉字。

（3）汉字字形码。汉字字形码实际上就是用来将汉字显示到屏幕上或打印到纸上所需要的图形数据。

汉字字形码记录汉字的外形，是汉字的输出形式。记录汉字字形通常有两种方法，即点阵法和矢量法。这两种方法分别对应两种字形编码：点阵码和矢量码。所有的不同字体、字号的汉字字形构成汉字库。

点阵码是一种用点阵表示汉字字形的编码。它把汉字按字形排列成点阵，一个 16×16 点阵的汉字要占用 32 个字节，一个 32×32 点阵的汉字则要占用 128 个字节，而且点阵码缩放困难、容易失真。

（4）汉字输入码。将汉字通过键盘输入计算机时采用的代码称为汉字输入码，也称为汉字外部码（外码）。汉字输入码的编码原则上应该易于接受、学习、记忆和掌握，重码少，码长应尽可能短。

目前，我国的汉字输入码编码方案已有上千种，但是在计算机上常用的是流水码、音码、形码和音形结合码 4 种。例如，智能 ABC、微软拼音、搜狗拼音输入法和谷歌拼音等汉字输入法对应的是音码，五笔字型对应的是形码。音码重码多、单字输入速度慢，但容易掌握；形码重码较少，单字输入速度较快，但是学习和掌握起来较困难。目前智能 ABC、微软拼音和搜狗拼音输入法等音码输入法为主流汉字输入方法。

1.4 计算机研究新领域

计算机技术在飞速发展的过程中得到了广泛的应用，对社会的变革发挥着巨大的作用。计算机技术未来的发展已有了新的研究领域，新型计算机也将层出不穷。

1. 量子计算机

量子计算机是以量子力学为基础进行高速数学和逻辑运算的新型计算机。量子计算机的优势在于能够对量子信息进行计算和处理。当计算机运行量子算法时，我们可以称之为量子计算机。量子计算机相比于当前的计算机，其存储空间是巨大的，而且计算速度也是当前计算机无法比拟的。以当前计算机技术发展的速度和趋势来看，使用量子计算机的时代很快就会到来。

2. 分子计算机

分子计算机是指通过分子来处理信息的计算机。这种计算机主要通过分子晶体吸收以电荷形式存在的信息，其优势在于可实现高效的组织排列，而且具有体积小、速度快、存储时间长等特点。随着技术的不断发展，分子计算机的出现也指日可待。

3. 生物计算机

生物计算机是通过生物芯片集成晶体管而制成的计算机。生物计算机的优势在于耗能低、运算速度快、存储空间巨大。不过，这种计算机也存在一定的缺陷，例如提取信息比较困难，因而以目前的计算机技术条件，生物计算机还无法得到广泛的应用。不过，在未来，其缺陷或可得到解决。生物计算机的发展前景也是良好的。

4. 神经网络计算机

神经网络计算机通过模仿人的大脑神经脉络制成计算机网络系统并加以运行。在这个基础上，神经网络计算机被视为巨大的机器，其要处理很多繁杂的信息。因而，在此过程中，神经网络计算机可以在判断和处理信息时得出信息处理结果，其内部的信息组要在神经元的网络中被存储。该类计算机还能够对原来存储的信息进行备份，以确保即使神经元节点出现问题，信息也不会丢失。

1.5　我国计算机的发展历程

我国的计算机事业起步于 20 世纪 50 年代中期。过去的几十年，经过科研人员艰苦的奋斗，我国的计算机科研能力得到了很大的提升，许多领域达到了国际先进水平，高性能计算机的研制水平达到了国际领先水平。我国计算机的发展历程如下。

1. 第一代电子管计算机研制（1958—1964 年）

1957 年，中科院计算所开始研制通用数字电子计算机。1958 年 8 月 1 日，中科院计算所研制的计算机可以运行短程序，这标志着我国第一台通用数字电子计算机诞生。

1958 年 5 月，我国开始了大型通用数字电子计算机（104 机）的研制。在研制 104 机的同时，夏培肃领导的科研小组首次自行设计并于 1960 年 4 月成功研制出一台小型通用数字电子计算机——107 机。1964 年，我国第一台自行设计的大型通用数字电子计算机 119 机研制成功。

2. 第二代晶体管计算机研制（1965—1972 年）

1965 年，中科院计算所成功研制了我国第一台大型晶体管计算机——109 乙机。随后科研人员对 109 乙机加以改进，两年后又推出 109 丙机。109 丙机在我国"两弹"研制中发挥了重要作用，被誉为"功勋机"。

3. 第三代中小规模集成电路的计算机研制（1973 年至 20 世纪 80 年代初）

1973 年，北京大学等单位成功研制运算速度为每秒 100 万次的大型通用计算机。1974 年，清华大学等单位联合设计，成功研制 DJS-130 小型计算机，后又推出 DJS-140 小型机，形成了

100 系列产品。20 世纪 70 年代后期，655 机和 151 机分别被研制成功，速度都在百万次级。进入 20 世纪 80 年代后，我国高速计算机，特别是向量计算机又有了新的发展。

4. 第四代超大规模集成电路的计算机研制（20 世纪 80 年代至今）

我国第四代计算机研制是从微机开始的。20 世纪 80 年代初，我国不少单位也开始采用 Z80、X86 和 6502 芯片研制微机。多年来，我国微机产业走过了一段不平凡的道路，现在国产微机已占领一大半国内市场。

本章小结

本章首先介绍了计算机发展的历程、特点和分类，并详细讲解了计算机的应用；其次，通过对计算机硬件和软件的讲解，帮助读者掌握计算机的系统结构；接着，通过对数制的介绍，帮助读者理解计算机中信息的表示和存储形式；最后，介绍了我国计算机的发展历程。

练习题

一、选择题

（1）世界上第一台通用电子计算机诞生于（　　）。

    A. 20 世纪 40 年代　　　　　　　　　B. 19 世纪

    C. 20 世纪 80 年代　　　　　　　　　D. 1950 年

（2）最能准确描述计算机的主要功能的是（　　）。

    A. 计算机可以代替人的脑力劳动　　　B. 计算机可以存储大量信息

    C. 计算机是一种信息处理机　　　　　D. 计算机可以实现高速度的计算

（3）微型计算机的性能指标主要取决于（　　）。

    A. RAM　　　　　B. CPU　　　　　C. 显示器　　　　　D. 硬盘

（4）硬盘是计算机的（　　）。

    A. 中央处理器　　B. 内存储器　　　C. 外存储器　　　　D. 控制器

（5）存储器容量的基本单位是（　　）。

    A. 字位　　　　　B. 字节　　　　　C. 字码　　　　　D. 字长

（6）"财务管理"软件属于（　　）。

    A. 工具软件　　　B. 系统软件　　　C. 字处理软件　　　D. 应用软件

（7）计算机采用二进制不是因为（　　）。

    A. 物理上容易实现　　　　　　　　　B. 规则简单

    C. 逻辑性强　　　　　　　　　　　　D. 人们的习惯

（8）以下十六进制数的运算，（　　）是正确的。

    A. 1+9=A　　　　B. 1+9=B　　　　C. 1+9=C　　　　D. 1+9=10

（9）以下字符中，ASCII 值最小的是（　　）。

    A. A　　　　　　B. 空格　　　　　C. 0　　　　　　　D. h

（10）计算机的机器语言程序是用（　　）表示的。

    A. ASCII　　　　B. 二进制代码　　C. 外码　　　　　D. 目标码

二、简答题

（1）简述计算机的发展史。

（2）计算机的特点是什么？

（3）计算机的性能指标有哪些？

（4）完成下列进制转换。

$(1023)_{10}$=(　　　　)$_2$　　　　　　$(101101001)_2$=(　　　　)$_{10}$

【价值引领】

● 通过国家的发展、科技的进步，培养学生民族自豪感、民族忧患意识和民族自信心，增强学生的"四个自信"。

● 激励学生的爱国主义精神，培养学生的责任心和使命感，树立努力学习实现科教兴国的理想。

● 激励学生敢于创新、敢于梦想，引导学生学习知识和技能，成为一名高素质技能型人才。

● 向学生传递积极向上的社会主义核心价值观，树立正确的世界观、人生观、价值观。

02 第2章 操作系统基础

【学习目标】
- 了解操作系统的功能和分类。
- 熟练掌握 Windows 10 的基本操作方法。
- 熟练掌握 Windows 10 的桌面和文件管理方法。
- 熟练掌握 Windows 10 的系统设置方法。

【引例】计算机个性化设置

张东是××传媒公司的一名计算机系统管理员。公司新购置了一批计算机，他需要结合公司文化和部门工作任务，对这批计算机进行个性化的定制，主要包括显示桌面基本图标、更换桌面背景、设置公司文化宣传图片为锁屏界面、建立系统管理员和访客账号、设置 IP 地址、安装办公软件等。

2.1 认识操作系统

操作系统（Operating System，OS）是电子计算机系统中用以控制、管理计算机中软件、硬件资源和程序执行，负责支撑应用程序运行环境及用户操作环境的一种功能强大的系统资源管理程序。操作系统是最底层的系统软件，是计算机裸机与应用程序及用户之间的"桥梁"，是整个计算机系统的控制、调度和管理中心，是用户和计算机之间交互的界面。没有操作系统，用户将无法使用应用软件或程序。

2.1.1 操作系统的功能

操作系统在计算机系统中具有承上启下的地位，对内管理计算机系统的各种资源，扩充硬件的功能；对外提供良好的人机交互界面，方便用户使用计算机。从用户的角度来说，操作系统是对计算机硬件的扩充，其提供了一个人机交互操作的界面；从计算机系统结构来说，操作系统是一种层次、模块结构的程序集合，是无序模块的有序层次调用。

进程管理、作业管理、设备管理、文件管理、存储管理等功能模块相互配合，共同完成操作系统既定的全部职能。

1. 进程管理

进程管理最基本的功能是处理中断事件。处理器只能发现中断事件并产生中断，而不能进行处理，配置操作系统后，就可对各种事件进行处理。进程管理的另一功能是处理器调度。处理器可能是一个，也可能是多个，不同类型的操作系统将针对不同情况采取不同的调度策略。

2. 作业管理

作业管理的任务是为用户提供一个使用系统的良好环境，使用户能有效地组织自己的工作流程。每个用户请求计算机系统完成的一个独立的操作称为作业。作业管理包括作业的输入和输出、作业的调度与控制。

3. 设备管理

设备管理的主要任务是有效地分配和使用计算机外部设备，协调计算机处理器与设备操作之间的时间差异，提高系统的总体性能，包括对输入/输出设备的分配、启动、故障处理和回收。用户要使用外部设备时，必须提出请求，待操作系统进行统一分配后方可使用。当应用程序要使用某外部设备时，由操作系统负责驱动外部设备。操作系统还具有处理外部设备中断请求的能力。

4. 文件管理

文件管理是指操作系统对各类信息资源（如系统软件、应用软件、文件、程序库等）进行逻辑和物理组织，实现从逻辑文件到物理文件之间的转换，进而实现对计算机系统中信息资源的管理。文件是在逻辑上具有完整意义的一组相关信息的有序集合，每个文件都有一个文件名。在操作系统中，负责存取的管理信息的部分称为文件系统。文件管理支持文件的存储、检索和修改等操作，以及文件的保护功能。

5. 存储管理

存储管理是对存储空间的管理，主要指对内存的管理，其任务是分配内存空间，保证各作业占用的存储空间不发生矛盾，并使各作业在自己所属存储区中互不干扰。也就是说，存储管理的作用是按照一定的策略使用户存放在内存中的程序和数据不被破坏，并进行存储空间的优化管理。

2.1.2 操作系统的分类

1. 操作系统的分类

（1）操作系统按运行环境分为批处理操作系统（DOS）、分时操作系统（Linux、UNIX、macOS）和实时操作系统（Windows）。

（2）操作系统按支持的用户数目分为单用户操作系统（DOS、OS/2）和多用户操作系统（UNIX、Windows 等）。

（3）操作系统按硬件结构分为网络操作系统（Netware、Windows NT、OS/2）、分布式操作系统（Amoeba）和多媒体操作系统（Amiga）。

（4）操作系统按应用领域分为桌面操作系统、服务器操作系统和嵌入式操作系统。

2. 操作系统的发展过程

（1）CP/M 系统是第一个微机操作系统，开发于 1974 年，具有操作主机、内存、磁鼓、磁带、磁盘、打印机等硬件的功能。CP/M 系统通过控制总线上的程序和数据，有条不紊地执行着用户的指令。

（2）DOS 是 1981 年由微软公司为 IBM 公司的个人计算机开发的，即 MS-DOS。它是一个单用户，单任务的操作系统。1985—1995 年，DOS 占据操作系统的统治地位。

（3）Windows 系统是一个为个人计算机和服务器用户设计的操作系统。其版本有 Windows 1.0、Windows 9x、Windows 2000、Windows XP、Windows Server 2003、Windows Vista、Windows 7、Windows 8 和 Windows 10 等。Windows 系统取代了 DOS 曾经的地位。

（4）UNIX 是一种分时计算机操作系统，自 1969 年出现以来，已有 50 多年。虽然目前市场上竞争激烈，但是它仍然是个人计算机、服务器、中小型机、工作站、大巨型机及集群上通用的操作系统。

（5）Linux 是一个支持多用户、多进程、多线程，实时性较好且稳定的操作系统。自 1991 年 Linux 操作系统问世以来，以令人惊讶的速度迅速在服务器和桌面系统中取得了成功。它已经被业界认为是未来最有前途的操作系统之一。在嵌入式领域，Linux 操作系统由于具有开放源代码、良好的可移植性、丰富的代码资源等特性，被越来越多的使用者关注。

（6）FreeBSD 是一种运行在 Intel 平台上、可以自由使用的 UNIX 系统，其突出的特点是提供先进的联网、负载能力，具有卓越的安全性和兼容性。

（7）macOS 是一套运行于苹果 Macintosh 系列计算机上的操作系统。macOS 是首个在商用领域取得成功的图形用户界面操作系统。

（8）Android 是一种基于 Linux 内核（不包含 GNU 组件）的自由及开放源代码的操作系统。它主要用于移动设备中，如智能手机和平板电脑，由 Google 公司和开放手机联盟领导及开发。

2.2　Windows 10 的基本操作

Windows 10 系列包括 Windows 10 家庭版、Windows 10 专业版、Windows 10 企业版、Windows 10 教育版、Windows 10 移动版、Windows 10 物联网版等版本。对绝大多数用户来说，接触得最多的应该就是 Windows 10 家庭版，该版本会被预装在大多数全新的家用 PC 中，同时具备大多数 Windows 10 的关键功能，包括开始菜单、Edge 浏览器、Windows Hello 生物特征认证登录及 Cortana 虚拟助手等。

2.2.1　Windows 10 的启动与退出

1. Windows 10 的启动

打开计算机主机和显示器电源开关，计算机开始对其中的硬件进行系统检测，屏幕中显示自检信息。自检通过后，Windows 10 将载入内存。系统启动完成后，根据操作系统的设置，会直接显示操作系统桌面，或者用户登录界面。在用户登录界面按照要求选择用户并输入密码，按【Enter】键或者使用 Windows Hello 方式登录，即可显示 Windows 10 的桌面。

2. Windows 10 的退出

保存好必要的文件数据，并关闭打开的应用程序后，方可退出 Windows 10（关闭计算机）。如不按规范操作，轻则导致文件数据丢失或损坏，重则导致操作系统下次无法成功启动。退出 Windows 10 的操作步骤如下。

（1）单击"开始"按钮⊞，弹出"开始"菜单。

（2）单击"电源"按钮⏻，将弹出"睡眠""关机""重启"等选项。

（3）单机"关机"按钮⏻，退出 Windows 10 操作系统。

2.2.2 鼠标的操作

操作系统进入图形化时代后，鼠标因操作简洁、灵活而发挥着重要的作用。在 Windows 10 中鼠标适合对窗口、图标及菜单等进行操作，操作简单、方便且快速。目前较为常用的鼠标类型是光电鼠标，其原理是通过发光二极管和光电二极管来检测鼠标相对于一个表面的运动，它与机械鼠标不一样，不需要通过鼠标球的旋转来驱动两个互相垂直的轴从而获得鼠标移动的位置。

鼠标的基本操作有 5 种，包括移动定位、单击、双击、右击和拖曳，可协助用户完成不同的动作，如选择一个文件、打开一个应用程序等。

（1）移动定位：在平滑的鼠标垫或桌面上移动鼠标，鼠标指针在屏幕上也会同步移动，将鼠标指针移动到某一对象上停留片刻，通常被定位的对象上会给出提示信息，这就是移动定位操作，也称指向操作。

（2）单击：按下鼠标左键并在较短时间内松开左键的这一动作称为单击。单击鼠标指针定位到的对象，则该对象被选中，并呈高亮显示。

（3）双击：在较短时间内快速单击两次称为双击。在双击过程中，不能移动鼠标指针位置。双击操作通常用于打开某个程序或执行某项任务。

（4）右击：按下鼠标右键并松开右键的这一动作称为右击。右击操作通常用于打开定位对象的快捷菜单。

（5）拖曳：按住鼠标左键不放，然后移动鼠标指针至某一位置后松开左键，这一动作称为拖曳。拖曳操作通常用于移动定位对象的位置或选中某一区域内的对象。

在 Windows 10 下，不同的鼠标指针形状代表不同的含义，常见的鼠标指针的形状及含义如表 2-1 所示。

表 2-1　　　　　　　　　　　　　常见的鼠标指针的形状及含义

指针形状	指针含义	指针形状	指针含义	指针形状	指针含义
⬚	正常选择	I	文本选择	⬚	沿对角线调整大小
⬚	帮助选择	⬚	手写	⬚	沿对角线调整大小
⬚	后台运行	⊘	不可用	⬚	移动
⬚	忙	↕	垂直调整大小	↑	候选
✛	精确选择	↔	水平调整大小	⬚	链接选择

Windows 10 主要使用的鼠标左键被称为主键，而右键被称为辅键。对于鼠标的其他操作设置，用户可以在系统的"设置"→"设备"→"鼠标"中进行调整，如图 2-1 所示。

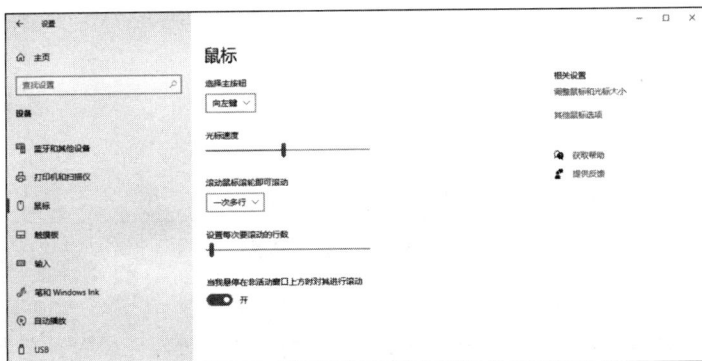

图 2-1　鼠标个性化设置

2.3 Windows 10 的桌面管理

所谓桌面,就是指进入系统后屏幕上显示的最大区域。桌面上可设置多种方便用户使用系统资源的快捷方式,操作系统桌面是用户使用计算机的主平台。本节主要讲解桌面图标的设置、"开始"菜单的使用、任务栏的操作等。Windows 10 家庭版的桌面如图 2-2 所示。

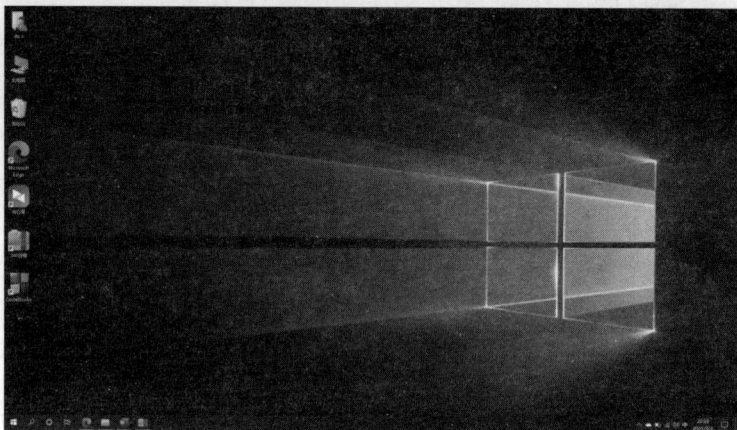

图 2-2　Windows 10 家庭版的桌面

2.3.1　桌面图标

桌面图标一般是文件或程序的快捷方式,快捷方式图标的左下角有一个小箭头。双击某个图标可以打开相应的窗口或程序。默认情况下,桌面仅显示"回收站"这一个系统图标。用户可以在系统的"设置"→"个性化"→"主题"→"桌面图标设置"中进行个性化设置,如图 2-3 所示。

桌面图标设置

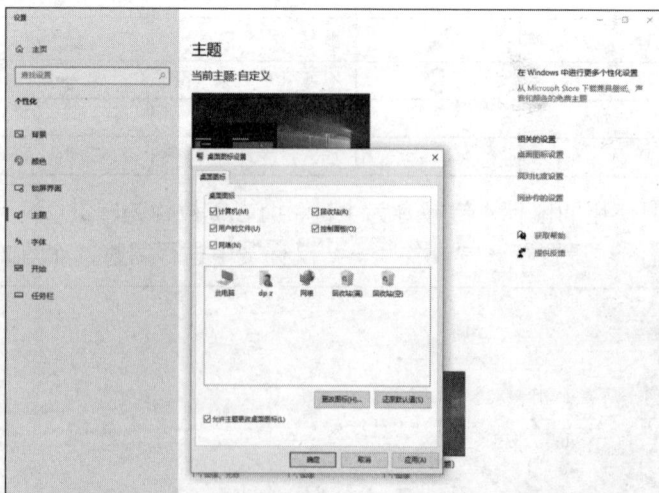

图 2-3　桌面图标设置

1. 此电脑

此电脑包含了所有的系统资源链接。用户可以通过它访问各个位置,例如硬盘、光盘驱动器等,还可以访问连接到计算机的其他设备,如摄像头、U 盘。如果用鼠标右键单击"驱动器"

中的项目，则可执行查看硬盘属性、格式化磁盘、授予访问权限等操作。

2. 网络

网络提供对网络上计算机和设备的便捷访问方式。用户可以在"网络"文件夹中查看网络计算机的内容，并查找共享文件和文件夹；还可以查看并安装网络设备，如打印机。

3. 回收站

回收站用来存放被用户临时删除的文件或文件夹。可以利用回收站恢复意外删除的文件，将它们还原到原始位置。

4. 用户的文件

用户的文件包含着用户的一些信息和资料，包括桌面、文档、图片、下载、收藏夹等。

5. 控制面板

控制面板允许用户查看并更改基本的系统设置，例如系统和安全、用户账户、网络和 Internet 等。在 Windows 10 中，"设置"比控制面板具有更多功能。

6. 桌面图标排序

桌面图标的排序方式有多种，可以按名称、大小、项目类型、修改日期等进行排序，还可以让操作系统自动排列图标，如图 2-4 所示。在桌面空白处单击鼠标右键，将鼠标指针指向"排序方式"选项，弹出子菜单，选择相应命令后，桌面图标即按相应方式进行排序；也可在"查看"子菜单中选择"自动排列图标"命令，使桌面图标进行自动排列，选择"将图标与网格对齐"命令可使所有图标行、列对齐。

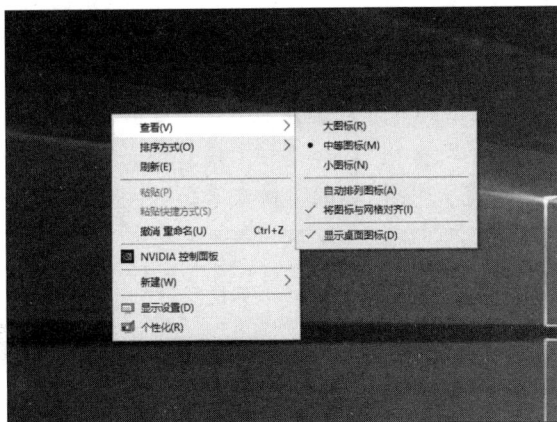

图 2-4　桌面图标排列方式

2.3.2　"开始"菜单

在桌面的左下角有一个"开始"按钮，单击该按钮即可弹出"开始"菜单，利用"开始"菜单可以进行启动程序，打开文档、图片，调整计算机设置等常规操作。绝大多数应用可以在"开始"菜单中启动，"开始"菜单可以说是计算机资源的调度和控制中心，如图 2-5 所示。

"开始"菜单左侧窗格中从上至下依次为"用户""设置""电源"（用户使用时可进行个性化设置）。单击"用户"按钮，可以实现账户设置、锁定、注销等功能；单击"设置"按钮，将打开 Windows 系统设置窗口，用户可以在此进行各种个性化设置，包括"系统""设备""个性化""账户""更新和安全"等；单击"电源"按钮，可以进行睡眠、关机、重启等操作。

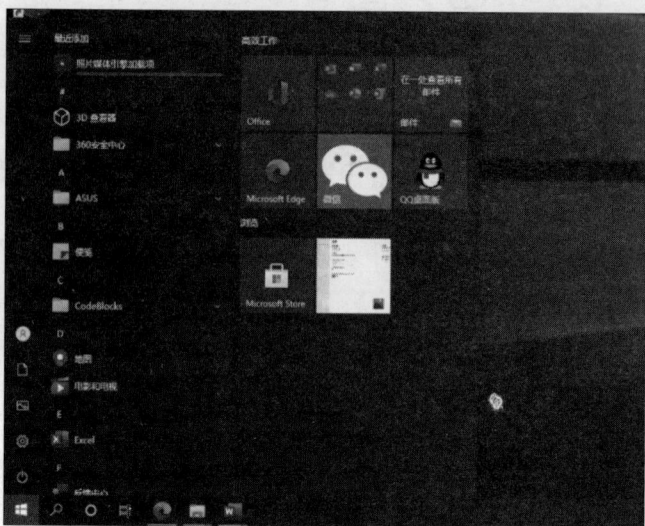

图 2-5 "开始"菜单

"开始"菜单中间窗格显示应用程序列表。最上方显示的是用户最近添加的及高频使用的应用程序，下方是包含所有应用程序的列表。单击其中的应用程序图标，即可启动相应的应用程序。单击应用程序左上方的字符，在弹出的字符列表中选择对应字符即可快速定位应用。

"开始"菜单右侧窗格为开始布局，包括已固定的文件夹和动态插入的应用磁贴。

2.3.3 任务栏

任务栏通常是桌面最下方的长条形区域，其既是任务窗口切换器，又是状态显示器。从 Windows 10 版本 1607 开始，可将其他应用固定到任务栏，并可从任务栏删除默认固定的应用。任务栏从左至右依次包括"开始"按钮、搜索框、"与 Cortana 交流"按钮、"任务视图"按钮、固定的应用、任务区、通知区域、"显示桌面"按钮等，如图 2-6 所示。

图 2-6 任务栏

（1）"开始"按钮。单击"开始"按钮可以打开"开始"菜单。有关"开始"菜单的详细内容前文已讲过，在此不再赘述。

（2）搜索框。单击搜索框，即可展开搜索界面，在该界面用户，可以通过文字或语音输入方式快速打开某一个应用，也可以查看新闻、浏览网页，如图 2-7 所示。

（3）"与 Cortana 交流"按钮。Cortana 应用可以帮助用户通过 Microsoft 365 快速获取信息，包括检查日历、设置提醒、添加任务等。

（4）"任务视图"按钮。"任务视图"按钮用来显示和切换正在运行的应用程序。单击该按钮向下滚动，查找想要跳转回的内容，然后

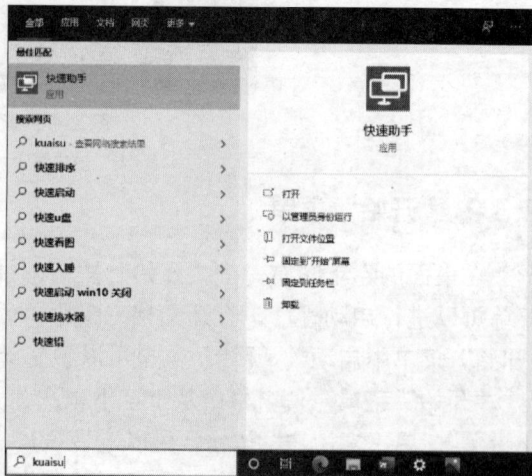

图 2-7 搜索功能

选择要跳回的项目。还可以在时间线中向下滚动到想要详细查看的一天，然后选择日期旁边的查看所有活动链接。

（5）固定的应用。固定的应用用于快速启动应用程序，通常用户还可以自定义添加或取消固定的应用。

（6）任务区。任务区显示当前正在运行的应用程序。每当用户启动一个应用程序，任务区上就会生成并显示一个相应的应用程序按钮。

（7）通知区域。通知区域位于任务栏的右侧，包括通知管理、时钟及一组图标。单击通知管理可以查看通知记录。将鼠标指针指向特定图标时，会看到对应图标的名称或某个设置的状态。双击通知区域中的图标通常会打开与其相关的程序，右击则通常弹出相应的设置选项。例如，单击"音量"图标会打开音量控件。

（8）"显示桌面"按钮。用户可以通过单击"显示桌面"按钮显示桌面。在任务栏设置中打开"使用速览预览桌面"后，将鼠标指针指向任务栏末端的"显示桌面"按钮时，所有打开的窗口都会淡出视图，以显示桌面。若要再次显示这些窗口，只需将鼠标指针移开"显示桌面"按钮即可。

用户可以对任务栏进行个性化设置，以更贴合自己的要求。任务栏的调整可以分为高度调整、位置调整、快速启动栏图标调整、窗口排列调整和属性设置等。

① 高度调整：当任务栏处于非锁定状态时，将鼠标指针指向任务栏边缘，待鼠标指针形态变为双向箭头时，按住鼠标左键并拖曳，即可调整任务栏大小。

② 任务栏选项设置：在任务栏空白处单击鼠标右键，弹出图 2-8 所示的快捷菜单，从中选择"工具栏"命令，弹出子菜单，可从中选择相应的工具栏选项。在"任务栏"快捷菜单中，还可以对多窗口的排列位置进行设置，包括层叠窗口、堆叠显示窗口、并排显示窗口等；在"任务栏"快捷菜单中，选择"任务栏设置"命令，进入图 2-9 所示的"任务栏"设置页面，可对"锁定任务栏""在桌面模式下自动隐藏任务栏""使用小任务栏按钮"等设置进行调整。

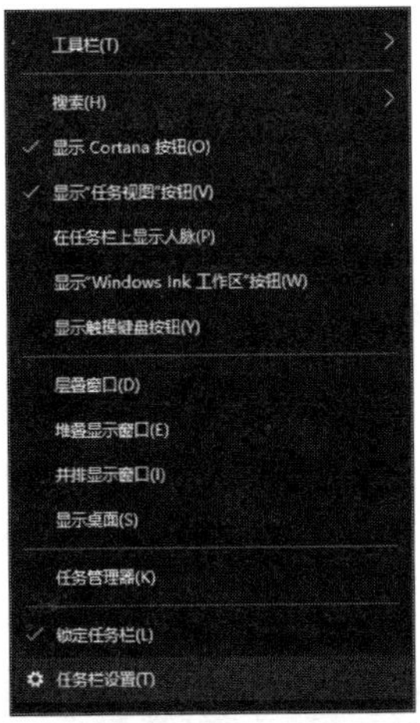

图 2-8　"任务栏"快捷菜单

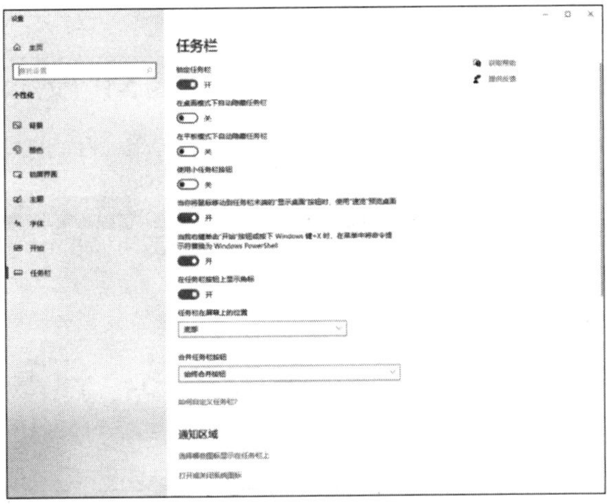

图 2-9　"任务栏"设置页面

2.3.4　Windows 10 的窗口操作

窗口是系统为完成用户指定的任务而在桌面上打开的矩形区域。要完成一个任务就要启动一个程序，而一个程序就对应着一个窗口。Windows 10 是多任务操作系统，可以同时打开多个窗口。窗口为用户提供了多种工具和操作手段，是人机交互的主界面。

1. 窗口的组成

一般窗口包含标题栏、菜单栏（功能区）、地址栏、导航窗格、工作区（主窗口）和状态栏等部分。Windows 10 资源管理器窗口如图 2-10 所示。

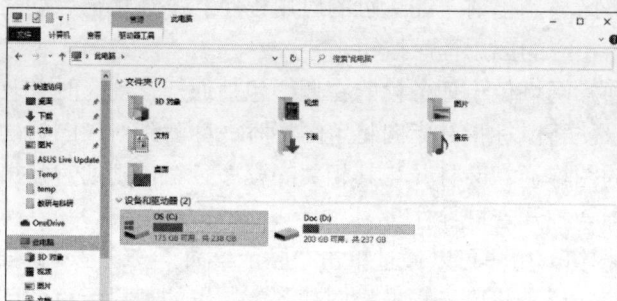

图 2-10　Windows 10 资源管理器窗口

2. 窗口的分类

窗口的类型有 4 种：文件夹窗口、应用程序窗口、对话框窗口、文档窗口。

（1）文件夹窗口。文件夹窗口是 Windows 10 用来管理系统资源的矩形区域，如图 2-11 所示。

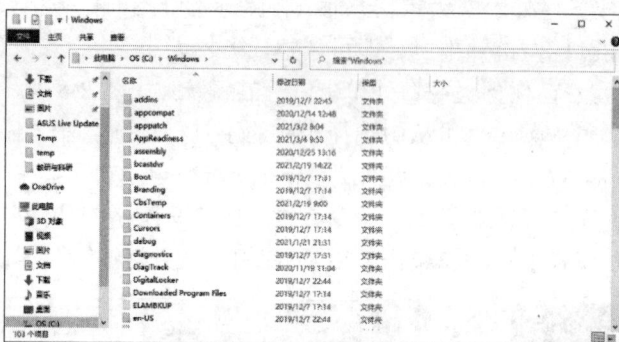

图 2-11　文件夹窗口

（2）应用程序窗口。应用程序窗口是执行应用程序、面向用户的操作平台，如图 2-12 所示。

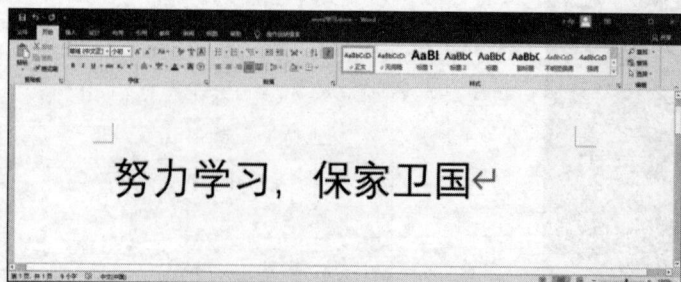

图 2-12　Word 应用程序窗口

（3）对话框窗口。严格来说，对话框不算窗口，这里为了方便分类，将其归为窗口类别。对话框是系统在完成特定操作时，与用户交流信息的矩形框，其大小一般不可调整，但位置可以移动。

（4）文档窗口。文档窗口实际上也算是应用程序窗口的一种，因为无论是哪种文档，都需要通过相应的应用程序来打开。

3. 窗口的操作

（1）打开窗口。将鼠标指针定位到某个对象（文件、文件夹、应用程序等）上，双击对象图标即可打开相应窗口；用鼠标右键单击对象图标后在弹出的快捷菜单中选择"打开"命令也可打开相应窗口。可以单击地址栏左侧的"返回"按钮，返回上一级文件夹窗口。

（2）移动和调整窗口。将鼠标指针置于窗口标题栏上，按住鼠标左键并拖曳窗口到目标位置，再释放鼠标左键即可移动窗口；将鼠标指针置于窗口边缘或边角处，当鼠标指针变为双箭头形态时，按住鼠标左键并拖曳，调整大小后释放鼠标左键。

（3）窗口控制按钮。单击"最小化"按钮，可将窗口最小化到任务栏中，单击任务栏上相应的图标可重新显示窗口。单击"最大化"按钮（"向下还原"按钮），可将当前窗口最大化（或还原为原来状态）。此外，还可以直接双击相应窗口的标题栏或将窗口移动至（或拖曳）屏幕顶端，实现窗口的最大化（或还原）。单击"关闭"按钮，可将当前窗口关闭。

（4）窗口的排列。用鼠标右键单击任务栏空白处，在弹出的快捷菜单中分别选择"层叠窗口""堆叠显示窗口""并排显示窗口"命令，可实现对打开窗口的排列（两个及以上窗口）。

（5）窗口的切换。窗口的切换指当前活动窗口的切换。单击目标窗口的任一位置，可将目标窗口设置为活动窗口。另外，在任务栏中单击目标窗口，也可以实现窗口的切换。

（6）窗口内容的滚动。窗口内容的滚动指当屏幕不能完全显示窗体内容时，通过拖曳水平或垂直滚动条，来实现窗体内容的显示。还可以单击水平滚动条左、右两侧的按钮或垂直滚动条上、下两侧的按钮来实现，每单击一次，移动一列（或一行）。也可滚动鼠标滚轮来实现垂直移动。

4. 对话框的操作

对话框是 Windows 10 和用户进行信息交流的界面，是 Windows 系统的重要组成部分；同时 Windows 系统也使用对话框显示附加信息和警告，或解释没有完成操作的原因。对话框一般没有控制菜单图标和菜单栏，不能改变大小。一般情况下，不关闭对话框就不能进行其他操作。

（1）对话框一般由以下 10 项中的若干项组成，图 2-13 所示的是"字体"对话框。

① 选项卡（标签）。把功能相关的对话框合在一起形成一个多功能的对话框，每项功能的对话框称为一个选项卡。选项卡是对话框中叠放的页。单击选项卡可显示相应的选项卡页面。

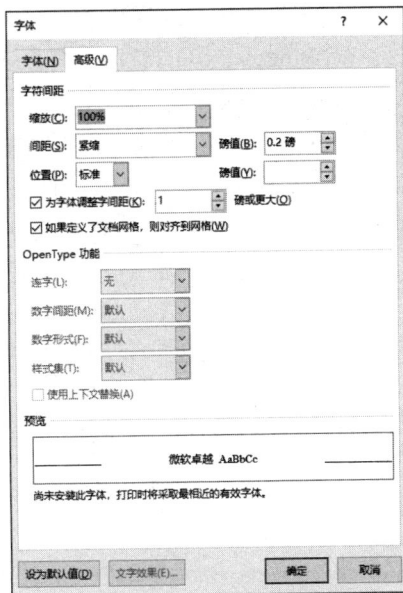

图 2-13 "字体"对话框

② 文本框。文本框是需要用户输入信息的方框。将鼠标指针定位到文本框时，鼠标指针将变为"I"形状，在文本框内单击，然后输入信息即可。

③ 单选按钮。单选按钮总是两个或多个为一组，用户只能从组中选择一个选项。

④ 复选框。复选框可以成组，也可以单个设置，复选框代表的通常是一些具有开关状态的设置项。用户可以同时勾选一个或多个复选框。要选定某一项可在其选项左侧的方框内单击，方框内出现"√"，表示复选框命令生效。

⑤ 列表框。列表框在一矩形区域内以列表的形式提供选项，供用户选择。

⑥ 下拉列表框。下拉列表框所提供的选项被隐藏了，单击下拉按钮即可显示出包含所有选项的列表，用户可从中选择。

⑦ 数值框。其作用是供用户对所选定对象的数字参数进行设定，如高度、宽度等。用户也可以单击数值框右侧按钮，实现数字参数的增加和减少。

⑧ 滑块。用户通过改变滑块的位置可以调整或设置某个参数值的大小，即用户可以用鼠标拖曳滑块，实现参数的调整。

⑨ 命令按钮。当在对话框中选择并设置了各种参数后，单击命令按钮可执行相应的命令或取消执行相应的命令。

⑩ 帮助按钮。单击帮助按钮会显示相关项目的帮助信息。

（2）对话框的操作主要包括以下几种。

① 对话框的移动。用鼠标拖曳对话框标题栏到目标位置，释放鼠标即可实现对话框的移动。

② 对话框的关闭。单击"确定"按钮或"取消"按钮，或者单击对话框右上角的"关闭"按钮，均可实现对话框的关闭。单击"确定"按钮将会应用设置的选项并关闭对话框；单击"取消"按钮或"关闭"按钮将取消选项设置并关闭对话框；另外，还可以按【Esc】键取消设置并关闭对话框。

5. 常见图标及其操作

在 Windows 10 的窗口中有很多图标，它们代表着各种不同的资源对象，以便用户识别。

（1）驱动器：通过某个文件系统格式化并带有一个驱动器号的存储区域，可以是硬盘、U盘、光盘驱动器或其他类型的磁盘。

（2）文件夹：用来存放各种文件夹和文件资源的"容器"。

（3）文档：应用程序所创建的文件。不同应用程序所创建的文档的图标不相同。

（4）应用程序：能够完成特定操作的可执行文件。不同应用程序的图标不一样。

（5）快捷方式：Windows 系统提供的一种快速启动程序、打开文件或文件夹的方法，快捷方式图标的左下角通常带有弧形的箭头。

2.3.5 Windows 10 的菜单操作

菜单实际上是一组"操作命令"的列表，Windows 10 的许多操作都可以通过菜单来完成。

1. 菜单的分类

菜单按照功能可以分为"开始"菜单、窗口菜单、快捷菜单、子菜单和控制菜单。

（1）"开始"菜单。"开始"菜单在前文已经介绍过，在此不再赘述。

（2）窗口菜单。在应用程序窗口中，位于标题栏下方的菜单栏中所包含的操作命令集合就是窗口菜单。不同的窗口菜单可以实现不同的功能。

（3）快捷菜单。直观地讲，快捷菜单就是单击鼠标右键弹出的菜单。快捷菜单没有固定的位置或标志，菜单的内容也会随鼠标右键单击目标的不同而产生变化。

（4）子菜单。子菜单又名级联菜单，即其名称不是操作名称，而是子菜单名称，当将鼠标指针指向子菜单名称时，可弹出子菜单。

（5）控制菜单。控制菜单一般是指窗口的控制菜单。单击窗口左上角的窗口图标，可打开窗口控制菜单，如图 2-14 所示。控制菜单可实现窗口的移动、还原、最小化、最大化及关闭等操作。

2. 菜单命令符号的有关说明

部分菜单命令符号的设置如图 2-15 所示。

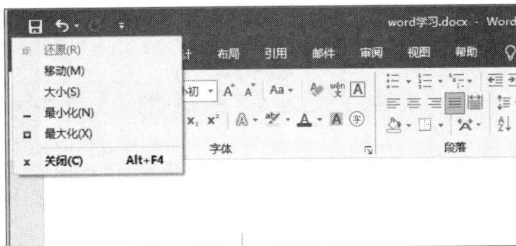

图 2-14　控制菜单

图 2-15　部分菜单命令符号的设置

常见的菜单命令符号具体说明如下。

（1）菜单分组线将菜单中属于同一类型的项目排列在一起，成为一组，各组间用横线分隔，方便用户查找。

（2）菜单命令前带有的"√"表示多项目选定标记，有"√"表示命令项生效，否则无效。

（3）菜单命令后带有"…"的表示用户选择该命令时，会弹出一个对话框。

（4）菜单选项后带有"▼"" ›"或" ˇ"符号的表示该菜单项包含子菜单（级联菜单），将鼠标指针指向或单击该菜单项时会弹出子菜单。

（5）菜单命令中带有的类似"（字母）"格式内容表示对应菜单命令的键盘操作代码，当打开菜单后，直接按对应键可执行相应的命令，这些键又称为"热键"。

（6）菜单命令后带有的类似【Ctrl】+【Z】符号为对应命令的"快捷键"，即不用打开菜单，直接通过键盘按键来完成命令的执行。

（7）菜单中显示为灰色的命令为无效命令，即选择该命令不执行。

2.4　Windows 10 的文字输入

在计算机中输入文字的时候，通常需要使用输入法。用户不仅可以使用拼音输入，还可以使用五笔字型输入及语音输入。选择了合适的输入法，即可以更高的效率进行文字输入。Windows 10 中默认安装了微软拼音输入法，用户根据自己的使用习惯可以下载安装其他输入法，如讯飞输入法、百度拼音输入法、搜狗五笔输入法等。用户使用键盘输入信息时，需要了解键盘的结构，掌握各个按键的作用和指法，才能实现快速输入的目的。

2.4.1　输入法的选择

在 Windows 10 中，用户可以通过任务栏右侧的通知区域来选择输入法。单击语言栏中的"输入法"按钮，在打开的列表中选择需切换的输入法后，"输入法"按钮图标将变成所选输入法的徽标，如图 2-16 所示。用户还可通过快捷键操作输入法。

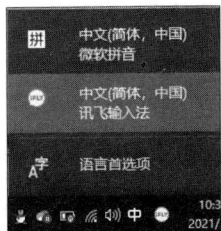

图 2-16　通过任务栏选择输入法

【Ctrl】+【Space】组合键或【Shift】键：启动或关闭中文输入法（切换中文/英文输入法）。

【Win】+【Space】组合键或【Ctrl】+【Shift】组合键：切换输入法（在不同的中文输入法之间切换）。

2.4.2 Windows 10 中键盘的使用

1. 键盘的结构

以常见的键盘为例，按照功能的不同，键盘可分为主键盘区、控制键区、数字键区、功能键区和状态指示区 5 部分，如图 2-17 所示。

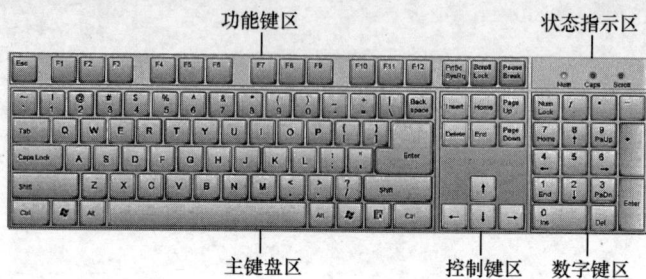

图 2-17 键盘的 5 部分

（1）主键盘区

主键盘区位于键盘左下侧，共 5 排 61 个键，包括 26 个字母键、10 个数字键、11 个符号键、11 个控制键和 3 个 Windows 功能键，用于输入文字和符号。

各控制键和 Windows 功能键的作用如下。

● 【Tab】键：制表定位键。每按一次该键，光标向右移动 8 个字符，常用于文字处理的对齐操作中。

● 【Caps Lock】键：大写字母锁定键。默认状态下输入小写英文字母，按该键后状态指示区的"Caps"灯激活，此时输入大写字母。

● 【Shift】键：主要用于输入上挡字符和大写字母。数字键和符号键由上、下两种字符组成，又称为双字符键，单独按这些键时输入下挡字符，同时按住【Shift】键和双字符键则输入上挡字符。

● 【Ctrl】键和【Alt】键：常与其他按键组合使用，在不同的应用程序中，作用各不相同。

● 【BackSpace】键：每按一次该键，光标向左移动一个位置并删除该位置上的字符。在 Windows 系统的窗口操作中，可用于返回上一次打开的窗口。

● 【Enter】键：在文字输入时，按该键则光标移至下一行行首；在对话框或命令等操作中，按该键表示确认执行。

● 【Space】键：键盘上最长的键，按该键将在光标所在的位置生成一个空格，同时光标向右移动一个位置。

● Windows 键：印有 Windows 窗口图案，单独按该键，会弹出"开始"菜单，也称为开始菜单键。该键常与其他按键组合使用，实现相应的快捷功能。

● 快捷菜单键：该键一般位于主键盘区右下角，按该键后会打开相应的快捷菜单，与鼠标右键的功能相似。

（2）控制键区

控制键区又称为编辑键区，位于主键盘区的右侧，主要用于编辑过程中的光标控制。【Insert】

键用于插入、改写的转换；【Delete】键用于删除光标之后的一个字符；【Home】键用于将光标移至当前行的行首；【End】键用于将光标移至当前行的行尾；【Page Up】键用于翻至上一页；【Page Down】键用于翻至下一页；方向键用于将光标向箭头方向移动一个字符。

（3）数字键区

数字键区又称为小键盘区，用于输入数字及控制光标移动。按左上角的【Num Lock】键，状态指示区"Num"灯激活，可使用数字键区输入数字。

（4）功能键区

功能键区位于键盘的顶端，用于实现一些特殊功能。【Esc】键通常用于退出或取消；【F1】～【F12】键称为功能键，在不同的应用程序中，各键的功能一般也不同。

（5）状态指示区

状态指示区主要用于提示数字键区、大写锁定键及滚屏锁定键的工作状态。

2. 键盘的使用

（1）打字姿势

正确的打字姿势可以提高打字速度、减缓疲劳度，要领为：头正、颈直、身体挺直、双脚平踏在地；座椅的高度要适中，手肘高度和键盘平行，双手要自然垂直放在键盘上；身体正对屏幕，眼睛平视屏幕，保持 30～40cm 的距离，目光水平线位于屏幕上的 2/3 处。

（2）键盘指法

主键盘区有 8 个基准键，为【A】【S】【D】【F】【J】【K】【L】【；】。【F】键和【J】键上都有一个凸起的小横杠或者小圆点，盲打时可以通过它们找到基准键位。

打字前要将左手的食指、中指、无名指、小指分别虚放在【F】【D】【S】【A】键上，将右手的食指、中指、无名指、小指分别虚放在【J】【K】【L】【；】键上，双手的拇指都虚放在空格键上。打字时除拇指外，其余 8 根手指都有一定的范围分工，如图 2-18 所示，每个手指负责本区域的字符输入。按键时，手指按照基本指法分工，从基准键移动到相应的键上，正确输入后再返回基准键即可。在熟悉键盘的基本指法分工之后，为了提高文字录入速度，一般将视线集中在文稿上，不看键盘，养成科学的"盲打"习惯。

图 2-18　基本指法分工

2.5　Windows 10 的文件管理

文件和文件夹是 Windows 系统的重要组成部分。Windows 10 采用资源管理器对文件和文件夹进行组织和管理，以方便用户查看和使用。

2.5.1 文件系统的概念

1. 文件

文件是指保存在计算机中的各种信息和数据。文件被打开时，与在桌面上或文件柜中看到的文本文档或图片非常类似。在计算机中，文件用图标展示，由文件图标和文件名称两部分组成。不同类型的文件有不同的图标，这样便于通过查看图标来识别文件类型。

2. 文件夹

文件夹又称为目录，是系统组织和管理文件的容器，文件夹本身就是一种文件。文件夹中包含的文件夹通常称为"子文件夹"。每个文件夹中可以容纳任意数量的文件和子文件夹。

3. 驱动器与盘符

驱动器狭义上指计算机硬盘，它既可以作为输入设备，也可以作为输出设备或载体。将硬盘划分出几个区，可以方便地存储和管理数据，也可以以分区为单位进行格式化操作。盘符是 Windows 系统对于磁盘存储设备的标识符，一般使用单个英文字母加冒号"："的形式来标识，例如"本地磁盘(C:)"，C 就是盘符。

4. 文件类型

按照文件内容的类型进行分类，文件类型一般以扩展名来标识，常见类型如表 2-2 所示。

表 2-2   常见的文件类型

文件类型	扩展名	文件类型	扩展名
可执行文件	.exe、.com、.bat	音频文件	.mp3、.wav、.aac、.mid
文档文件	.wps、.txt、.docx、.pdf	视频文件	.mp4、.avi、.flv、.mov
网页文件	.html、.php、.jsp	图形文件	.png、.jpg、.gif、.bmp
压缩文件	.rar、.zip、.7z	编程语言文件	.c、.java、.obj

5. 文件路径

用户在对文件进行操作时，不仅需要知道文件名，还需要知道文件所在的驱动器的盘符和文件夹，也就是文件在计算机中的存储位置。标记这个位置的一系列字符称为文件路径。例如，"D:\上课\计算机基础资料包\计算机应用基础教学大纲.docx"就是文件路径。

2.5.2 管理文件和文件夹

1. 打开文件夹或文件

（1）打开文件夹。在 Windows 10 中，资源管理器是文件管理的主要途径，它采用树形结构对文件和文件夹进行分层管理。双击桌面上的"此电脑"图标█或单击任务栏中的"文件资源管理器"图标█均可打开资源管理器窗口。窗口左侧的导航窗格分为快速访问、OneDrive、此电脑、网络 4 个类别。单击导航窗格左侧各类别的 ▷ 图标，可逐级展开文件夹，选中某个文件夹之后，窗口右侧将显示对应的内容，如图 2-19 所示。

用户还可以通过导航窗格和主窗口相结合的方式来打开相应的文件夹：单击目标文件夹所在的驱动器，主窗口中将显示该驱动器中存放的所有文件夹，按照目标文件夹存放的位置路径，依次双击相应的文件夹，直到窗口中显示出目标文件夹的内容。

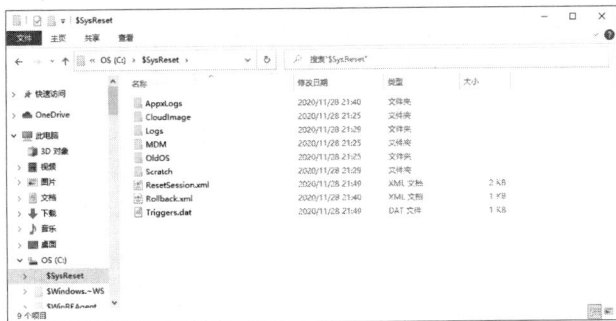

图 2-19　文件资源管理器的使用

用户也可以用鼠标右键单击目标文件夹，在弹出的快捷菜单中选择"打开"命令来打开文件夹。

查看文件或文件夹的方式有：缩略图（超大图标、大图标、中图标、小图标）、列表、详细信息、平铺和内容。方法是在资源管理器窗口的"查看"选项卡中进行设置。以"详细信息"方式显示的文件和文件夹如图 2-20 所示。

图 2-20　"详细信息"方式显示

（2）打开文件。打开文件有以下几种方法。

① 通过上述打开文件夹的方式，打开文件所在的文件夹，然后双击对应文件即可。

② 用鼠标右键单击目标文件，在弹出的快捷菜单中选择"打开"命令打开文件。

③ 选中目标文件，选择"文件"→"打开"命令打开文件。

④ 选中目标文件，按【Enter】键打开文件。

⑤ 使用应用程序的"文件"→"打开"命令，将文件调入应用程序打开。

若用户用鼠标右键单击某个文件，并在弹出的快捷菜单中选择"打开"命令，则系统将以默认的应用程序打开对应文件。若文件没有默认的关联程序，可选择快捷菜单中的"打开方式"→"选择其他应用"命令，弹出图 2-21 所示的对话框，从"你要如何打开这个文件"列表中选择所需要的应用。如果以后该类型的文件都要用所选择的应用打开，则勾选"始终使用此应用打开×文件"复选框。若列表中没有找到合适的应用程序，用户还可以通过"在这台电脑上查找其他应用"按钮，在计算机中找到已安装的其他应用来打开文件。最后，单击"确定"按钮，使应用生效。

2. 创建文件夹或文件

（1）创建文件夹。打开文件资源管理器窗口，选定新文件夹要存放的位置，在主窗口中用以下两种方法创建。

① 单击"主页"→"新建文件夹"按钮，此时在主窗口中会出现一个名为"新建文件夹"

的文件夹。该名称是默认的临时名称，用户可以重命名。

② 在主窗口的空白位置单击鼠标右键，弹出图 2-22 所示的快捷菜单，选择"新建"→"文件夹"命令，然后重命名所创建的新文件夹。

图 2-21　打开方式对话框

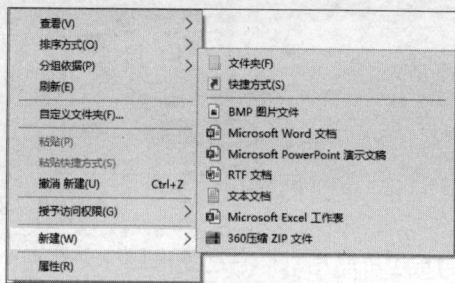

图 2-22　新建文件夹

（2）创建文件。创建新文件的步骤与创建新文件夹类似：在上述打开的"新建"子菜单中，选择一种要创建的文件类型，此时在主窗口中出现所创建的文件，重命名文件即可。还可以打开应用程序创建文件，编辑后保存到目标文件夹。

3. 文件或文件夹的选定

要对某个文件或文件夹进行操作，首先要选定它。选定文件或文件夹的方法有如下几种。

（1）选定单个文件或文件夹：单击相应的文件或文件夹即可。

（2）选定多个不连续的文件或文件夹：按住【Ctrl】键，同时依次单击要选定的文件或文件夹。

（3）选定多个连续的文件或文件夹：先选定连续文件或文件夹的第一个对象，按住【Shift】键，然后单击要选定的连续文件的最后一个文件或文件夹对象。

（4）选定全部文件或文件夹：单击"主页"→"全部选择"按钮，也可以在主窗口中按【Ctrl】+【A】组合键实现全选。

（5）反向选择：可以先选定不需要的文件或文件夹，然后单击"主页"→"反向选择"按钮，让系统自动选定所需要的文件或文件夹，即取消已选定的文件或文件夹，而选中原来未被选中的文件或文件夹。

（6）取消选定：取消单个文件或文件夹的选定，可按住【Ctrl】键后单击要取消选定的文件或文件夹；取消全部选定，可单击"主页"→"全部取消"按钮，或直接在主窗口空白处单击，或直接按【Esc】键。

4. 文件或文件夹的移动

（1）在同一个磁盘驱动器中移动文件或文件夹。这时可用鼠标直接拖曳实现。具体操作：先选定文件或文件夹，然后将其拖曳至目标文件夹后释放鼠标左键。在拖曳文件或文件夹时，鼠标指针带有相应图标和"→移动到…"提示框，并且移动到导航窗格时，导航窗格中的某个文件夹会高亮显示，待目标文件夹高亮显示时，释放鼠标左键，如图 2-23 所示。

（2）在不同磁盘驱动器之间移动文件或文件夹。系统默认在不同磁盘驱动器之间拖曳文件或文件夹为"复制"操作，按上述操作，将选定文件或文件夹拖曳到其他磁盘驱动器中时，鼠标指针的右下角带有"+复制到…"提示框，按住【Shift】键后，鼠标指针右下角的提示框变为"→移动到…"，先释放鼠标左键，再释放【Shift】键即可完成文件或文件夹的移动。

在上述两种方法中，用户可以通过观察相应的提示框是"→移动到…"还是"+复制到…"来分辨操作究竟是移动还是复制。

（3）利用组合键。选定要移动的对象，按【Ctrl】+【X】组合键，将信息剪切到剪贴板中，然后打开目标文件夹，按【Ctrl】+【V】组合键，将信息粘贴到目标文件夹。

5. 文件或文件夹的复制

对文件或文件夹的操作一般在快捷菜单中进行，或使用组合键。对于复制操作，可使用以下几种方法实现。

（1）利用快捷菜单。用鼠标右键单击要复制的文件或文件夹，弹出图 2-24 所示的快捷菜单，从中选择"复制"命令。打开目标文件夹，用鼠标右键单击主窗口的空白位置，在弹出的快捷菜单中选择"粘贴"命令。

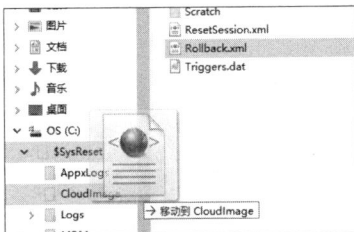

图 2-23　相同驱动器间移动文件或文件夹

图 2-24　右键快捷菜单

（2）利用菜单。选中要复制的文件或文件夹，单击"主页"→"复制"按钮。打开目标文件夹，单击"主页"→"粘贴"按钮。

（3）拖曳。选中要复制的文件或文件夹，然后按住鼠标左键并拖曳选中的对象到导航窗格的目标文件夹上。若原文件和目标文件夹位于同一磁盘驱动器，则按住【Ctrl】键拖曳。

（4）右键拖曳。选中要复制的文件或文件夹，在选中的对象上按住鼠标右键并拖曳对象到导航窗格的目标文件夹上，然后释放鼠标右键，此时会弹出图 2-25 所示的快捷菜单，从中选择"复制到当前位置"命令。

（5）利用组合键。选定要复制的对象，按【Ctrl】+【C】组合键，将信息复制到剪贴板，然后打开目标文件夹，按【Ctrl】+【V】组合键，将信息粘贴到目标文件夹。

6. 文件或文件夹的删除

删除文件或文件夹的方式有两种。一种是直接删除，即永久性删除，不可恢复；另一种是间接删除，即文件或文件夹被放入回收站。

（1）直接删除。用鼠标右键单击要删除的文件或文件夹，按住【Shift】键选择弹出的快捷菜单中的"删除"命令，此时，会弹出图 2-26 所示的提示对话框。如果用户确定要永久性删除选中对象，则单击"是"按钮。

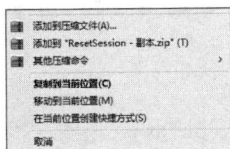

图 2-25　右键拖曳对象菜单

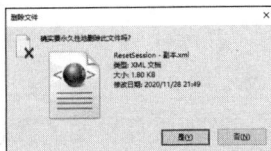

图 2-26　直接删除文件提示框

另外，在选中文件对象后，用户可以按【Shift】+【Delete】组合键来达到直接删除的目的。

（2）间接删除。用鼠标右键单击要删除的文件或文件夹，在弹出的快捷菜单中选择"删除"命令，文件或文件夹将被放入回收站。

另外，间接删除还可以在选中要删除的对象后直接按【Delete】键实现。

7. 文件或文件夹的重命名

重命名就是对对象进行改名操作，主要有以下几种实现方式。

（1）利用快捷菜单。用鼠标右键单击要修改名称的文件，在弹出的快捷菜单中选择"重命名"命令，原有的文件名被选中且高亮显示，此时，直接输入新的文件名即可替换原有文件名。

（2）两次单击。用户在选中文件后，再次单击对应文件（两次单击要有时间间隔，否则系统会视其为双击操作），文件进入重命名状态，输入新文件名即可。

（3）利用"主页"选项卡。选中文件对象后，单击"主页"→"重命名"按钮，文件进入重命名状态，输入新文件名即可。

（4）使用快捷键【F2】。选中文件对象后，按【F2】键，文件进入重命名状态，输入新文件名即可。

8. 设置文件或文件夹的属性

在 Windows 系统中可以通过资源管理器方便地设置和修改文件或文件夹的属性，了解有关文件或文件夹的大小、创建日期及其他重要数据。设置文件或文件夹的属性时，用鼠标右键单击文件或文件夹，在弹出的快捷菜单中选择"属性"命令，会弹出图 2-27 所示的对话框。

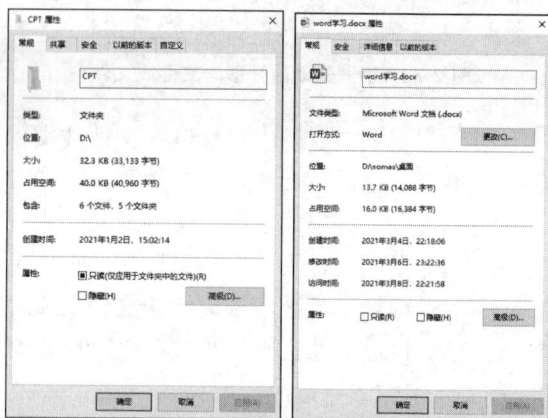

文件属性对话框的"常规"选项卡包含文件名称、位置、大小、创建时间、修改时间、访问时间和属性等相关信息。在这个选项卡中不仅可以直接修改文件名，还可以通过单击"更改"按钮修改文件打开方式。

文件夹属性对话框包括"常规""共享""安全""以前的版本""自定义"等 5 个选项卡，其中，"共享"选项卡可以设置文件夹的共享属性，"安全"选项卡可以设置文件夹访问控制权限。

图 2-27　设置文件或文件夹属性

文件和文件夹可以没有属性，也可以是"只读""隐藏"及"高级"中相关属性的组合。用户可以根据需要勾选相应的复选框。

（1）只读。要防止文件被修改，可为其设置只读属性，用户修改文件中的内容之后，单击"保存"按钮，则弹出"另存为"对话框，起到保存文件内容的作用。

（2）隐藏。某些程序使用隐藏属性来标记重要文件。如果设置了隐藏属性，那么该文件将不会出现在文件的正常列表中。要显示隐藏的文件或文件夹，则需要勾选"查看"→"隐藏的项目"复选框，如图 2-28 所示。

（3）"高级"属性包括"存档""索引""压缩""加密"。

另外，设置修改文件夹的属性后会弹出"确认属性更改"对话框，如图 2-29 所示。在这个对话框中，用户可以决定是否将这种修改应用到该文件夹内的文件和子文件夹上。

图 2-28 显示隐藏的项目

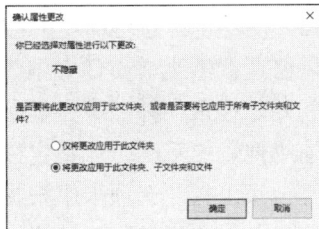

图 2-29 "确认属性更改"对话框

9. 创建应用程序的快捷方式

所谓快捷方式，就是为了方便用户操作而建立的一种特殊类型的指向原文件的文件。实际上，快捷方式就是一个链接指针。在"开始"菜单中，所有应用均为快捷方式。

创建快捷方式的方法有如下几种。

（1）使用快捷菜单。打开要存放快捷方式的文件夹，在资源管理器窗口的空白位置单击鼠标右键，在弹出的快捷菜单中选择"新建"→"快捷方式"命令，弹出图 2-30 所示的对话框。单击"浏览"按钮，查找源程序文件。若已知源文件的存放路径，可直接在"请键入对象的位置"文本框中输入文件所在路径，然后单击"下一步"按钮，在弹出的对话框中输入快捷方式文件名，然后单击"完成"按钮。

（2）鼠标拖曳。选择需要建立快捷方式的文件，用鼠标右键将其拖曳到目标文件夹，释放鼠标，在弹出的快捷菜单中选择"在当前位置创建快捷方式"命令。

10. 文件或文件夹的搜索

当用户计算机上存放的文件或文件夹较多时，要找到某一个或某一类文件或文件夹可能会比较困难。此时，就需要利用 Windows 10 提供的搜索功能，实现快速搜索文件或文件夹。Windows 10 提供了两种搜索方式，一种是使用任务栏中的搜索框，另一种是使用资源管理器中的搜索栏。

（1）使用任务栏中的搜索框。在 Windows 10 的任务栏左侧有一个搜索框。这个搜索框进行的是动态搜索，关键字当还没有输入完的时候，搜索就已经开始了，搜索结果将显示在"开始"菜单左边窗格的搜索栏上方，单击任一搜索结果就可将对应文件打开。例如，在搜索框中输入"xingneng"，这时就会显示出所有包含"xingneng"的程序、文件或搜索网页的结果，"最佳匹配"项还会展示在右侧窗格内，如图 2-31 所示。单击搜索结果右侧的向右键 >，也会将相应的内容展示在右侧窗格内。

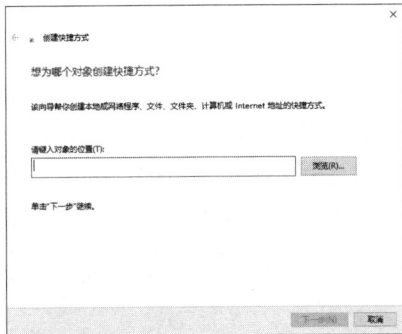

图 2-30 "创建快捷方式"对话框

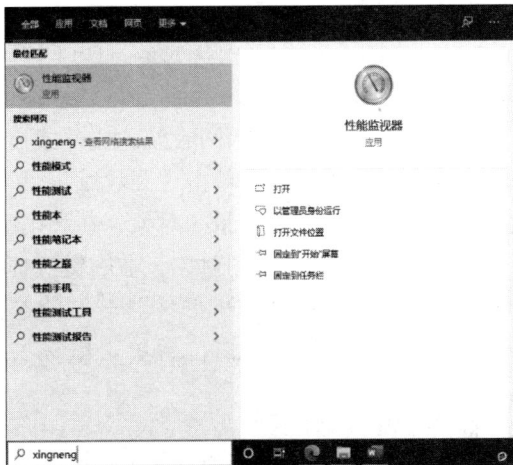

图 2-31 使用任务栏中的搜索框

（2）使用资源管理器中的搜索栏。Windows 10 的资源管理器右上方有搜索栏，利用该搜索栏可以快速搜索当前文件夹中的文档、图片、程序等。当用户设置好搜索条件和名称并确认后，系统就开始搜索，并在下方显示搜索结果。要让 Windows 10 搜索到更为准确的结果，一方面可以缩小搜索的范围，如指定硬盘分区或文件夹，另一方面可以使用"搜索工具"。在搜索时，可在"搜索工具"选项卡中根据搜索需要进行选择，包括"位置""修改日期""类型""大小""名称""文件夹路径"等。例如，输入"exe"，系统便会查找并且显示包含"exe"的所有文件和文件夹，并将搜索结果显示在窗口中，如图 2-32 所示。

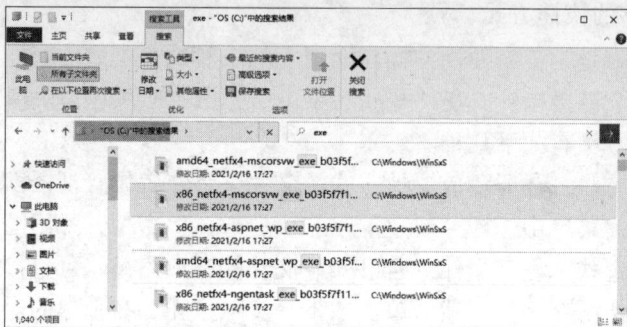

图 2-32　使用资源管理器中的搜索栏

在搜索栏中输入待搜索的内容时，可以使用通配符"*"和"?"，其中"*"代表任意多个字符，"?"代表任意一个字符。显示在主窗口中的搜索结果，即搜索到的文件或文件夹列表，用户可以直接对这些文件进行打开、复制、删除、移动等操作。如果没有找到相应结果，则显示"没有与搜索条件匹配的项"。

2.5.3　回收站的使用

回收站是系统在硬盘上划分的一部分空间，是一个特殊的文件夹，用来存放临时删除（逻辑删除）的文件或文件夹。放入回收站的文件和文件夹可以被还原或删除，一旦在回收站中对文件或文件夹执行删除操作，对应文件或文件夹就将被彻底删除（物理删除），不能再恢复。

1. 打开回收站

双击桌面上的"回收站"图标，打开回收站。

2. 回收站操作

（1）还原。还原即把放入回收站的文件或文件夹对象恢复到原始位置。

① 选中要还原的对象，单击"回收站工具"→"还原选定的项目"按钮。

② 用鼠标右键单击要还原的对象，在弹出的快捷菜单中选择"还原"命令。

（2）删除。选中要删除的对象，在右键快捷菜单中选择"删除"命令。

（3）清空。单击"回收站工具"→"清空回收站"按钮，将回收站中的内容全部永久性删除；也可以在主窗口空白位置单击鼠标右键，在弹出的快捷菜单中选择"清空回收站"命令。

3. 回收站设置

在桌面上或资源管理器中，用鼠标右键单击"回收站"图标，在弹出的快捷菜单中选择"属性"命令，弹出图 2-33 所示的"回收站 属性"对话框。

（1）回收站容量设置。Windows 10 为每个分区或硬盘分配了一个回收站。在"回收站位置"列表框中，分别选择不同的分区或硬盘，通过单击"选定位置的设置"选项组中的"自定义大小"单选按钮，可以为不同驱动器的回收站设置不同的容量。

（2）设置不将删除文件放入回收站。单击"不将文件移到回收站中，移除文件后立即将其删除"单选按钮，可将要删除的对象直接从磁盘删除，而不移入回收站。

（3）设置显示删除确认对话框。勾选"显示删除确认对话框"复选框，这样在删除对象时会弹出确认对话框，而不直接将对象放入回收站。

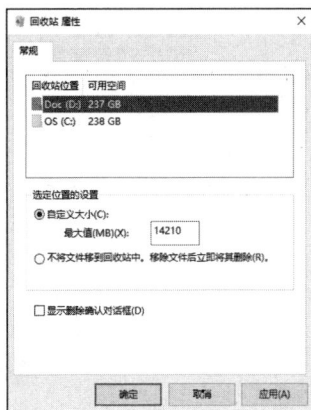

图 2-33 "回收站 属性"对话框

2.5.4 库

库的功能与文件夹相似，但它只提供管理文件的索引，文件并没有真正存放在库中，用户可以通过库来直接访问文件，而不用通过文件的位置或路径进行查找。Windows 10 自带了视频、图片、文档、下载等多个库，用户可以将相关资源添加到不同的库中，也可以根据需要新建库文件夹。

库

1. 显示库

Windows 10 默认不显示库，将库显示出来的具体操作流程为在文件资源管理器窗口中选择"查看"→"导航窗格"→"显示库"命令，如图 2-34 所示。

2. 新建库

单击导航窗格的"库"图标 ，打开库文件夹，右侧窗口中将显示所有库。选择"主页"→"新建项目"→"库"选项，将在库文件夹内出现名称为"新建库"的库，此时输入库名称，如"计算机应用基础"，按【Enter】键确认后，完成新建库操作，如图 2-35 所示。也可在右侧窗口选择右键快捷菜单中的"新建"→"库"命令创建库。

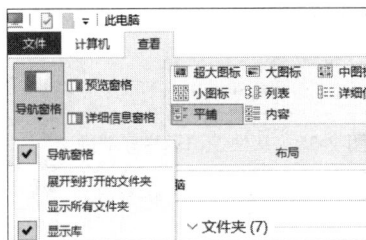

图 2-34 显示库

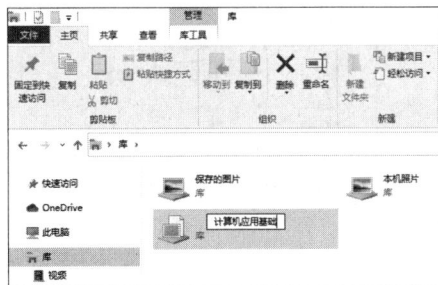

图 2-35 新建库

3. 向库中添加索引文件或文件夹

在选定的文件夹上单击鼠标右键，在弹出的快捷菜单中选择"包含到库中"→"计算机应用基础"命令，即可将选定文件夹内的所有文件或子文件夹添加到"计算机应用基础"库中，如图 2-36 所示。在导航窗格中选择"库"→"计算机应用基础"选项，可以查看库中包含的所有文件（夹）及文件夹的实际位置，如图 2-37 所示。

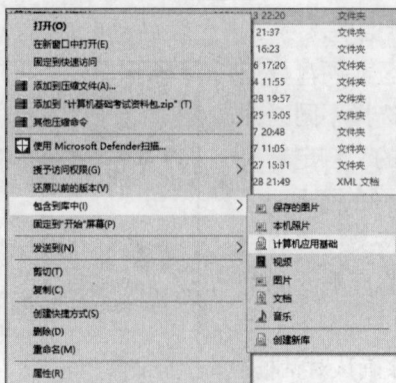

图 2-36　向库中添加索引文件

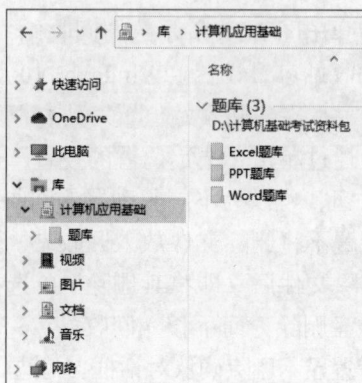

图 2-37　查看添加到库中的文件

2.5.5　快速访问栏

1. 将文件夹固定到快速访问栏

将常用的文件夹固定到快速访问栏，可以帮助用户快速打开常用文件夹，节省用户查找文件的时间。具体设置为选定文件夹后，单击"主页"→"固定到快速访问"按钮，如图 2-38 所示。也可以在选定文件夹后选择右键快捷菜单中的"固定到'快速访问'"命令。

2. 从快速访问栏取消固定

将文件夹固定到快速访问栏后，并没有改变文件夹的位置，取消固定也不会影响源文件夹。对于不常用的文件夹，用户可以执行从快速访问栏取消固定的操作，具体方法为：打开文件资源管理器并展开"快速访问栏"，用鼠标右键单击目标文件夹，选择"从'快速访问'取消固定"命令，如图 2-39 所示。

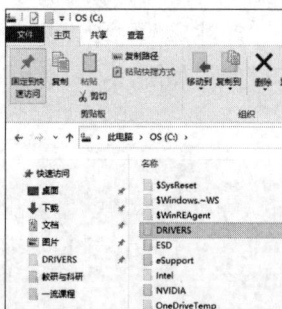

图 2-38　将文件夹固定到快速访问栏

图 2-39　从快速访问栏取消固定

2.6　Windows 设置

"Windows 设置"是 Windows 10 为用户提供的管理和设定计算机系统的控制平台。通过这个平台，用户可以修改 Windows 系统的各种设置，以满足实际需要。

单击"开始"→"设置"按钮，可打开"Windows 设置"窗口，如图 2-40 所示。"Windows 设置"窗口提供了系统、设备、手机、网络和 Internet、个性化、应用、账户、时间和语言、游戏、轻松使用、搜索、隐私、更新和安全等类别，每个类别又根据实际情况提供若干个子项目。

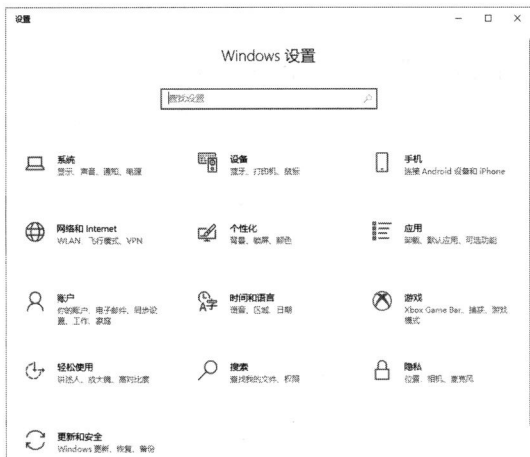

图 2-40　"Windows 设置"窗口

2.6.1　系统设置

"系统"包括显示、声音、通知、电源、多任务处理等方面的配置。

1. 显示属性设置

在"Windows 设置"窗口中，单击"系统"按钮，将直接打开"显示"页面，如图 2-41 所示，用户可以对夜间模式、缩放与布局、多显示器设置等方面进行调整。单击"缩放与布局"中的"更改文本、应用等项目的大小"下拉列表框，可以在不改变显示分辨率的情况下，调整显示内容的大小，百分比越高，显示的项目越大，屏幕内显示的内容越少。

2. 声音属性设置

在左侧窗格中选择"声音"选项，可以对声音的输出、输入等设置进行调整，如图 2-42 所示。

图 2-41　显示属性设置

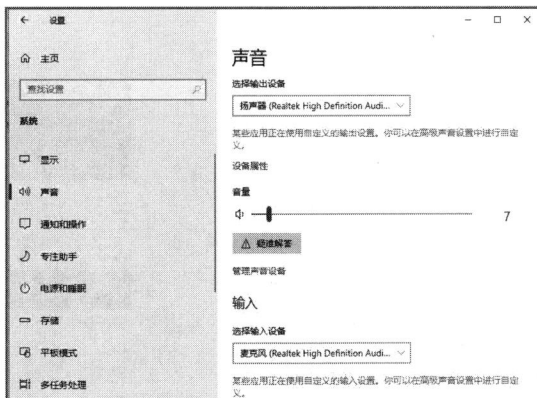

图 2-42　声音属性设置

3. 通知属性设置

在左侧窗格中选择"通知和操作"选项，可以对获取来自应用和其他发送者的通知、在锁屏界面上显示通知、在使用 Windows 时获取提示等设置进行调整，还可以决定获取哪些发送者的通知，如图 2-43 所示。

4. 电源属性设置

在左侧窗格中选择"电源和睡眠"选项，可以设置屏幕在使用电池电源或接通电源的情况下的关闭时间，还可以设置主机在使用电池电源或接通电源的情况下的关闭时间，如图2-44所示。

5. 多任务处理设置

在左侧窗格中选择"多任务处理"选项，可以对贴靠窗口、时间线、按【Alt】+【Tab】组合键的显示内容及虚拟桌面等方面进行设置，如图2-45所示。

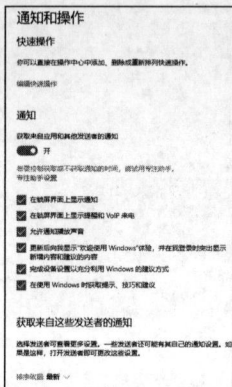

图 2-43　通知属性设置　　　图 2-44　电源属性设置　　　图 2-45　多任务处理设置

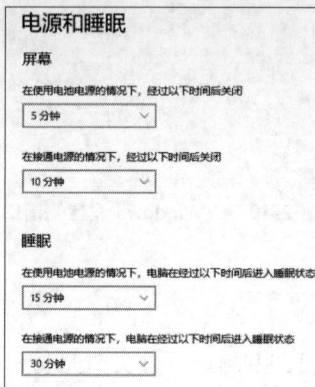

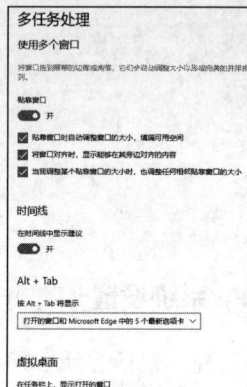

设置完毕后，选择左上角的"主页"选项，返回"Windows 设置"窗口。

2.6.2　个性化设置

Windows 10 个性化设置包括对背景、锁屏界面、颜色等一系列系统组件的设置。

在"Windows 设置"窗口中单击"个性化"按钮，进入图2-46所示的窗口。从图中可以看出，该窗口包含"背景""颜色""锁屏界面""主题""字体""开始""任务栏"等选项。以下介绍几种常用的设置。

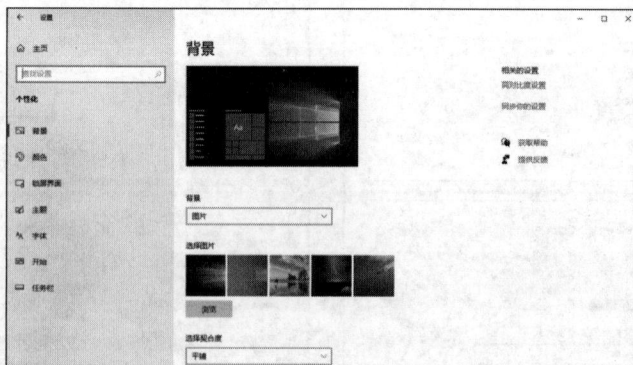

图 2-46　"个性化"设置窗口

1. 背景属性设置

单击"个性化"按钮后默认打开的是"背景"页面，在该页面可以更改背景为图片、纯色或幻灯片放映，如选择"纯色"选项，则可以选择或自定义背景色，如图2-47所示。

2. 颜色属性设置

在左侧窗格中选择"颜色"选项，会出现"颜色"设置页面，如图2-48所示。在此页面中可以设置自定义颜色、默认 Windows 模式、默认应用模式、透明效果、主题色，以及开始菜单、任务栏等是否显示为主题色。默认标题栏和窗口边框为灰白色，设置其显示为主题色后，可以让窗口边界更容易区分，对比效果如图 2-49 所示。

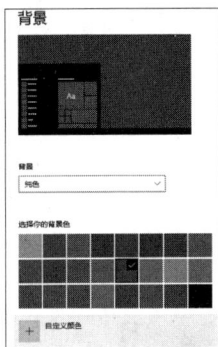

图 2-47　纯色背景设置

图 2-48　颜色设置

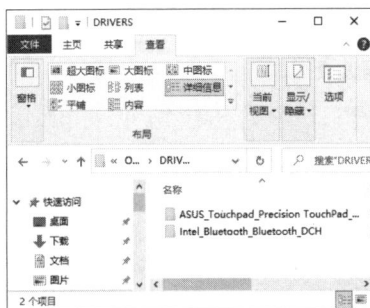

（a）未显示主题色

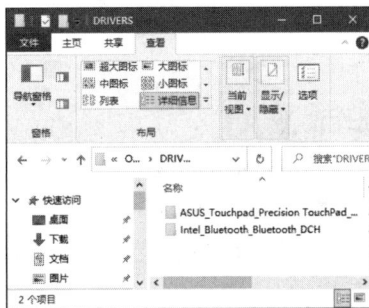

（b）显示主题色

图 2-49　对比效果

3. 锁屏界面设置

在左侧窗格中选择"锁屏界面"选项，会出现"锁屏界面"设置页面，如图 2-50 所示。在此页面中可以设置锁屏背景、锁屏界面上显示的应用，还可以进行屏幕超时、屏幕保护程序设置。单击"屏幕超时设置"链接，将跳转至电源属性设置，单击"屏幕保护程序设置"链接，将弹出图 2-51 所示的对话框。

图 2-50　锁屏界面设置

图 2-51　屏幕保护程序设置

4. 主题设置

在左侧窗格中选择"主题"选项，会出现"主题"设置页面，如图 2-52 所示。在此页面中可以自定义主题的背景、颜色、声音、鼠标光标，还可以在 Microsoft Store 中获取更多主题。

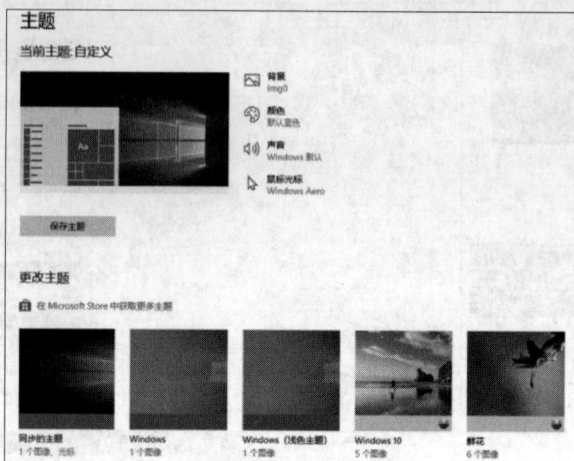

图 2-52　主题设置

5. 其他属性设置

在"字体"设置页面中可以添加字体、浏览可用字体。

在"开始"设置页面中可以对在"开始"菜单上显示更多磁贴、在"开始"菜单中显示应用列表、使用全屏"开始"菜单等方面进行调整。

2.6.3　时间和语言设置

时间和语言设置包括"日期和时间""区域""语言""语音"4 方面的设置。

1. 日期和时间设置

在"Windows 设置"窗口单击"时间和语言"按钮，跳转至"日期和时间"设置页面，如图 2-53 所示。在该页面既可以显示系统当前日期和时间，还可以对"自动设置时间""自动设置时区""更改日期和时间"等方面进行调整。

2. 区域设置

在左侧窗格中选择"区域"选项，会出现"区域"设置页面，如图 2-54 所示。在此页面可以进行"国家或地区""区域格式"的设置，还可以更改数据格式。

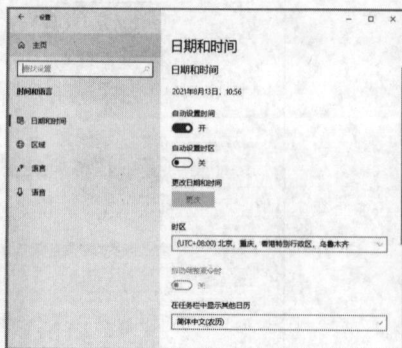

图 2-53　日期和时间设置

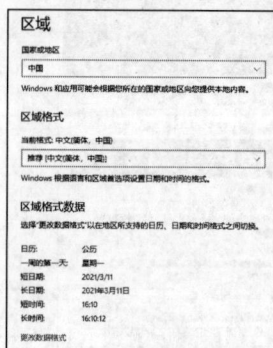

图 2-54　区域设置

3. 语言设置

在左侧窗格中选择"语言"选项，会出现"语言"设置页面，如图 2-55 所示。在此窗口可以查看当前 Windows 显示语言、首选语言、区域格式、键盘采用的输入法，以及语音设备的语言使用情况。还可以在首选语言中添加语言，或对选定的语言进行个性化设置（语言选项），如图 2-56 所示。

4. 语音设置

在左侧窗格中选择"语音"选项，会出现"语音"设置页面，如图 2-57 所示。语音的相关设置包括选择用户使用的主要语言、管理设备和应用的语音，并设置麦克风。

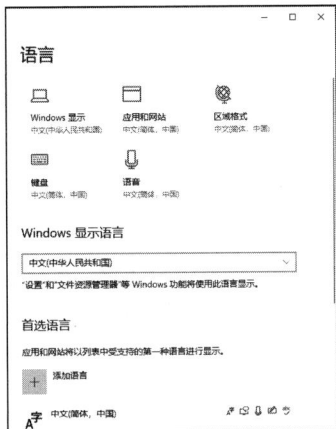

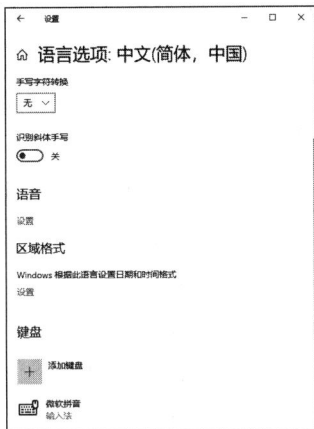

图 2-55　语言设置　　　　图 2-56　语言选项设置　　　　图 2-57　语音设置

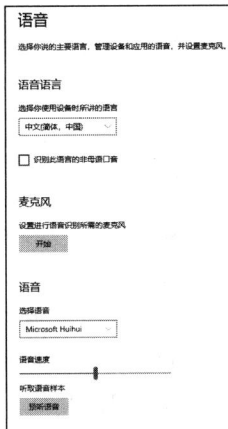

2.6.4　应用设置

应用程序的运行建立在 Windows 系统的基础上。大部分应用程序都需要安装到操作系统才能使用。在 Windows 10 中安装程序很方便，既可以直接运行程序的安装文件，也可以通过 Microsoft Store 下载并安装程序，如图 2-58 所示。"应用"设置主要用来卸载应用、设置默认应用、设置开机启动应用等。

图 2-58　使用 Microsoft Store 下载安装应用

1. 应用和功能设置

在"Windows 设置"窗口单击"应用"按钮，跳转至"应用"设置页面，主窗口内显示"应用和功能"页面，如图 2-59 所示。在该页面中可以设置获取应用的位置为"任何来源"或"仅 Microsoft Store"等选项，还可以对应用进行排序、搜索、筛选及移动或卸载等方面的操作。

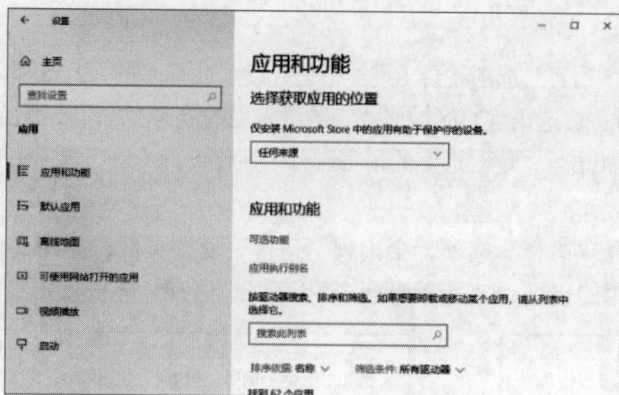

图 2-59 应用和功能设置

2. 默认应用设置

在左侧窗格中选择"默认应用"选项，会出现"默认应用"设置页面。在该页面，用户可以选择哪些应用可用来聆听音乐、查看图片、检查邮件、观看视频等，单击"重置"按钮可以恢复使用 Microsoft 推荐的默认应用。在该页面中，还可以按文件类型指定默认应用、按协议指定默认应用或按应用设置默认值。以 Web 应用为例，单击浏览器图标，弹出系统中已安装的适合打开 Web 页面的应用，选择后完成默认应用的更改，如图 2-60 所示。

3. 启动设置

在左侧窗格中选择"启动"选项，会出现"启动"设置页面，如图 2-61 所示。在该页面可以选择将哪些应用设置为登录时启动。大多数情况下，应用启动后最小化，或只在后台运行。

图 2-60 默认应用设置

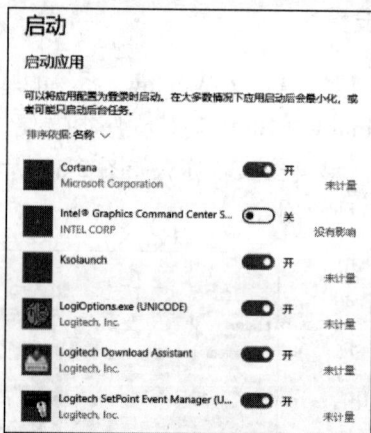

图 2-61 启动设置

2.6.5 账户设置

Windows 10 支持多用户管理，可以为每一个用户创建一个账户，并为每个用户配置独立的用户文件，从而使每个用户在登录计算机时，都可以进行个性化的环境设置。在"账户"设置内可以对用户的账户信息、电子邮件和账户、登录选项、连接工作或学校账户、家庭和其他用户、同步你的设置等方面进行设置。

1. 账户信息

在"Windows 设置"窗口单击"账户"按钮，跳转至"账户"设置页面，主窗口内显示"账户信息"页面,如图 2-62 所示。用户在此页面可以浏览当前账户信息,包括本机账户名、Microsoft账户名及当前账户身份,可以在验证 Microsoft 账户后跨设备同步密码,以及改用本地账户登录系统,还可以使用摄像头或本机照片的方式添加账户头像,效果如图 2-63 所示。

2. 电子邮件和账户

在左侧窗格中选择"电子邮件和账户"选项,进入"电子邮件和账户"页面。在此页面,用户可以添加电子邮件、日历和联系人使用的账户,还可以添加 Microsoft 账户、添加学校或工作账户。

3. 登录选项

在左侧窗格中选择"登录选项"选项,进入"登录选项"页面,如图 2-64 所示。在此页面,用户可以管理登录设备的方式,如以 Windows Hello 人脸、指纹、PIN 或物理安全密钥登录,还可以选择仅使用设备上的 Microsoft 账户通过 Windows Hello 登录,以及设置从睡眠中唤醒计算机时是否需要重新登录等。Windows Hello PIN 功能可以添加或更改 PIN,如图 2-65 所示,单击"更改"按钮,弹出"Windows 安全中心更改 PIN"对话框,按要求输入 PIN 即可完成更改。

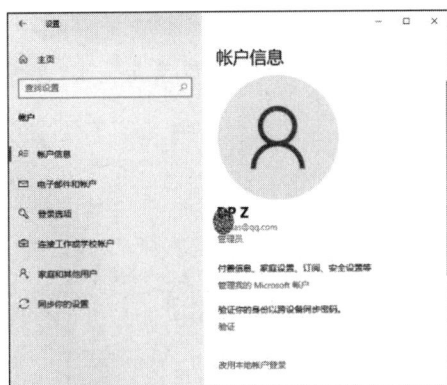

图 2-62　"账户信息"页面　　　图 2-63　添加账户头像　　　图 2-64　"登录选项"页面

4. 家庭和其他用户

在左侧窗格中选择"家庭和其他用户"选项,进入"家庭和其他用户"页面,如图 2-66 所示。在此页面添加家庭成员,可让每个人都有自己的登录信息和桌面。可以设置家长控制,对孩子们访问的网站,使用的应用、游戏及使用时间做出限制。还可以允许其他来宾用户使用自己的账户登录计算机。

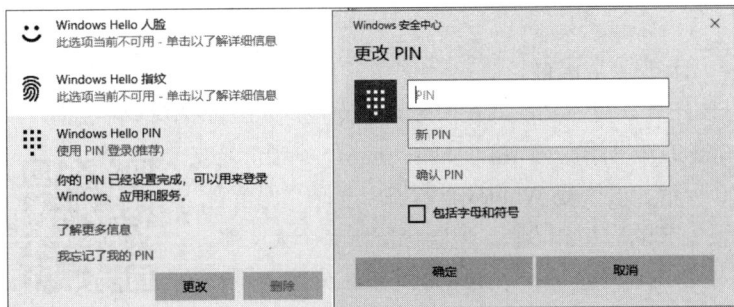

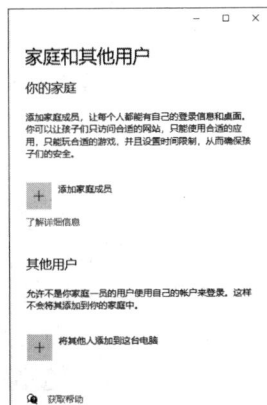

图 2-65　更改 PIN　　　　图 2-66　家庭和其他用户设置

2.6.6 备份与还原设置

Windows 10 具有非常强健的安全性能，既可以设置定期更新系统功能补丁，又拥有强大的 Windows 安全中心，还可以对系统文件进行备份，如果出现原始文件丢失、删除或损坏的情况，就可以还原它们。

1. 备份功能设置

虽然 Windows 10 在性能上相比之前版本有了很大提升，但是也可能存在不稳定性，或用户误操作导致文件丢失或系统异常的情况，因此对系统进行备份非常有必要。在 "Windows 设置"窗口中，单击"更新和安全"按钮，然后在左侧窗格中选择"备份"选项，进入"备份"设置页面，如图 2-67 所示，单击"添加驱动器"按钮后，弹出可备份数据的驱动器（例如 E 盘）。单击"更多选项"链接，弹出"备份选项"页面，如图 2-68 所示，可以对备份的频率、保存时限及文件夹进行设置，单击"立即备份"按钮，静待备份完成。

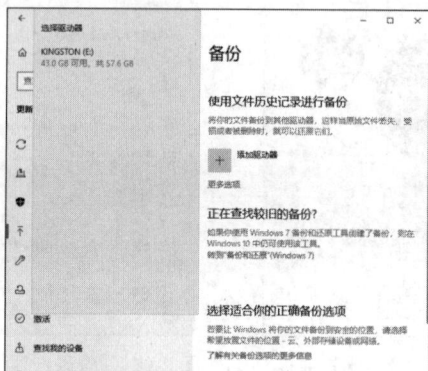

图 2-67 "备份"设置页面

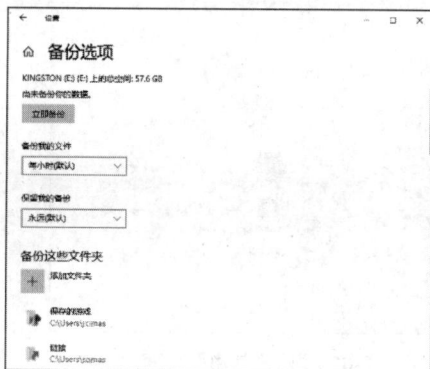

图 2-68 "备份选项"页面

2. 还原功能设置

如果出现磁盘文件丢失或操作系统崩溃的情况，可以通过还原功能恢复之前备份的数据。单击"备份选项"窗口最下端的"从当前的备份还原文件"链接，弹出"主页-文件历史记录"窗口，如图 2-69 所示，可单击 ◄◄ 或 ►► 按钮选择备份的版本，然后选择相应的文件夹或文件夹内的文件，单击恢复按钮 ◉ ，将对象还原到原始位置。

图 2-69 "主页-文件历史记录"窗口

如果操作系统出现了严重故障，未能正常运行，或希望将其恢复到较早的版本，可使用"恢复"功能。在"更新和安全"页面左侧窗口中选择"恢复"选项，打开"恢复"页面，如图 2-70 所示。单击"开始"按钮，弹出"初始化这台电脑"对话框，如图 2-71 所示，可恢复 Windows 系统。选择"保留我的文件"选项，系统会删除用户自己安装的应用和设置，但会保留所有个人文件，并将操作系统初始化；选择"删除所有内容"选项，系统会删除系统分区下所有的文件、应用和设置，并将操作系统初始化，其他分区的文件依然保留。

重置此电脑

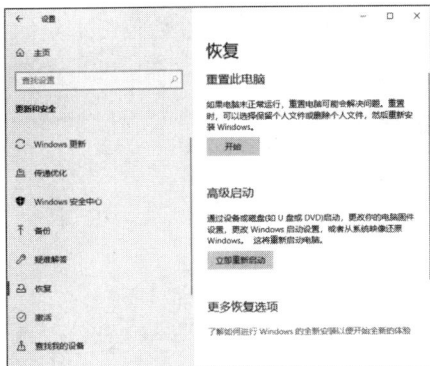

图 2-70　"恢复"页面

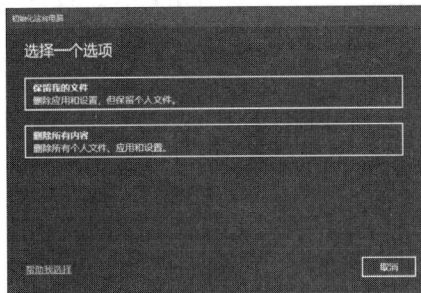

图 2-71　"初始化这台电脑"对话框

2.7　Windows 10 的网络功能

随着计算机的发展，网络技术的应用也越来越广泛，通过网络功能可以实现应用程序、文件、外部设备的共享，如打印机等的共享，还可以在网络环境下使用即时通信软件与他人进行交流和通信，使物理上分散的计算机因网络的存在而紧密地连接起来。

2.7.1　网络的安装

要使用 Windows 10 的网络功能，计算机必须具备相应的硬件（如网卡）和网络环境（如宽带），并完成网络硬件的物理连接，还需要安装相应的驱动程序，对网络进行相应的配置。

计算机主板一般会集成网卡功能，用户不必额外购买网卡设备，只需检查网卡驱动（网络适配器）是否正确安装即可。用户可用鼠标右键单击"此电脑"图标，在弹出的快捷菜单中选择"管理"命令，在"计算机管理"窗口的左侧窗格中选择"设备管理器"选项，在右侧窗格中展开"网络适配器"下拉列表，观察是否存在相应的网络适配器，并通过网络适配器上是否存在问号（？）或叹号（！）来观察网络适配器是否存在问题，如图 2-72 所示。

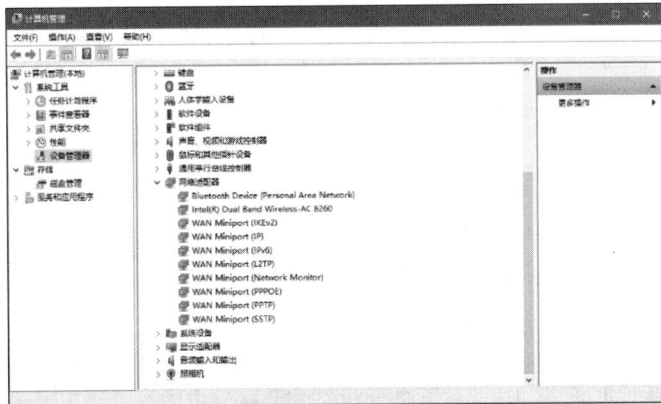

图 2-72　查看网络适配器

确保硬件和驱动无误，并配置好 IP 地址之后，用户方能正常使用网络功能。在"Windows设置"窗口中单击"网络和 Internet"按钮，在"状态"设置页面中单击"更改适配器选项"，弹出"网络连接"窗口，双击本地连接打开对话框，单击"属性"按钮，在弹出的本地连接属性对话框中，双击"Internet 协议版本 4（TCP/IPv4）"，在弹出的"Internet 协议版本 4（TCP/IPv4）属性"对话框中输入 IP 地址和 DNS 服务器地址，如图 2-73 所示。

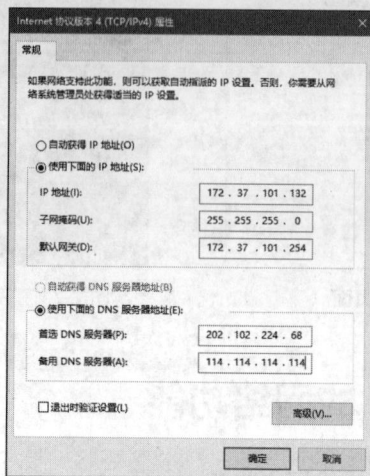

图 2-73 地址设置

2.7.2 资源共享

计算机中的资源共享包括存储资源共享、硬件资源共享和程序资源共享。

1. 存储资源共享

存储资源共享包括共享计算机系统中的硬盘、可移动磁盘等存储介质，可提高存储效率，方便数据的提取与分析。共享文件夹的方法为：用鼠标右键单击要共享的硬盘分区或者某个文件夹，在弹出的快捷菜单中选择"授予访问权限"子菜单中的"特定用户"命令，如图 2-74 所示；在弹出的"网络访问"窗口内设置要共享的用户及权限级别，单击"共享"按钮完成共享设置，如图 2-75 所示。

存储资源共享与访问

图 2-74 给特定用户授予访问权限

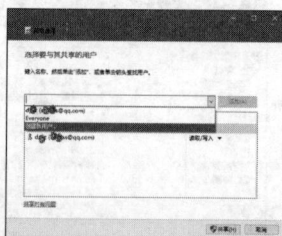

图 2-75 选择要共享的用户

2. 硬件资源共享

硬件资源共享包括对打印机、扫描仪等外部设备的共享，可提高外部设备的利用率。共享打印机的方法为：在"Windows 设置"窗口中单击"设备"按钮，选择左侧窗格中的"打印机和扫描仪"选项，在右侧窗格中单击共享的打印机型号，单击"管理"按钮，在弹出的图 2-76 所示的打印机设置窗口中单击"打印机属性"链接，弹出打印机属性对话框，切换至"共享"选项卡，勾选"共享这台打印机"复选框，并设置"共享名"，单击"确定"按钮即可完成打印机共享设置，如图 2-77 所示。

图 2-76　打印机设置窗口

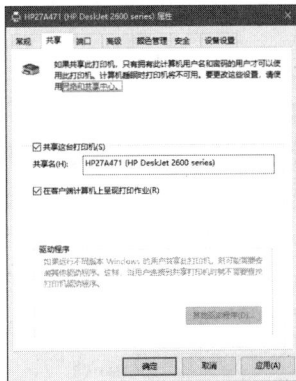

图 2-77　打印机属性对话框

3．共享资源的访问

设置好共享资源后，为方便内网用户访问，必须知道存放共享资源的目标计算机的计算机名或 IP 地址，以及用户名和密码，按【Windows】+【R】组合键打开"运行"对话框，如图 2-78 所示，输入"\\IP 地址"，单击"确定"按钮后，在弹出的图 2-79 所示的"Windows 安全中心"对话框内输入目标计算机的用户名和密码，单击"确定"按钮即可访问目标计算机内的共享资源。

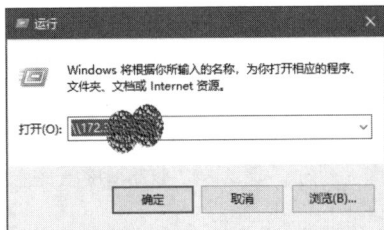

图 2-78　输入"\\IP 地址"

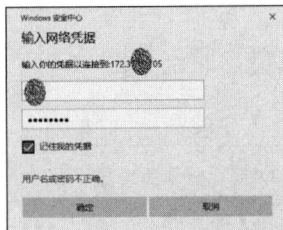

图 2-79　输入用户名和密码

2.8　Windows 10 附件与系统工具

Windows 10 不仅在用户交互界面、重要功能上较之前版本有很大改变，而且系统自带的附件和系统工具也发生了很大的变化，相比于以前的版本，其功能更加强大、交互界面更友好。

2.8.1　磁盘维护

磁盘包括硬盘、光盘和可移动磁盘（U 盘）等，其是计算机软件和数据的载体。对磁盘进行维护可以增大数据的存储空间、保护数据。Windows 10 提供了多种磁盘维护工具，如磁盘清理和磁盘碎片整理工具。使用它们，用户能够方便地对磁盘的存储空间进行清理和优化，使计算机的运行速度得到提升。

1．磁盘属性

磁盘可视为特殊文件夹，查看其属性的操作同查看文件夹的操作相同。用鼠标右键单击需要进行属性查看的磁盘驱动器，在弹出的快捷菜单中选择"属性"命令，打开磁盘驱动器属性对话框，如图 2-80 所示。通过该对话框的"常规"选项卡可以查看磁盘卷标、设置压缩和索引属性、进行磁盘清理；通过"工具"选项卡可以检查驱动器中的文件系统错误、对驱动器进行优化和碎片整理；通过"硬件"选项卡可以查看本机所配置的磁盘驱动器情况等。

2. 磁盘清理

在计算机中使用浏览器上网或安装某些应用程序之后，往往会产生一些缓存文件和垃圾文件，它们不仅会占用大量的磁盘空间，而且会降低系统性能。因此，定期或不定期地进行磁盘清理工作，清除掉垃圾文件和临时文件，可以有效提高系统的性能。磁盘清理的操作步骤如下。

从"开始"菜单中选择"Windows 管理工具"组中的"磁盘清理"应用，弹出"磁盘清理：驱动器选择"对话框，选定需要进行清理的驱动器，单击"确定"按钮，弹出驱动器磁盘清理对话框，如图 2-81 所示。在"要删除的文件"列表框中，系统列出了指定驱动器上所有可删除的文件类型，用户通过勾选复选框来选择要删除的文件，然后单击"确定"按钮即可。

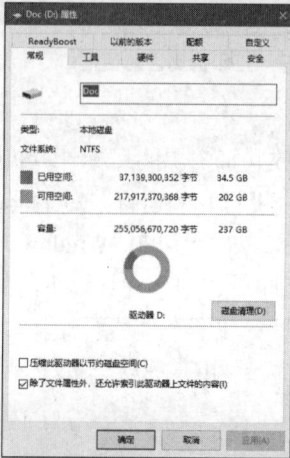

图 2-80　磁盘驱动器属性对话框

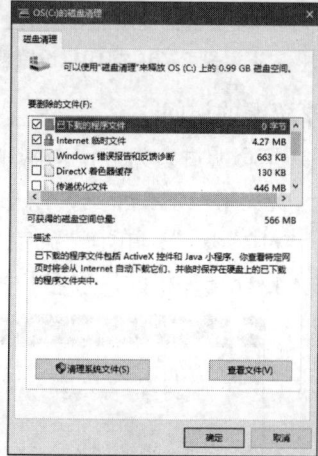

图 2-81　驱动器磁盘清理对话框

3. 磁盘碎片整理

"碎片整理和优化驱动器"应用一直内置在 Windows 系统中。磁盘碎片整理主要是针对机械硬盘而言的。由于操作系统频繁地创建、修改和删除磁盘文件，所以不可避免地会在磁盘中产生很多冗余和凌乱分布的文件，也就是常说的磁盘碎片。磁盘碎片会增加寻道时间，造成计算机访问数据效率降低，系统整体性能下降。为保证系统稳定、高效运行，需定期或不定期地对磁盘进行碎片整理，重新排列碎片数据。磁盘碎片整理的操作步骤如下。

从"开始"菜单中选择"Windows 管理工具"组中的"碎片整理和优化驱动器"应用，弹出"优化驱动器"窗口，如图 2-82 所示。选定需要进行清理的驱动器，单击"优化"按钮，开始优化，优化结束后会更新"上次分析或优化的时间"与"当前状态"的值。单击"启用"按钮，弹出"优化驱动器"对话框，用户可以设定优化计划，定期对指定驱动器进行优化，如图 2-83 所示。

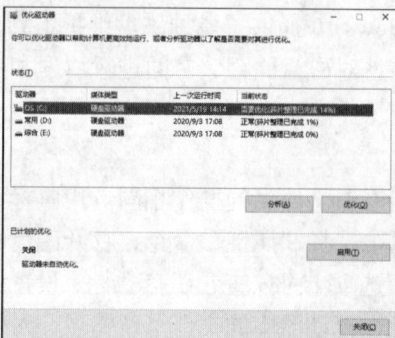

图 2-82　"优化驱动器"窗口

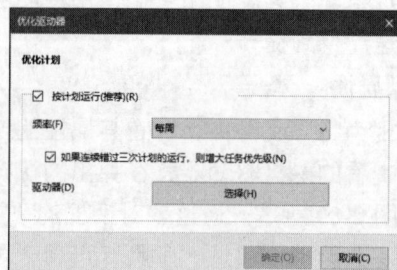

图 2-83　"优化驱动器"对话框

固态硬盘不需要碎片整理，不要对固态硬盘进行碎片整理功能，这对保持固态硬盘的使用寿命有明显的帮助。

4. 磁盘分区管理

用户可以对磁盘进行分区管理，进行诸如新建简单卷、删除简单卷、扩展磁盘分区、压缩磁盘分区或者更改驱动器号之类的操作。从"开始"菜单中选择"Windows 管理工具"组中的"计算机管理"应用，弹出"计算机管理"窗口，选择左侧导航窗格中的"磁盘管理"选项，主窗口内展现出当前计算机的磁盘及其分区情况，如图 2-84 所示。

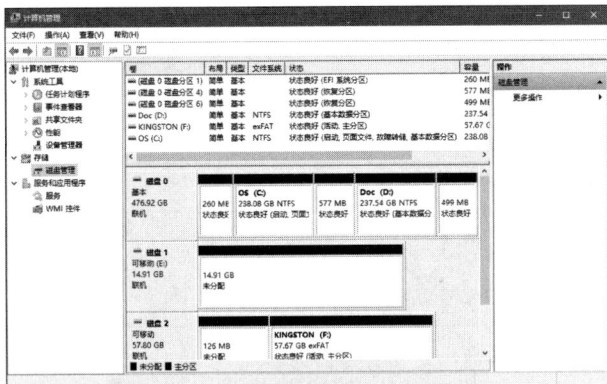

图 2-84　磁盘管理

（1）新建简单卷

用鼠标右键单击"未分配"的磁盘驱动器，在弹出的快捷菜单中选择"新建简单卷"命令，弹出"新建简单卷向导"对话框，如图 2-85 所示；指定卷大小，单击"下一步"按钮，分配磁盘驱动器号，单击"下一步"按钮，在图 2-86 所示的"格式化分区"页面设置文件系统（NTFS）、单元大小、卷标名称（test1）、是否执行快速格式化操作等选项，连续单击"下一步"按钮，直至向导结束，完成新建简单卷操作。依照此方法，可以新建简单卷"test2"。

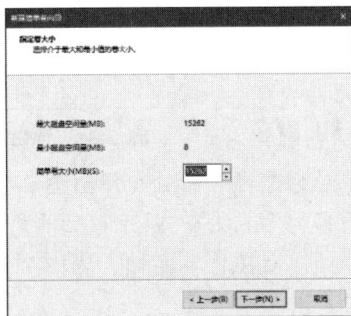

图 2-85　指定卷大小

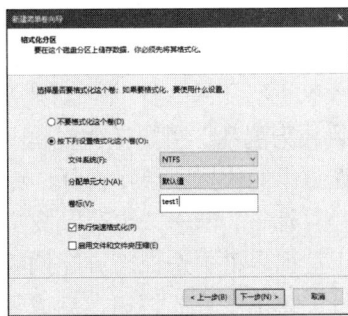

图 2-86　格式化分区

（2）删除简单卷

用鼠标右键单击目标磁盘分区"test1"，在弹出的快捷菜单中选择"删除卷"命令，弹出图 2-87 所示的"删除 简单卷"提示对话框，单击"是"按钮，完成删除卷操作。删除卷后原区域显示"未分配"空间，如图 2-88 所示。删除卷操作会导致对应分区内所有的文件丢失，请谨慎操作，在删除前请确定磁盘分区内的数据是否有用或已备份。

（3）压缩卷

用鼠标右键单击目标磁盘分区"test2"，在弹出的快捷菜单中选择"压缩卷"命令，经过短暂的时间查询压缩空间后，弹出图 2-89 所示的压缩分区对话框，在对话框中输入压缩空间量，单击"压缩"按钮，在压缩分区右侧会出现图 2-90 所示的未分配空间。压缩卷不会导致文件丢失或损坏。

图 2-87 "删除 简单卷"提示对话框

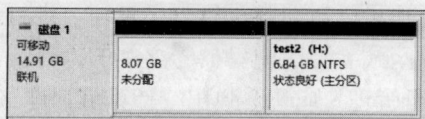

图 2-88 删除简单卷后原区域显示未分配

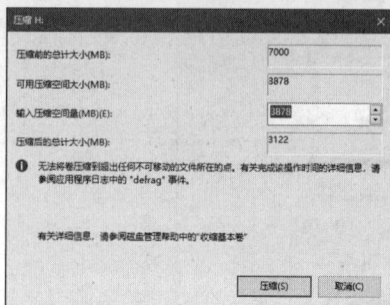

图 2-89 压缩分区对话框

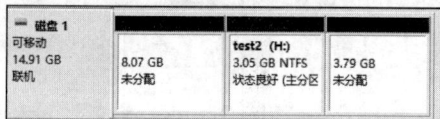

图 2-90 未分配空间

（4）格式化

格式化就是对磁盘存储区域进行划分，使计算机能够准确无误地在磁盘上存储或读取数据的操作。对使用过的磁盘进行格式化将会删除磁盘上原有的数据（包括病毒），故在格式化之前应确定磁盘上的数据是否有用或已备份，以免造成误删除。

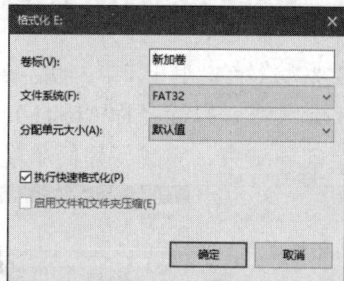

格式化磁盘的操作非常简单，用鼠标右键单击目标磁盘分区，在弹出的快捷菜单中选择"格式化"命令，弹出"格式化"对话框，在对话框中设置"卷标名称""文件系统格式""分配单元大小"后，单击"确定"按钮即可，如图 2-91 所示。

（5）更改驱动器号

若对磁盘分区进行压缩、删除、新建及格式化操作之后，驱动器号会显得较为混乱，可更改驱动器号。用鼠标右键单击

图 2-91 "格式化"对话框

目标驱动器，在弹出的快捷菜单中选择"更改驱动器号和路径"命令，弹出图 2-92 所示的更改驱动器号和路径对话框，单击"更改"按钮，弹出图 2-93 所示的"更改驱动器号和路径"对话框，在右侧的下拉列表框中选择新分配的驱动器号，单击"确定"按钮，弹出图 2-94 所示"磁盘管理"对话框，单击"是"按钮，完成驱动器号的更改。

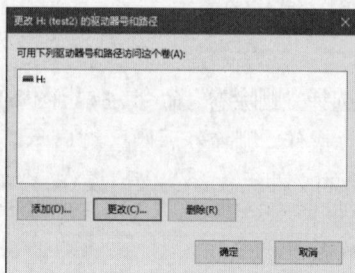

图 2-92 更改驱动器号和路径对话框

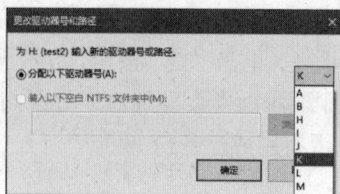

图 2-93 分配新的驱动器号

图 2-94 "磁盘管理"对话框

2.8.2　写字板

写字板是一个可用来创建和编辑文档的文本编辑程序。与记事本不同，写字板文档可以包括复杂的格式和图形，并且可以链接或嵌入对象（如图片或其他文档），如图 2-95 所示。

图 2-95　写字板界面

2.8.3　计算器

标准计算器界面如图 2-96 所示，我们可以使用计算器进行如加、减、乘、除这样的简单运算。另外，计算器还提供了科学、程序员、日期计算等具有不同功能的版本。计算器附带有转换器，可以将值从一种度量单位转换成另一种度量单位，包括货币、容量、长度等 13 种单位换算方式。

2.8.4　记事本

记事本是 Windows 系统自带的一个文本编辑程序，可用于创建并编辑文本文件。由于 TXT 格式的文件格式简单，可以被很多程序调用，因此在实际中经常使用。

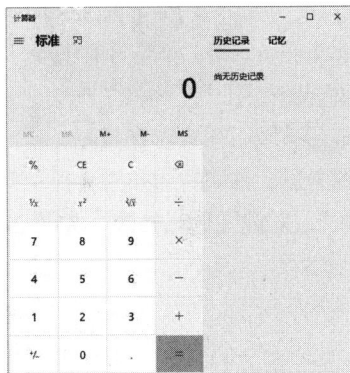

图 2-96　标准计算器界面

记事本的编辑、排版功能不强。如果希望对记事本显示的所有文本的格式进行设置，选择"格式"→"字体"命令，在弹出的"字体"对话框中可以设置字体、字形和大小。单击"确定"按钮后，记事本窗口中显示的所有文字都会显示为所设置的格式。

若在记事本文档的第一行输入".LOG"，那么以后每次打开此文档，系统都会自动地在文档的最后一行插入当前的日期和时间，以方便用户将其用作时间戳。

2.8.5　画图程序

使用画图程序可以绘制、编辑图片，以及为图片着色，可以像使用数字画板那样使用画图程序来绘制简单图片、进行有创意的设计，或者将文本和设计图案添加到其他图片中，如那些用数字照相机拍摄的照片。另外，使用画图程序还可以裁剪图片、调整图片的大小、更改图片的文件类型（文件格式）等。

2.8.6 命令提示符

为了方便熟悉 DOS 命令的用户通过 DOS 命令使用计算机，Windows 10 通过命令提示符功能模块保留了 DOS 的使用方法。

选择"开始"→"Windows 系统"→"命令提示符"命令，进入"命令提示符"窗口。也可以在"开始"菜单的"搜索框"中输入"cmd"命令进入"命令提示符"窗口。在此窗口中，用户只能使用 DOS 命令操作计算机。

2.8.7 便笺

在日常工作中，用户可能需要临时记录地址、电话号码或者邮箱等信息。用户可以随意地创建便笺来记录需要提醒自己的事情，并把它放在桌面上，以便随时能注意到。第一次打开便笺应用需要登录 Microsoft 账户，新建便笺并完成编辑后，即可将便笺添加到桌面上，如图 2-97 所示。

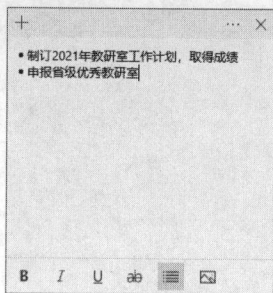

图 2-97　便笺界面

2.8.8 截图工具

在 Windows 10 以前的版本中，截图工具只有非常简单的功能：按【PrtScSysRq】键截取整个屏幕，按【Alt】+【PrtScSysRq】组合键截取当前窗口。在 Windows 10 中，截图工具的功能变得非常强大，可以从应用中搜索并打开"截图和草图"应用。还可以使用【Windows】+【Shift】+【S】组合键截图，在屏幕的顶端会显示图 2-98 所示的截图快捷工具。截图快捷工具中从左至右依次为矩形截图、任意形状截图、窗口截图、全屏幕截图、关闭截图，用户可根据需要选择截图方式。截图之后，右侧的通知栏会提示截图已保存到剪贴板，直接单击提示或在通知管理中找到"截图和草图"，对截图进行修改，如图 2-99 所示，之后可以把它保存为一个文件（PNG 格式）。

图 2-98　截图快捷工具

图 2-99　修改截图

本章小结

操作系统是系统软件的核心，为了能够更好地使用和高效地管理计算机，就需要用户深入了解计算机操作系统。本章主要介绍了 Windows 10 的基本特性和操作，以及桌面和文件管理，并详细介绍了 Windows 10 的系统配置及其应用软件。

本章的目的是让读者了解操作系统的基本概念，掌握 Windows 10 的用户界面和文件的组织管理，熟悉应用软件，掌握系统的整体配置，了解操作系统管理计算机系统的硬件和软件资源的方法。

练习题

一、选择题

（1）不属于操作系统的功能的是（　　　）。

　　A. 进程管理　　　　　B. 作业管理　　　　　C. 设备管理　　　　　D. 计算管理

（2）选择不连续的多个文件时，配合使用的快捷键是（　　　）。

　　A.【Alt】　　　　　　B.【Tab】　　　　　　C.【Ctrl】　　　　　　D.【Shift】

（3）Windows 10 截屏的组合键是（　　　）。

　　A.【Ctrl】+【A】　　　　　　　　　　　B.【Ctrl】+【Alt】+【A】

　　C.【Windows】+【Shift】+【S】　　　　D.【Ctrl】+【PrtScSysRq】

（4）用户文件夹包含用户的一些信息和资料，不包括（　　　）。

　　A. 桌面　　　　　　　B. 音乐　　　　　　　C. 电影　　　　　　　D. 图片

（5）下列选项中，（　　　）不是微软公司开发的操作系统。

　　A. Windows 7　　　B. Windows 10　　　C. Linux　　　　　　D. Windows 8

（6）在 Windows 10 中，通过（　　　）操作，可修改文件关联。

　　A. 在"Windows 设置"窗口中单击"应用"按钮，选择"默认应用"命令，然后单击设置关联

　　B. 打开"此电脑"，选择"工具"→"选项"，选择关联标签

　　C. 在桌面上单击鼠标右键，选择"管理"命令，在"计算机管理"窗口的左窗格中选择文件设置，在右窗格中修改设置

　　D. 打开计算机配置，在本地组策略中单击软件设置

二、填空题

（1）选定想要恢复的对象后，可以使用回收站工具的_____命令。

（2）用户可以通过鼠标_____操作，使文件进入重命名状态。

（3）Windows 系统中记事本创建的文件的扩展名为_____。

（4）在 Windows 系统中，【Ctrl】+【C】是_____命令的快捷键。

（5）在 Windows 系统中，【Ctrl】+【X】是_____命令的快捷键。

（6）在 Windows 系统中，【Ctrl】+【V】是_____命令的快捷键。

三、操作题

（1）下载安装国产输入法，并介绍它的功能。

（2）创建"学习资源"库，并向"学习资源"库中添加资源。

【价值引领】

- 自主产权是国家信息安全的重要内容，要打破国际垄断，增强民族自信。
- 鼓励学生从哲学观点认识事物的整体性、有序性特征，理解国产操作系统。
- 培养学生的历史使命感和社会责任感，百折不挠的为国奋斗的家国情怀。
- 鼓励学生探索未知，激发创新和实践能力。

03 第3章 使用Word 2016制作文档

【学习目标】

- 了解 Word 文档的基本使用方法。
- 掌握 Word 文档的创建、保存、选择、查找与替换等基本操作方法。
- 掌握 Word 文档中文本格式、段落格式、页面格式的编辑方法。
- 掌握 Word 文档中表格、图片的插入与编辑方法。
- 掌握 Word 中长文档目录的生成、样式的应用、页眉与页脚的添加、脚注与题注的添加等方法。
- 掌握 Word 中邮件合并的使用方法。

【引例】制作个人简历

　　文依依是一名即将毕业的大学生，为了得到更多的就业机会，她决定利用 Word 为自己制作一份简洁而醒目的个人简历。简历中除了该有的文字内容外，如何更有效地将文字内容以图表或图片形式直观地展现出来是最难的部分。而文依依巧妙地使用图文混排，插入图片、形状、SmartArt 图形等方式，将自己的个人技能、实习经验等内容通过图、表的形式展现了出来，充分展现了个人风采，做出了一份精美、简洁、大气的简历。

3.1 Word 2016 使用基础

　　Microsoft Word 是微软公司办公软件 Microsoft Office 的核心组件之一，是一款功能强大的文字处理软件，可以对文字进行编辑和排版，能制作具有专业外观的文档，如信函、论文、报告、小册子等。相较于之前的版本，Word 2016 提供了更加简洁的界面、简单便捷的共享功能、全新的智能导航搜索栏、更加强大和实用的墨迹公式等，为用户创建专业的文档提供了便利。

3.1.1 Word 2016 的启动和退出

1. 启动 Word 2016

启动 Word 2016 的方法有以下几种。

（1）通过"开始"菜单启动。在"开始"中选择"Word"命令，可启动 Word 2016，如图 3-1 所示。

（2）利用快捷方式启动。双击桌面上 Word 2016 的快捷方式图标即可迅速启动 Word 2016。

（3）利用已有文档方式启动。直接双击打开 Word 类型的文档，启动 Word 2016。

2．退出 Word 2016

退出 Word 2016 的方法有以下几种。

（1）单击标题栏右侧的"关闭"按钮 ⊠ 。

（2）切换到"文件"选项卡，选择"关闭"选项。

（3）按【Alt】+【F4】组合键。

（4）在标题栏上单击鼠标右键，在弹出的快捷菜单中选择"关闭"命令。

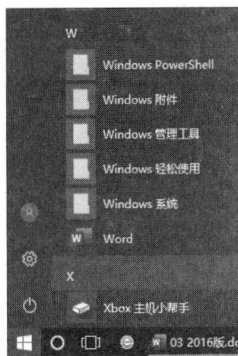

图 3-1　通过"开始"菜单启动 Word 2016

3.1.2　认识 Word 2016 的工作界面

启动 Word 2016 后，屏幕上就会显示出 Word 2016 的工作界面，从中可以认识并了解 Word 2016 窗口的基本结构和 Word 2016 的基本功能，如图 3-2 所示。

图 3-2　Word 2016 工作界面

1．标题栏

标题栏位于整个文档的正上方，显示当前文档的文件名及所使用的软件名。

2．快速访问工具栏

快速访问工具栏位于窗口界面的左上方，用户可以使用"自定义快速访问工具栏"按钮，根据需要将一些常用的命令添加上去。各种常用命令是以图形按钮来表示的，以便用户快捷地操作。这些工具主要有：新建、保存、快速打印、打印预览和打印、撤销、恢复等。

3．选项卡和功能区

选项卡位于标题栏下方，其中几乎包含 Word 中的所有命令，包括"文件""开始""插入""设计""布局""引用""邮件""审阅""视图""帮助"等选项卡。其中，单击"文件"选项卡可以打开"文件"菜单，其中包括"信息""新建""打开""保存""另存为""打印""共享""导出""关闭""账户""选项"等命令。在功能区单击鼠标右键，可以自定义功能区。每一类功能区中又包含实现若干功能的分组区面板，用户可以单击相应的功能区，然后选择功能分组面板中的命令来执行相应操作。工作时需要用到的命令大多位于此处。它与其他软件中的"菜单"或"工具栏"相同。

4. 搜索框

搜索框是 Word 2016 新增的功能，用户可以利用这个功能快速执行某个命令或搜索某个帮助，不用因为寻找某个功能而浪费时间。例如想插入目录，可以直接在搜索框中输入"目录"，此时会显示一些关于目录的功能信息。在处理文档时，配合使用此功能，能让用户的工作更高效。

5. 文档编辑区

屏幕中最大的空白区域就是文档编辑区域，是编辑文档和显示最终编辑结果的区域。

6. 状态栏

状态栏显示当前文档的相关信息，如当前是第几页、文档共有多少页、字数等。

7. 视图控制区

视图控制区可以切换不同的视图显示方式，也可以调整页面的显示比例。

Word 2016 提供了多种在屏幕上显示文档的方式，每一种显示方式称为一种视图。使用不同的视图方式，用户可以把注意力集中到文档的不同方面，从而高效、快捷地查看和编辑文档。Word 2016 提供的视图有：页面视图、阅读版式视图、Web 版式视图、大纲视图和草稿视图 5 种。在视图控制区，只显示了 3 种视图，分别是页面视图、阅读版式视图和 Web 版式视图，单击相应视图按钮可进行视图的切换。

（1）页面视图是 Word 2016 默认的视图方式，能够在屏幕上模拟与实际打印效果一致的文档：既可看到文档的全部内容，又可以看到页眉、页脚、多栏版面和脚注所在的实际位置，并且可以对文本、格式或版面进行最后的修改。最终形式如图 3-3 所示。

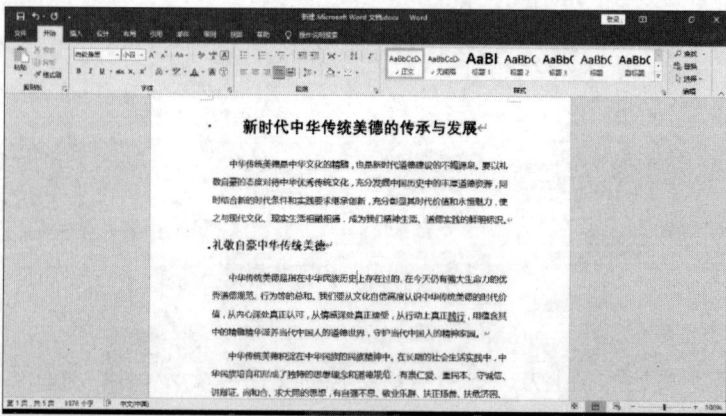

图 3-3　页面视图

（2）Word 2016 的阅读版式视图以图书的分栏样式显示 Word 文档，功能区等窗口元素被隐藏起来，阅读方法比较新颖。在阅读版式视图中，用户还可以单击"视图"菜单对阅读效果进行调整。在这种视图中，文档中的字号变大了，每一行变短了，阅读方式贴近于用户的自然习惯。最终形式如图 3-4 所示。

（3）Web 版式视图用于创作 Web 页面。在 Web 版式视图中，Word 能优化 Web 页面，使其外观与在 Web 或 Internet 上发布时的外观一致。在 Web 版式视图中，还可以看到背景、自选图形和其他在 Web 文档及屏幕中查看文档时常用的效果。文档将以一个不带分页符的长页显示，文字和表格自适应窗口的大小。最终形式如图 3-5 所示。

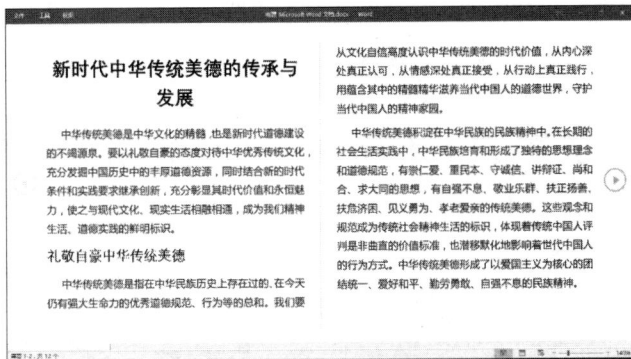

图 3-4　阅读版式视图

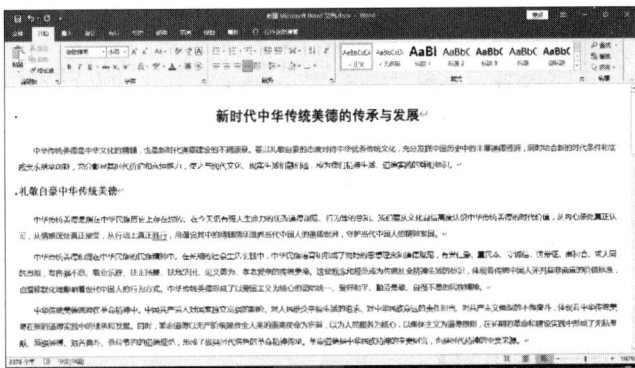

图 3-5　Web 版式视图

3.2　创建与编辑文档

Word 最重要的、最常用的功能就是文字处理功能，一份漂亮的文档需要对文档格式进行设置，例如文本的字体、字号、颜色、段落格式等。

3.2.1　创建文档

1.　新建空白文档

（1）启动 Word 2016 后，在开始界面中，单击"空白文档"按钮，即可创建新的空白文档。

（2）在桌面上或者相应的文件夹中，在空白处单击鼠标右键，在弹出的快捷菜单中选择"新建"→"Microsoft Word 文档"命令，即可创建一个 Word 文档，为文档更名后，双击该文档即可启动 Word 2016 来对文档进行编辑。

（3）单击"自定义快速访问工具栏"下拉按钮，在展开的下拉菜单中选择"新建"选项，可以将"新建"按钮图标添加到快速访问工具栏中，单击"新建"按钮，系统会以空白文档为模板创建新文档，文件名由系统自动给出。

2.　根据模板新建文档

Word 模板是指 Microsoft Word 中内置的包含固定格式设置和版式设置的模板文件，用于帮助用户快速生成特定类型的 Word 文档。Word 2016 提供了多种模板供用户选择，利用这些模板，用户可以快速创建具有特定内容的文档，并且使文档看上去更加规范。以创建一个简历模板为例，具体操作方法为选择"文件"→"新建"命令，在"搜索联机模板"搜索框中输入"简历"，单击搜索按钮，即可搜索所有联机模板，选择"蓝灰色求职信"选项，在弹出的对话框中单击"创建"按钮，即可下载模板并创建一个新的 Word 文档，如图 3-6 所示。用户可以直接在模板上进行编辑。

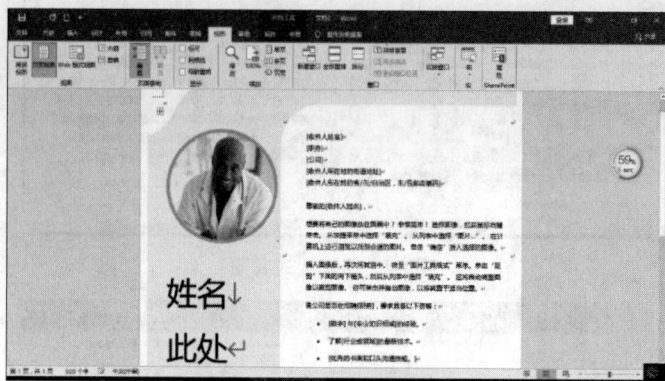

图 3-6　根据模板创建的文档

3.2.2　保存文档

无论是新建的文档，还是修改编辑后的文档，都要及时保存，防止出现意外情况（如断电、宕机等）导致文件丢失。文档的保存操作分为保存新文档、保存修改编辑后的文档、自动保存，除此之外，还可以设置文档加密保存。

1. 保存新文档

首次保存新建的 Word 文档时，单击"文件"选项卡，进入 Backstage 视图，在 Backstage 视图中选择"保存"命令，系统会自动转到"另存为"命令，选择"浏览"命令，弹出图 3-7 所示的"另存为"对话框。

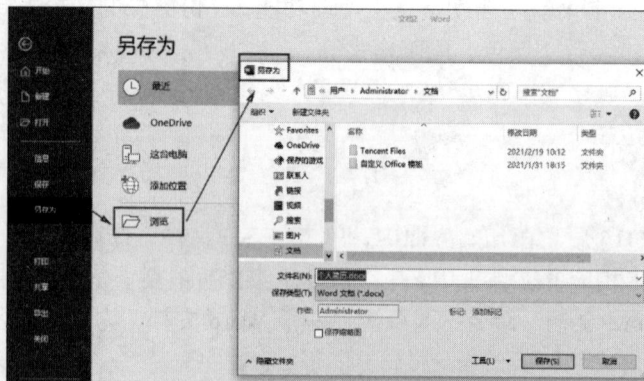

图 3-7　"另存为"对话框

（1）选择保存位置：在"另存为"对话框中选择保存路径。在对话框左侧窗格显示了常用的文件夹路径，用户可以快速切换到相应的文件夹路径。

（2）选择保存类型：在"保存类型"下拉列表框中选择要保存的文件类型（扩展名），默认

为 ".docx"。还可以选择 Word 97-2003、纯文本文档、模板文档、RTF 格式文档等。

（3）设置保存文件名：在"文件名"文本框中输入要保存文件的文件名，扩展名默认是有的，可以不用输入。

（4）确认保存：单击"保存"按钮，将文档保存并返回编辑界面。此时可以看到，标题栏中已显示刚才保存的文件名了。

2. 保存修改后的文档

保存修改后的文档是指对已有的 Word 文档进行编辑和修改后的保存操作，其操作方法有以下几种。

（1）切换到"文件"选项卡，选择"保存"命令，在系统状态栏中可看到保存进度条。此时，并不会弹出"另存为"对话框。

（2）单击快速访问工具栏中的"保存"按钮，实现对编辑后的文档以原名保存。

（3）使用【Ctrl】+【S】组合键。如果想将修改后的文档以不同的文件名进行保存，可执行"另存为"命令，在弹出的"另存为"对话框中，按照前面所述的操作进行保存。

3. 自动保存

Word 2016 提供了一种按照用户设定的时间间隔进行自动保存的功能，用来防止在特殊情况下因未保存文档而导致文档丢失的情况发生。设置方法如下。

（1）切换到"文件"选项卡，选择"选项"命令，弹出图 3-8 所示的"Word 选项"对话框。

图 3-8　"Word 选项"对话框

（2）在该对话框的左侧窗格中选择"保存"选项，然后在右侧窗格中勾选"保存自动恢复信息时间间隔"复选框，在其后的数值框中设置保存的时间间隔。需要注意的是，并不是自动保存时间间隔设置得越短越好。若间隔时间过短，系统在短时间内不断执行保存操作，会占用大量的内存空间，从而影响工作效率。

4. 文档加密保存

在 Word 2016 中，为了防止文档未经允许被打开或者修改，可以对文档进行加密保存，设置打开密码和修改密码。选择"另存为"对话框"工具"下拉列表中的"常规选项"命令，在弹出的对话框中，分别设置打开文件时的密码和修改文件时的密码，根据相关提示进行密码确认操作，如图 3-9 所示。

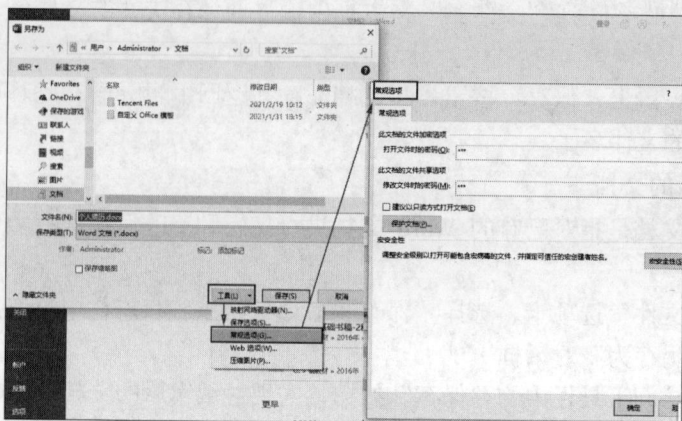

图 3-9　文档加密保存

3.2.3　编辑文档

1. 文本的输入

在 Word 2016 中新建文档后，就可以输入文本了，文本的输入方法主要有两种：普通文本的输入、特殊符号的输入。

（1）普通文本的输入。普通的汉字、数字、英文字母，以及中、英文的标点符号都可以看作普通文本。这些对象都可以直接通过键盘进行输入。日期和时间的输入可以通过单击"插入"→"日期和时间"按钮实现，在打开的对话框中选择相应的输入格式，单击"确定"按钮。具体操作方法如图 3-10 所示。如果勾选对话框右下角的"自动更新"复选框，则日期和时间将会随着计算机的系统时间进行更新。

（2）特殊符号的输入。在制作某些文档时，需要输入一些特殊字符使文档更加规范。具体操作方法为选择"插入"→"符号"→"其他符号"命令，在"符号"对话框的"字体"下拉列表框中选择不同的字体，就会出现不同的符号；选择需要的符号，单击"插入"按钮，如图 3-11 所示。

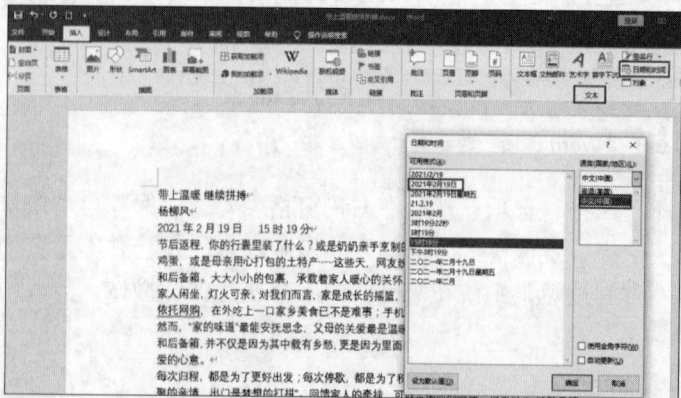

图 3-10　插入日期和时间

图 3-11　"符号"对话框

2. 控制文本插入点的位置

编辑区中光标闪烁的位置为输入位置，即插入点位置。要输入或修改文档，首先要明确编辑的位置，定位插入点。插入点的定位方法可分为键盘定位法和鼠标定位法。

（1）键盘定位法。用键盘移动插入点是最基础、最原始的方法，适用于小范围内的移动，大范围移动插入点最好使用鼠标定位法。用键盘定位插入点时可使用的快捷键如表 3-1 所示。

表 3-1　　　　　　　　　　　　　键盘定位插入点的快捷键

快 捷 键	作 用 效 果
【Home】	移动插入点到所在行的首位置
【End】	移动插入点到所在行的末位置
【Ctrl】+【Home】	移动插入点到整篇文档的开始位置
【Ctrl】+【End】	移动插入点到整篇文档的结束位置
【Page Up】	往前翻一屏
【Page Down】	往后翻一屏

（2）鼠标定位法。通过鼠标滚轮的上下滚动或水平、垂直滚动条的调整，将页面停留在需要定位的内容部分，在需要定位的位置单击鼠标即可。

3．选择、修改文本

在文档中选择文本的目的就是要对文本进行修改。在 Word 中修改文本的操作包括删除文本、改写文本、移动文本、复制文本和粘贴文本等。

选择文本的方法有以下几种。

（1）按住鼠标左键直接拖曳选择文本。

（2）选定某个单词或词组。将鼠标指针定位在单词或词组上，双击即可选中对应单词或词组。

（3）选定一行。将鼠标指针移动到行左端的选定栏上，单击即可选择对应行文本。

（4）选定多行。在要选定的起始行按住鼠标左键并拖曳到结束行释放即可选中多行。

（5）选定一个段落。双击该段落左端的选定栏，或将光标置于段内任意位置，然后三击鼠标左键即可选择对应段落。

（6）选定连续的多个区域。先定位光标的开始位置，然后按住【Shift】键，在想选择的文字末端单击。

（7）选定多个不连续的区域。拖曳鼠标的同时按住【Ctrl】键即可选中多个不连续的区域。

（8）选定整个文档。在选定栏中三击鼠标左键或选择"开始"→"选择"→"全选"命令，或按【Ctrl】+【A】组合键。

（9）选定矩形块。把光标置于要选定文本的一角，按住【Alt】键，并按住鼠标左键拖曳出一个矩形选框，这样就可以选中选框中的所有文字。

（10）取消选定的文本。取消选定的文本只需要在任意位置单击即可。

4．移动、复制文本

移动、复制文本的操作如下。

（1）通过"开始"选项卡"剪贴板"组中的命令完成操作。其中，复制是通过"复制+粘贴"命令来完成的；移动是通过"剪切+粘贴"命令来完成的，如图 3-12 所示。

（2）通过快捷菜单中的命令完成操作，如图 3-13 所示。

（3）通过快捷键完成操作。

移动：按【Ctrl】+【X】（剪切）组合键，再按【Ctrl】+【V】（粘贴）组合键。

复制：按【Ctrl】+【C】（复制）组合键，再按【Ctrl】+【V】（粘贴）组合键。

图 3-12　"开始"选项卡的"剪贴板"组　　　　图 3-13　快捷菜单中的"剪切"和"复制"命令

（4）通过鼠标拖曳完成操作。

① 用鼠标左键拖曳的操作方法如下。

移动：按住鼠标左键，直接用鼠标拖曳选中的文本到目标处。

复制：按住【Ctrl】键，按住鼠标左键用鼠标拖曳选中的文本到目标处。

② 用鼠标右键拖曳的操作方法如下。

按住鼠标右键，用鼠标拖曳选中的文本到目标处，释放鼠标右键，弹出相应的快捷菜单，根据需要选择命令。

粘贴选项主要涉及以下 3 个方面。

①"保留源格式"：被粘贴内容保留原始内容的格式。

②"合并格式"：被粘贴内容保留原始内容的格式，并且合并应用目标位置的格式。

③"仅保留文本"：被粘贴内容清除原始内容和目标位置的所有格式，只保留文本。

5. 删除文本

删除文本最简单的方法是按【BackSpace】键删除插入点左边的字符，按【Delete】键删除插入点右边的字符。利用块删除操作，可以快速地删除一句话、一行、一段或整个文档。操作步骤是：选定要删除的文本，按【Delete】键或【BackSpace】键。

6. 查找、替换文本

Word 2016 提供了强大的查找和替换功能。它不仅可以查找和替换文字，还可以搜索和替换指定格式的文字段落标记、域或图形等特定项。这给文档的编辑带来了很大的便利。

（1）利用查找功能可以快速定位文本、格式和特殊字符及其组合。单击"开始"→"查找"按钮，在左侧导航窗格的文本框中输入要查询的内容，然后按【Enter】键执行搜索，Word 会将搜索到的结果高亮显示。此外，还可以使用"高级查找"功能来实现更精确的查找。单击"开始"→"查找"下拉按钮，弹出图 3-14 所示的"查找和替换"对话框。在"查找"选项卡的"查找内容"组合框中输入要查找的内容，然后单击"阅读突出显示"下拉按钮或"在以下项中查找"下拉按钮，进行相关设置。另外，在搜索"选项"中还可以根据搜索内容设定专属格式进行查找。

（2）替换操作作用于当前文本中搜索的指定的文本，并用其他文本将其替换。在"查找和替换"对话框中切换到"替换"选项卡，如图 3-15 所示；在"查找内容"组合框中输入要查找的内容，在"替换为"组合框中输入替换的字符，设置好各种格式，包括搜索范围及格式等选项，单击"替换"按钮，系统将会一处一处地进行替换。若单击"全部替换"按钮，则系统会自动按照所设定的搜索范围进行替换，替换完成后弹出提示对话框，告知用户共替换多少处。

注意　在 Word 2016 中可以先选定要查找的内容，这样在弹出的对话框中就不必输入查找内容了。

另外，也可以通过【Ctrl】+【C】组合键复制通过【Ctrl】+【V】组合键粘贴要查找和替换的内容。

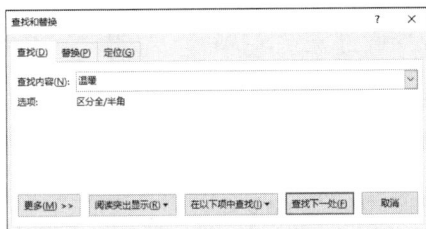

图 3-14　"查找"选项卡

图 3-15　"替换"选项卡

　　打开"3.1 带上温暖继续拼搏"文档，单击"开始"→"替换"按钮，或按【Ctrl】+【H】组合键，打开"替换"对话框，在"查找内容"组合框中输入"家"，在"替换为"组合框中输入"家"，将"家"的格式更改为小四、加粗、深红，如图 3-16 所示。

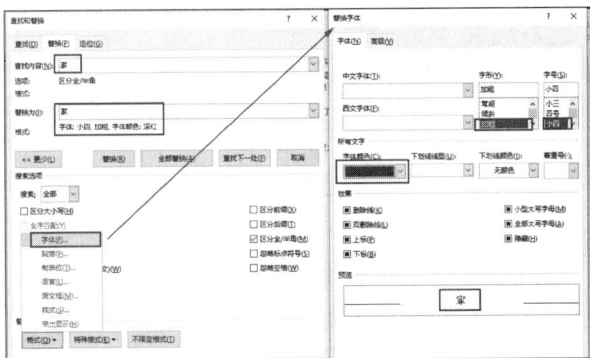

图 3-16　"替换"的应用

　　单击"全部替换"按钮，替换完成后会弹出替换了多少处的提示对话框，如图 3-17 所示。

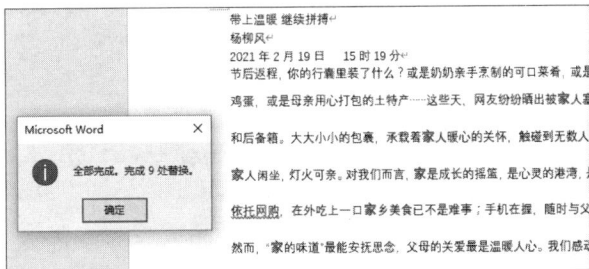

图 3-17　"替换"完成

7.　恢复和撤销

　　使用 Word 文档对文本进行各种编辑操作时，难免会出现一些错误操作，为此，Word 提供了非常有用的"撤销"功能。用户可以通过执行"撤销"命令撤销上一次操作，让文档恢复到误操作前的状态。可以用以下两种方法完成撤销操作。

　　（1）单击快速访问工具栏中的"撤销"按钮。

　　（2）按【Ctrl】+【Z】组合键。

Word 可以记忆多次操作状态，也就是说可以重复撤销多次操作。也可以单击快速访问工具栏中"撤销"按钮右边的下拉按钮，在下拉列表中选择要撤销的操作项目，如图 3-18 所示。

此外，Word 2016 还提供了一个对被撤销的内容进行"恢复"的功能。如果发现做了不该撤销的操作，可以使用"恢复"命令进行恢复。执行恢复操作也有两种方法。

（1）按【Ctrl】+【Y】组合键。

（2）单击快速访问工具栏中的"恢复"按钮 。

另外，要重复上一次的操作可按【Ctrl】+【Y】组合键或【F4】键。例如，上一次将选定的文本由小三改成了二号，那么选中其他文本按一次【F4】键就可以重复执行改变文字大小的操作。

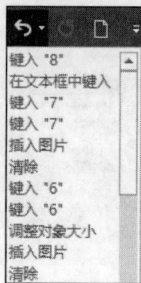

图 3-18　撤销下拉列表

8. 检查文档中文字的拼音和语法

在 Word 文档中经常会看到在某些单词或短语的下方标有红色、蓝色或绿色的波浪线，它们是 Word 2016 提供的"拼写和语法"检查工具根据 Word 2016 的内置字典标示出的含有拼写或语法错误的单词或短语，其中，红色或蓝色波浪线表示单词或短语含有拼写错误，而绿色下画线表示语法错误（这种错误提示仅是一种修改建议）。用户可以在 Word 2016 文档中使用"拼写和语法"检查工具检查 Word 文档中的拼写和语法错误，操作步骤如下。

（1）打开 Word 2016 文档窗口，如果文档中包含红色、蓝色或绿色的波浪线，说明 Word 文档中存在拼写或语法错误。这时可切换到"审阅"选项卡，在"校对"组中单击"拼写和语法"按钮，如图 3-19 所示。

（2）右侧的对话框中会有相应的检查提示，如图 3-20 所示。如果是红色的波浪线，右侧会出现"拼写检查"对话框，对话框中会提供几个正确的单词或词语拼写供参考。如果是蓝色的波浪线，右侧会出现"语法"对话框，如果确实存在错误，用户可直接在文档中进行修改。如果标示出的单词或短语没有错误，可以单击"忽略"按钮忽略关于此单词或词组的修改建议，也可以单击"忽略规则"按钮，忽略此规则，文档中对应词语下方就不会显示蓝色波浪线了。

图 3-19　单击"拼写和语法"按钮

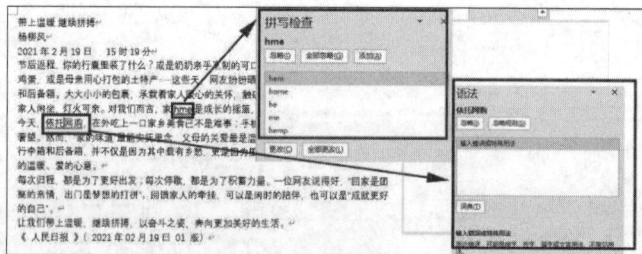

图 3-20　"拼写和语法"应用

3.3　美化文档外观

3.3.1　设置文本格式

Word 文档中会出现不同样式和格式的文本。这些不同的文本会使得文档看上去更加美观、工整，更能吸引眼球。在 Word 中可以轻松设置文档格式，增强文档的可读性。

　　Word 中的文档字符格式可以通过"字体"组进行设置，也可以通过浮动工具栏进行设置，还可以通过"字体"对话框进行设置。

1. 在"字体"组中进行设置

　　在"开始"选项卡的"字体"组中能够方便地设置文本的字体、字号、颜色、加粗等常用的格式。这个方法也是设置字体最常用、最快捷的方法之一。"字体"组如图 3-21 所示。

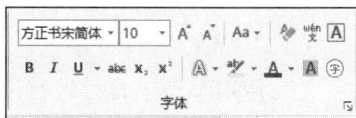

　　（1）"字体"组合框：在下拉列表中可以选择需要的字体，例如仿宋、黑体、微软雅黑、楷体、隶书等。

图 3-21　"字体"组

　　（2）"字号"组合框：在下拉列表中可以选择需要的字号，例如三号、小四等。Word 中字体的大小除了我们所熟悉的"字号"，另外一种则是以"磅"为度量单位的，两者的对应关系如表 3-2 所示。

表 3-2　　　　　　　　　　　　汉字字号和阿拉伯数字字号对应表

磅	字号	磅	字号
42	初号	14	四号
36	小初	12	小四号
26	一号	10.5	五号
24	小一号	9	小五号
22	二号	7.5	六号
18	小二号	6.5	小六号
16	三号	5.5	七号
15	小三号	5	八号

　　（3）"增大字体"按钮：单击该按钮可以按字符列表中排列的字号大小依次增大所选文本的字号，也可以使用【Ctrl】+【]】组合键。

　　（4）"缩小字体"按钮：单击该按钮可以按字符列表中排列的字号大小依次减小所选文本的字号，也可以使用【Ctrl】+【[】组合键。

　　（5）"清除格式"按钮：单击该按钮可以清除所选文本的任何格式，包括字体、字号、字体样式等，只保留纯文本。

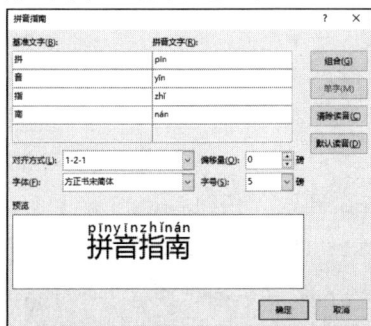

图 3-22　"拼音指南"对话框

　　（6）"拼音指南"按钮：单击该按钮可以给所选文本加拼音。选中文本，单击"拼音指南"按钮，弹出图 3-22 所示的对话框。

　　（7）"字符边框"按钮：单击该按钮可以给所选文本加边框。

　　（8）"加粗"按钮：单击该按钮可以加粗所选文本。

　　（9）"倾斜"按钮：单击该按钮可以对所选文本做倾斜处理。

　　（10）"下画线"按钮：单击该按钮可以为所选文本添加下画线。在下画线下拉列表中可以选择下画线的类型、颜色等。

　　（11）"删除线"按钮：单击该按钮可以为所选文本加删除线。

（12）"上标""下标"按钮：单击相应的按钮可将所选的文本设置为上标或下标。

（13）"文本效果和版式"下拉菜单：可以设置文本的轮廓、阴影、映像、发光等。

（14）"文本突出显示颜色"下拉菜单：默认突出显示的颜色是黄色，可以更改需要的颜色。如突出显示。

（15）"字体颜色"下拉菜单：可更改字体颜色。可以是标准色，也可以是渐变色。

（16）"字符底纹"按钮：单击该按钮可以给所选文本添加底纹。底纹颜色不能更改。

（17）"带圈字符"按钮：单击该按钮可以给所选文本添加圈。

2．使用浮动工具栏进行设置

在选中要设置的文本后，文本的左上角会出现浮动工具栏。浮动工具栏中除了有字体设置参数外，还有几个设置段落的选项，如图 3-23 所示。具体使用方法不再赘述。

图 3-23　浮动工具栏

3．使用"字体"对话框进行设置

使用"字体"对话框可以控制复杂的字符格式。在选定想要设置格式的文本后，单击"开始"选项卡"字体"组右下角的对话框启动器按钮，弹出"字体"对话框，也可以按【Ctrl】+【D】组合键。"字体"对话框如图 3-24 所示。

在"字体"对话框中，可以进行以下设置。

（1）字体和字形的设置方法与上述相同，不再赘述。

（2）字号：从初号到八号及 5～72 磅的字号都可以在相应列表框中进行选择。如果需要特大字，可在字号文本框中直接输入字的磅数（1～1638）。

（3）下画线：设置单线、双线、点画线等 16 种下画线。

（4）勾选"上标"或"下标"复选框，可将选定文本设置成上标或下标。

通常我们使用标准的字符间距，改变字符间距的方法是在"字体"对话框中单击"高级"选项卡，如图 3-25 所示，并进行下列设置。

图 3-24　"字体"对话框

图 3-25　"高级"选项卡

（1）在"缩放"下拉列表框中，可选择字符缩放比例，小于 100%时为细长字，大于 100%时为扁宽字。

（2）在"间距"下拉列表框中，可选择"标准""加宽""紧缩"选项，用以改变字与字之间的距离。

（3）在"位置"下拉列表框中，可选择"标准""提升""降低"选项，用以在同一行上一点或下一点的不同位置显示文字。

4. 使用"格式刷"批量设置文本格式

如果一篇文档中需要重复对多处文本设置相同的字符格式，那么可以先设定部分文本格式，然后利用"格式刷"按钮 ✔ 格式刷 进行格式设置。操作方法如下。

（1）选取要设置格式的文本，通过前文所述方法进行文本格式设置，如设置字体、字号、颜色或文字效果等。

（2）格式设置完毕后，保持刚刚设置的格式文本为选中状态，单击或双击"开始"选项卡"剪贴板"组中的"格式刷"按钮。此时，鼠标指针变为 🖌 形状。

（3）按照前文所讲的选取文本的方法，依次选取需要设置相同格式的文本。需要说明的是，单击"格式刷"按钮，只能应用一次格式；双击"格式刷"按钮，可以应用无数次，而且格式设置完毕后，应再次单击"格式刷"按钮，或按【Esc】键，释放格式刷，结束格式设置。

3.3.2　设置段落格式

在制作规范化文档时，不仅要对文字进行格式设置，还要对段落进行格式设置。对段落格式的设置可以使文档的版式结构清晰、层次分明、便于阅读。设置段落格式的方法有 3 种，即通过"段落"组、浮动工具栏、"段落"对话框等进行设置。

1. 使用"段落"组进行设置

"段落"组中的工具主要用于设置段落的对齐方式和缩进量、项目符号和编号等，其中包括"左对齐" ≣、"居中对齐" ≣、"右对齐" ≣、"两端对齐" ≣、"分散对齐" ▦、"减少缩进量" ⪤、"增加缩进量" ⪥、"行和段落间距" ‡▾ 等按钮，如图 3-26 所示。

2. 利用"段落"对话框进行设置

利用"段落"对话框可以使段落格式的设置更为精确、详细。将插入点定位到要设置段落格式的段落中或选中整个段落，在"开始"选项卡的"段落"组中单击对话框启动器按钮 ⇲，弹出图 3-27 所示的"段落"对话框。

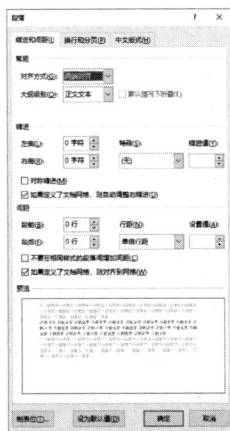

图 3-26　"段落"组　　　　图 3-27　"段落"对话框

在"缩进和间距"选项卡中，可以对段落设置缩进、间距、特殊格式、行距及对齐方式等样式。

（1）设置缩进。缩进是指当前段落整体相对于页面边距的间隔。在"缩进"栏中设置段落的左缩进或右缩进时，在对应数值框中输入数值，默认度量单位为字符；也可以单击数值框右侧的微调按钮，每单击一次可增加或减少 0.5 个字符。还可以通过标尺设置缩进，如图 3-28 所示。

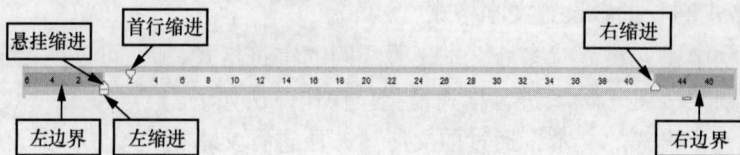

图 3-28　标尺中的段落缩进

（2）设置间距。间距是指段前或段后间距，即当前段落与上一段落或下一段落的间隔。操作方法为：在相应位置的数值框中输入精确值，度量单位为行。

（3）设置特殊格式。特殊格式包括两种，分别为首行缩进和悬挂缩进。系统默认为无缩进。

① 首行缩进：在段落缩进的基础上进行的段落首行的缩进，缩进情况由其后的度量值决定。一般按照中文习惯，首行缩进两个字符。

② 悬挂缩进：在段落缩进的基础上进行的除首行外的其他行的缩进，缩进情况由其后的度量值决定。

（4）设置行距。行距指段落内部行与行之间的距离。在该项的下拉列表框中包括单倍行距、1.5 倍行距、2 倍行距、最小值、固定值和多倍行距等选项。

① 单倍行距：把每行间距设置成能容纳行内最大字体的高度，为系统的默认值。

② 1.5 倍行距：设置每行的高度为这行中最大字体高度的 1.5 倍。

③ 2 倍行距：设置每行的高度为这行中最大字体高度的 2 倍。

④ 最小值：Word 自动调整可容纳最大字体或图形的高度为行距。

⑤ 固定值：设置成无须 Word 调节的固定行距。该选项使所有的行距相等，其值由"设置值"文本框中设定的值决定，度量单位为磅。

⑥ 多倍行距：自定义倍数的行距。

（5）设置对齐方式。对齐方式包括左对齐、居中对齐、右对齐、两端对齐和分散对齐，分别介绍如下。

① 左对齐：当前段落中的各行均按左边界对齐。

② 右对齐：当前段落中的各行均按右边界对齐。

③ 居中对齐：当前段落中的各行均相对于左右边界居中对齐。

④ 两端对齐：段落中的各行均匀地沿左右边界对齐，最后一行居左对齐。

⑤ 分散对齐：当前段落中各行的字符等距排列在左右边界之间。

一般来说，我们有这样的书写规则：大部分的标点符号不能放在行首，一串字符（例如一个英文单词、一串数字）不能拆开放在不同的两行。所以，在编辑文档时经常会遇到文档各行文字或字符数不相等的情况，这时采用"左对齐"的方式，会出现每行行尾不整齐的情况，而采用"两端对齐"的方式，Word 则会把文字或字符多的行压缩、文字或字符少的行拉伸，使整个段落各行的右端也对齐（末行除外），让文档看上去更美观。图 3-29 展示了左对齐和两端对齐的区别。

（6）设置"制表位"。制表位主要用于在段落中定位文字。默认情况下，在水平标尺上，每隔 0.75 cm 就有一个小点，这就是制表位的位置。在文档中，每按一次【Tab】键，插入点后移一个制表位。反之，每按一次【BackSpace】键，插入点前移一个制表位。

选择要设置制表位的段落，单击"段落"对话框左下角的"制表位"按钮，弹出图 3-30 所示的"制表位"对话框。

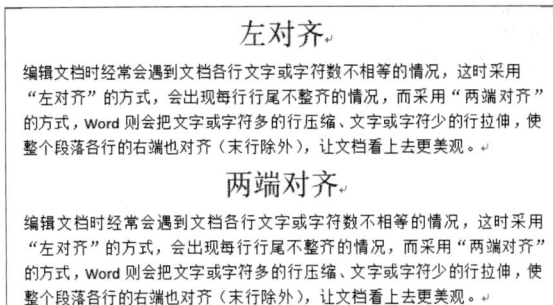

图 3-29　"左对齐"与"两端对齐"的区别

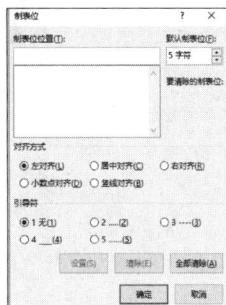

图 3-30　"制表位"对话框

有关"制表位"对话框的说明如下。

①"制表位位置"文本框内输入的是制表位的位置。例如，输入 3.5，单击"设置"按钮，表示在距页面边距 3.5 个字符处插入一个制表位。

②"默认制表位"数值框用于指定制表位的间隔，默认是 5 个字符。

③"对齐方式"栏用于指定制表位中文本的对齐方式。下面介绍常用的 4 种对齐方式。

- 左对齐：文本左侧在制表位处对齐。
- 居中：文本在制表位处左右均等。
- 右对齐：文本右侧在制表位处对齐。
- 小数点对齐：小数点在制表位处对齐。

④"引导符"栏用于指定制表位的引导字符。引导字符就是填充制表位的字符。

3. 对"3.1 带上温暖继续拼搏"文档进行格式设置

（1）设置标题的格式为"黑体""二号"，居中显示，段后间距为"1 行"。

（2）在第三行插入系统日期。将第二行和第三行的字体格式设为"宋体""小四"。将第三行日期的段后间距设置为"1 行"。

（3）选中其他正文内容，设置字体格式为"微软雅黑""四号"。设置段落格式为首行缩进两个字符、"1.5 倍行距"。

（4）选中最后一行，设置段落对齐方式为"右对齐"。

（5）为第一段中的"烹制"设置拼音。

（6）为第四段设置红色双下画线。

（7）使用查找与替换功能，将文档中所有的"家"替换为红色、加着重号的"家"。

编辑文档格式

3.3.3　设置页面格式

Word 2016 的页面设置可以帮助用户快速设置页边距、纸张方向、纸张大小、页面底纹和背景等。

1. 设置页边距

页边距是指页面中文字与页面上、下、左、右边线的距离。在页面的 4 个角上有 ⌐┘ 之类的符号，表示文字的边界。一般情况下，在页边距内的可打印区域中可插入文字、图形，如将页眉、页脚、页码等内容放置在页边距区域中。在打印文档时，一般可根据要打印文档内容的多少及纸张大小来设置页边距。Word 2016 提供了 5 种页边距预设值，用户可以根据文档的情况来选择，也可以通过"自定义边距"命令来设置，如图 3-31 所示。

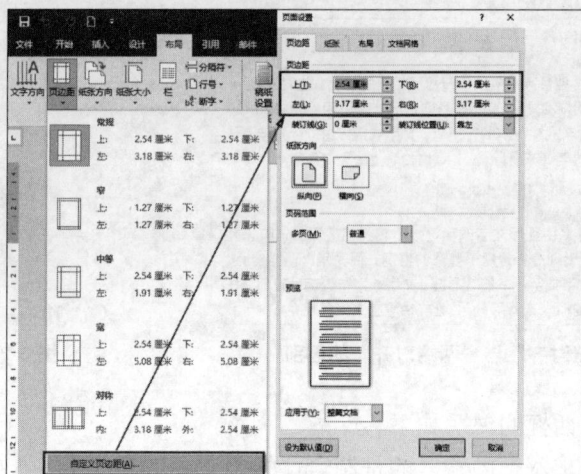

图 3-31　自定义页边距页面

2. 设置纸张方向

Word 中的纸张方向有两种——纵向和横向。一般正规文档使用纵向纸张。编辑特殊文档时才使用横向纸张，如制作宣传页、横向表格、贺卡等。纸张方向的设置方法如图 3-32 所示。

如果要在同一个文档中设置不同的纸张方向，可以先将文本插入点定位在要切换纸张方向的页面中，然后单击"布局"选项卡"页面设置"组右下角的对话框启动器按钮，打开"页面设置"对话框，在"页边距"选项卡的"纸张方向"栏中设置需要的方向，并在"预览"栏的"应用于"下拉列表框中选择"插入点之后"选项，如图 3-33 所示。

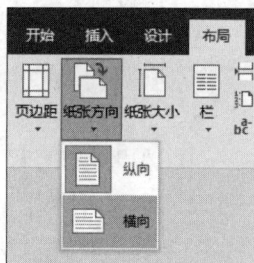

图 3-32　纸张方向设置

3. 设置纸张大小

设置纸张大小的方法：可以在"布局"选项卡中的"页面设置"组中单击"纸张大小"下拉按钮，在弹出的下拉菜单中选择需要的纸张大小；也可以在下拉菜单中选择"其他纸张大小"命令，打开"页面设置"对话框中的"纸张"选项卡，并进行相关设置，如图 3-34 所示。

4. 分栏

有时为了排版美观，我们需要对 Word 文档进行分栏，常见的是分成两栏，也可以自定义分栏效果。单击"分栏"下拉列表中的"更多分栏"按钮，可以设置分栏数目、加分隔线、调整分栏宽度和间距等。

5. 页面背景——水印

在实际工作中，有时需要在某些文件上显示"公司绝密""内部资料""请勿带出"等水印效果。制作水印效果的操作如下。

（1）单击"设计"选项卡"页面背景"组中的"水印"下拉按钮，弹出"水印"下拉菜单。

（2）在"水印"下拉菜单中选择"自定义水印"命令，弹出"水印"对话框，如图 3-35 所示。

（3）在"水印"对话框中可以设置水印文字及相关样式，例如修改水印文字的字体、字号、颜色、版式等。

（4）单击"确定"按钮即可完成水印设置，效果如图 3-36 所示。

图 3-33 在同一文档中设置不同纸张方向

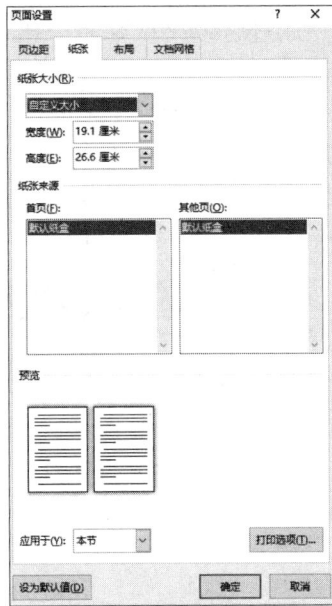

图 3-34 设置纸张大小

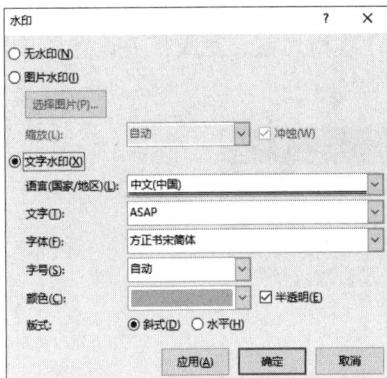

图 3-35 "水印"对话框

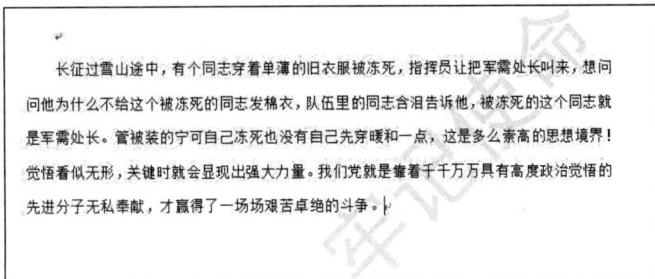

图 3-36 水印效果

6. 页面背景——页面颜色

页面颜色只有在页面视图、阅读版式视图、Web 版式视图下才显示，不会被打印出来。

设置页面颜色的具体操作方法：单击"设计"选项卡"页面背景"组中的"页面颜色"下拉按钮，在弹出的下拉菜单中选择想要设置的页面颜色或者其他填充效果即可。

3.4 表格与图文混排

为了使文档内容更加丰富，可以使用 Word 在文档中插入表格、图片、形状、文本框、艺术字、SmartArt 图形等对象，使文档达到图文并茂的效果。

3.4.1 表格的创建与编辑

1. 表格的创建

Word 文档中的表格一般用来存储和管理一组或多组数据信息。在 Word 文档中插入表格可以更清楚、更直观地将数据表现出来。在 Word 文档中创建表格的方法有 5 种，分别是自动插入表格、通过对话框创建表格、手动绘制表格、创建 Excel 电子表格、创建已有样式的表格。分别介绍如下。

（1）自动插入表格。单击"插入"→"表格"下拉按钮，在弹出的下拉菜单中移动鼠标指针，文档中便会显示相应的表格。确定后单击，文档中就会自动生成相应的表格，如图 3-37 所示。使用此方法最大只能插入 8 行 10 列的表格。

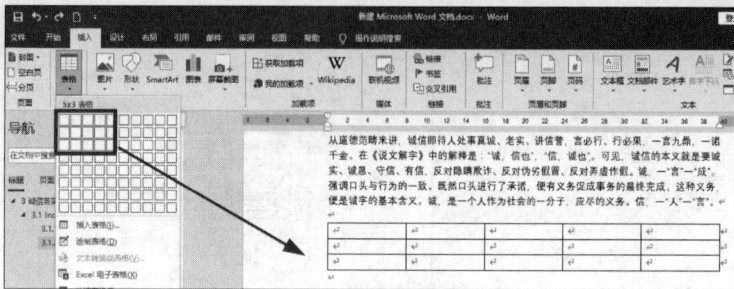

图 3-37　自动插入表格

（2）通过对话框创建表格。如果想要自己输入行列、数值或者插入更大的表格，可以选择"插入表格"命令，在弹出的对话框中，根据需要输入表格的行数和列数，完成相关设置后单击"确定"按钮，如图 3-38 所示。

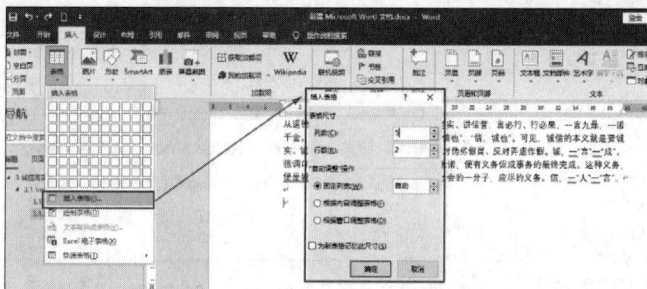

图 3-38　通过对话框创建表格

（3）手动绘制表格。选择"插入"→"表格"→"绘制表格"命令。此时鼠标指针变成铅笔形状，按住鼠标左键并拖曳，即可绘制表格外框。再将鼠标指针移至框内，就可以绘制单元格，选择其中一个单元格，从左上角往右下角拖曳鼠标指针，可以绘制斜线表头。表格绘制完成后，选中表格，即可出现"表格工具"，表格工具包括两个选项卡："设计"和"布局"。在其中可以对表格进行更为精细的调整。若想清除表格中某行或某列的框线，单击"表格工具"→"布局"→"绘图"→"橡皮擦"按钮，待鼠标指针变成橡皮擦形状时单击要清除的框线即可，如图 3-39 所示。

（4）创建 Excel 电子表格。将光标定位在文档中需要插入表格的位置，选择"插入"→"表格"→"Excel 电子表格"命令即可在文档中创建 Excel 电子表格。当表格处于编辑状态时，功能区会变成 Excel 电子表格的功能区，用户可以直接对表格中的数据和样式进行编辑，如图 3-40 所示。编辑好后，在任意位置单击即可完成 Excel 电子表格的插入。功能区重新切回 Word 的功能区。

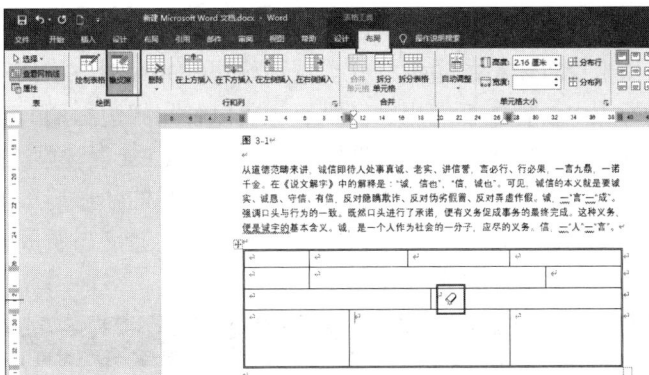

图 3-39　手动绘制表格

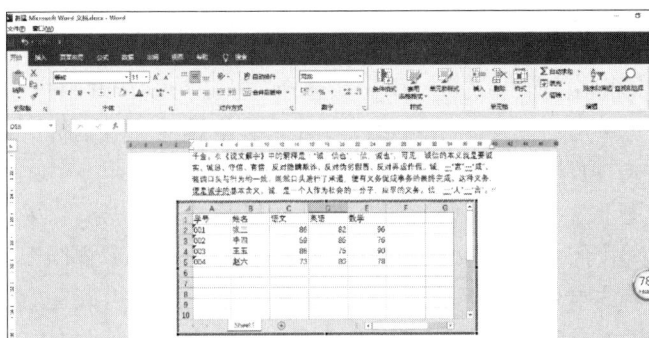

图 3-40　插入 Excel 电子表格

（5）创建已有样式的表格。将光标定位在文档中需要插入表格的位置，单击"插入"→"表格"下拉按钮，在弹出的下拉菜单中展开"快速表格"子菜单，在其中可选用系统预设好的表格样式。

2. 表格的编辑

插入表格后，通常需要根据数据内容对表格进行编辑，例如添加或删除表格的行、列、单元格，以及对表格文本进行对齐操作等。当光标处于表格中的某一单元格内时，或者选中表格的任何一个元素时，便会出现表格工具特有的"设计"和"布局"选项卡。利用这两个选项卡可以对所有创建的表格进行编辑，使表格更加美观工整。

（1）使用表格工具的"设计"选项卡编辑表格。表格工具的"设计"选项卡主要用于美化表格，让即使没有太多美术功底的用户也可以制作出精美的表格效果。表格工具的"设计"选项卡如图 3-41 所示，每个组的介绍如下。

图 3-41　表格工具的"设计"选项卡

① "表格样式选项"组：一共包含了 6 个复选框，其中，勾选"标题行""第一列""汇总行"或"最后一列"复选框，可以使表格中对应的行、列位置显示为特殊格式；勾选"镶边行"或"镶边列"复选框，可以使表格中相应的奇数和偶数行、列以不同样式显示，增加表格的可读性。

② "表格样式"组：列表框中为系统已经预设好的表格样式，可以直接使用；"底纹"按钮

用于设置选中单元格的底纹颜色。

③ "边框"组：用于设置表格的边框样式。选择好边框的线型、粗细（即磅值）、颜色后，可以在"边框"下拉列表中设置边框应用的范围，也可以使用"边框刷"对要使用已经设置好的边框效果的框线进行应用。再次单击"边框刷"按钮或按【Esc】键退出边框刷操作。

（2）使用表格工具的"布局"选项卡编辑表格。表格工具的"布局"选项卡中有很多便于编辑表格的工具。合理使用这些工具，会大大提高表格编辑的速度与质量，还可以使表格更加美观和实用。表格工具的"布局"选项卡如图3-42所示。

图3-42　表格工具的"布局"选项卡

① "表"组：用于表格的属性设置。单击"选择"按钮可以帮助用户选择相应的表格内容，如单元格、行、列等。单击"属性"按钮可以打开"表格属性"对话框，以设置表格的行高、列宽、单元格对齐方式、表格与文字的环绕关系等。

② "绘图"组：用于绘制表格。不需要的框线可以通过"橡皮擦"按钮擦除。

③ "行和列"组：用于对表格的行和列进行增加或删除操作。"删除"下拉按钮提供删除表格中的行、列、单元格或整个表格等功能。单击其他的插入按钮可以在当前行的上下左右位置插入行或列。当光标插入点停留在表格某行的最后一个单元格外，按【Enter】键后，可以在插入点下增加一行，这是一个比较快捷的添加行的方法。

④ "合并"组：实现单元格的合并与拆分。选择多个相邻的单元格，单击"合并单元格"按钮，就可以合并所选单元格。单击"拆分单元格"按钮后需要设置要拆分的行和列。单击"拆分表格"按钮可以在当前行的上方，将一个表格拆分为两个表格。

⑤ "单元格大小"组：用于设置所选单元格的高度和宽度。也可以在表格中通过拖曳框线来调整单元格大小。"分布行"和"分布列"按钮可以帮助用户快速平分选择的多个行或列。

⑥ "对齐方式"组：可以设置内容与单元格的对齐关系，可以设置文字的方向和单元格边距。

⑦ "数据"组：用于对表格中的数据进行计算和排序等操作。

（3）表格的选择。表格的选择主要包含以下几种情况。

① 选择一个单元格：单击对应单元格的左边界。

② 选择一行单元格：将鼠标指针移到对应行的左侧，当指针形态变成◢时单击。

③ 选择一列单元格：将鼠标指针移到对应列的上端，当指针形态变成↓时单击。

④ 选择相邻的单元格：按住鼠标左键并拖曳鼠标选择，或者按住【Shift】键后配合方向键进行选择。

⑤ 选择不相邻的单元格：按住【Ctrl】键，配合鼠标进行选择。

⑥ 选择整个表格：按住鼠标左键并拖曳选择所有行和列，或将插入点放在表格内的任意位置，单击表格左上角的十字箭头图标⊞。

（4）表格与文本之间的转换。表格与文本相互转换的操作如下。

① 表格转换为文本。选中整个表格，单击"表格工具"→"布局"→"转换为文本"按钮，打开"表格转换成文本"对话框，选择合适的文字分隔符（常用的是"段落标记"和"制表符"），单击"确定"按钮即可。

② 文本转换为表格。选中已经用分隔符分隔好的文本，选择"插入"→"表格"→"文本转换成表格"命令，在打开的对话框中，查看行、列数是否正确。如果列数显示为 1，则说明分隔符使用不正确，需要重新返回修改分隔符。设置完毕后单击"确定"按钮。

对表格的基本操作还可以利用右键快捷菜单来实现，基本使用方法和上述基于选项卡的操作相同。选中整个表格后，单击鼠标右键，弹出的快捷菜单如图 3-43 所示。表格行和列的插入和删除操作也可以通过浮动工具栏中的"插入"和"删除"按钮来完成。

重点提示，Word 中表格内容的删除使用【Delete】键完成，而整个表格的删除需要使用右键快捷菜单中的"删除表格"命令，或者"布局"选项卡中"删除"下拉菜单中的"删除表格"命令，或者使用【BackSpace】键完成。

3. 制作表格实例

制作"准考证"的步骤如下。

（1）新建一个空白 Word 文档，另存为"3.2 准考证"。

（2）插入一个 9 行 3 列的表格，方法是：选择"插入"→"表格"→"插入表格"命令，在弹出的对话框中输入行数和列数。

（3）选中表格，单击"表格工具"→"布局"→"属性"按钮，弹出"表格属性"对话框，在"表格"选项卡中，将"对齐方式"设置为"居中"，单击"确定"按钮。

（4）选择"表格工具"→"布局"→"自动调整"→"根据窗口自动调整表格"命令。

图 3-43 选中表格后的快捷菜单

制作准考证

（5）参考"准考证效果"文件，选中表格中的第一行，单击鼠标右键，在弹出的快捷菜单中选择"合并单元格"命令，对单元格进行合并操作。按照同样的方法，对其余单元格进行相应的合并操作。

（6）将素材文件中的数据复制到表格相应的单元格中。选中表格中的文字，打开"字体"对话框，设置合适的字体和字号。将表格中的二级考试科目"Python 语言程序设计"和"C 语言程序设计"的字符宽度设置为"12"，三级考试科目"网络技术"和"数据库技术"的字符宽度设置为"6"。设置方法为：选中文字，选择"开始"→"段落"→"中文版式" ✗▾ →"调整宽度"命令，打开"调整宽度"对话框，在数值框中输入字符宽度，单击"确定"按钮。

（7）选中表格中的"考生须知"文本，单击"表格工具"→"布局"→"对齐方式"→"文字方向"按钮，将文字方向设置为纵向；调整左侧的居中方式为"垂直居中"。

（8）选中"考生须知"右侧的文字内容，单击"开始"→"段落"→"编号"下拉按钮，在弹出的下拉菜单中选择相应的编号格式。

（9）选中整个表格，单击"表格工具"→"设计"→"表格样式"→"底纹"下拉按钮，为表格选择合适的底纹颜色，以不影响文字阅读为宜。

最终效果如图 3-44 所示。

在制作过程中，有时需要单独调整某个单元格的列宽。如"考生须知"，但是当我们调整这一个单元格的列宽时，会发现上面所有单元格的列宽都会同时被调整。为了不让上面单元格的列宽被调整，先将"考生须知"所在的单元格和其右边的单元格一起选中，然后将鼠标指针放在两个单元格中间的框线上，拖曳框线就可以单独调整单元格的列宽了。

2021 年度全国计算机等级考试准考证		
准考证号	202102315642	(贴照片处)
考生姓名	文依依	
证件号码	521200312010000	
考试科目	MS Office 高级应用与设计	
考试地点	信息科技楼 302	
考试时间	二级	MS Office 高级应用与设计：3 月 10 日 9:00～11:00 Python 语言程序设计：3 月 10 日 14:00～16:00 C 语言程序设计：3 月 11 日 9:00～11:00
	三级	网络技术：3 月 12 日 9:00～11:00 数据库技术：3 月 12 日 13:00～15:00 信息安全技术：3 月 12 日 16:00～18:00
考生须知	1. 考生应携带本人准考证和有效身份证件参加考试。考生应在考前 30 分钟到达考场，交验准考证和有效身份证件。 2. 考生提前 5 分钟在考试系统中输入自己的准考证号，并核对屏幕显示的姓名、有效身份证件号，如不符合，由监考人员帮其查找原因。考生信息以报名库和考生签字的《考生报名登记表》信息为准，不得更改报名信息和登录信息。 3. 考试开始后，迟到的考生禁止入场，考试开始 15 分钟后考生才能交卷并离开考场。 4. 在出现系统故障、死机、陷入死循环、供电故障等特殊情况时，考生举手示意，由监考人员判断原因。如属于考生误操作导致，后果由考生自负，给考点造成的经济损失，由考生个人承担。	

图 3-44 “准考证”最终效果

3.4.2 图片的插入与编辑

在使用 Word 排版的过程中，经常需要添加各种图片对象，以提高文档的美观度。Word 在插入图片时支持两种来源：一种是来自本地计算机上的文件，另一种是来自联机网络中的图片。Word 2016 提供的屏幕截图功能，能将截取的图片即时插入文档中。

1. 插入图片来自“此设备”

插入来源为“此设备”的图片的方法是：选择“插入”→“图片”→“此设备”命令，在打开的对话框中，选中要用的图片，单击“插入”按钮。

2. 插入图片来自“联机图片”

插入联机图片的步骤如下。

（1）打开一个 Word 文档，将光标定位在需要添加图片的位置。

（2）选择“插入”→“图片”→“联机图片”命令，在打开的对话框中，选择“必应图像搜索”选项，在搜索栏中输入关键字进行查找，在搜索结果中，选中合适的图片，单击“插入”按钮。

3. 插入屏幕截图

插入屏幕截图的步骤如下。

打开需要截取的文件页面，在 Word 文档中定位插入点的位置。单击“插入”→“屏幕截图”下拉按钮即可打开“可用的视窗”下拉菜单，该菜单会显示所有已经开启的窗口的缩略图，选择所需要的图片即可将其插入文档中，如图 3-45 所示。

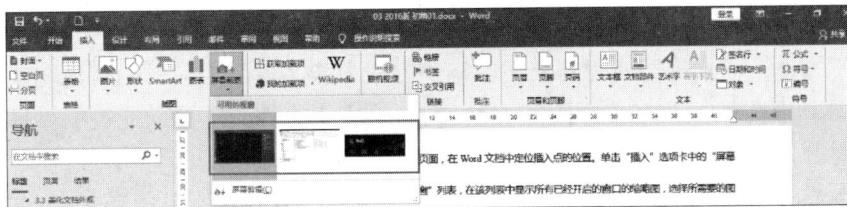

图 3-45　"可用的视窗"下拉菜单

如果只想截取屏幕中的一小部分，可以选择"屏幕剪辑"命令，系统会自动跳转到 Word 的后一个页面。此时桌面以淡灰色透明状显示，按住鼠标左键并拖曳，当所要截取的部分正常显示在矩形截取框内时，松开鼠标，即可插入截图。

4. 编辑图片

在文档中插入图片后，为了让图片更加美观，可以对图片进行编辑和调整，以满足各种需求。

选中插入的图片，就会出现图片工具的"格式"选项卡，如图 3-46 所示，利用该选项卡中的工具可以实现对图片的简单编辑和调整。

图 3-46　图片工具的"格式"选项卡

（1）调整图片的效果会用到"调整"组的功能，相关工具的介绍如下。

①"删除背景"按钮：可以删除设定范围内的背景。

②"校正"下拉按钮：可以设置图片的锐化、柔化效果，调整图片的亮度、对比度、清晰度效果。

③"颜色"下拉按钮：可以设置图片颜色的饱和度、色调，设置不同的颜色模式，为图片重新着色。

④"艺术效果"下拉按钮：为图片应用各种艺术效果，如粉笔素描、虚化、蜡笔平滑等。

⑤"压缩图片"按钮：可以调整图片的分辨率，减小图片文件的大小。

⑥"更改图片"下拉按钮：可以在保留图片所有样式设置的基础上，插入新的图片替换原来的图片。

⑦"重设图片"下拉按钮：撤销所有的设置和调整操作，使图片恢复到最初添加进来时的状态。

（2）调整图片的样式会用到"图片样式"组的功能，相关工具介绍如下。

①"图片样式"列表框：可以选择系统预设的图片样式。

②"图片边框"下拉按钮：可以设置边框的颜色、样式。

③"图片效果"下拉按钮：可以为图片设置特殊的效果，如阴影、映像、发光、棱台、三维旋转等。

④"图片版式"下拉按钮：可以快速为图片应用各种排版样式。常见的应用是对多张图片进行快速排版。

（3）设置图片的排列方式会用到"排列"组的功能，相关工具介绍如下。

①"位置"下拉按钮：快速设置图片在整个页面中的位置。

②"环绕文字"下拉按钮：设置图片与文本的环绕关系。默认的环绕方式为"嵌入型"，操作起来非常不方便，通常需要使用其他文字环绕方式才能实现图片编辑的其他功能。常用的环绕方式有四周型、紧密型环绕、上下型环绕、衬于文字下方等，还可以通过编辑环绕顶点，让文本环绕设置的顶点外围，实现不规则的环绕效果。

③"上移一层"或"下移一层"下拉按钮：用于设置图片在文本中或多张图片的叠放位置。

④"选择窗格"按钮：单击此按钮打开"选择"窗格，可以查看当前页上的形状，还可以对图片进行显示、隐藏，可以查看此页上的形状和图片。

⑤"对齐"下拉按钮：设置多张图片的对齐方式。

⑥"组合"下拉按钮：将图片组合在一起，方便选择；或者取消组合。

⑦"旋转"下拉按钮：可以设置图片的旋转角度。

（4）调整图片的大小会用到"大小"组的功能。

利用"大小"组中的功能可以对图片进行裁剪，或者通过形状高度和宽度精确设置图片的大小。

3.4.3　形状的插入与编辑

（1）插入形状

使用 Word 提供的各种形状，可直接在 Word 文档中绘制图形。使用自选图形工具绘制的图形与插入的图片对象一样可以使文本更加美观和形象。插入形状的具体方法如下。

① 将光标定位于要插入图片的位置。

② 单击"插入"→"形状"下拉按钮，弹出形状下拉菜单，如图 3-47 所示，菜单包含了不同的线条、几何图形、箭头、流程图、公式、星与旗帜、标注等形状。

③ 在形状下拉菜单中，根据需要选中合适的形状类型后，鼠标指针变成"+"字形。

④ 在文档中合适的位置单击就可以插入所选形状了。

（2）编辑形状

选中形状，激活绘图工具的"格式"选项卡，该选项卡中包含了各种用于编辑形状的工具和命令，如图 3-48 所示。通过该选项卡可以对形状进行编辑，如在形状中添加文字、设置形状样式、设置排列方式等。

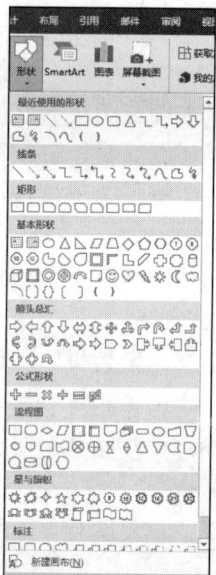

图 3-47　插入"形状"下拉列表

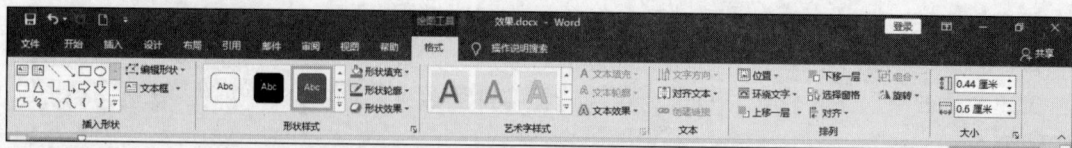

图 3-48　绘图工具的"格式"选项卡

3.4.4　SmartArt 图形的插入与编辑

SmartArt 图形是信息和观点的直观视觉表示形式。用户可以从多种不同布局中进行选择来创建 SmartArt 图形，从而快速、轻松、有效地传达信息。借助 Word 2016 提供的 SmartArt 功能，用户可以在 Word 文档中插入丰富多彩、表现力丰富的 SmartArt 示意图，操作步骤如下。

（1）打开 Word 文档窗口，单击"插入"→"SmartArt"按钮。

（2）在打开的"选择 SmartArt 图形"对话框中，单击左侧窗格中的类别名称选择合适的类别，然后在对话框中部的列表框中选择需要的 SmartArt 图形，单击"确定"按钮，如图 3-49 所示。

（3）返回 Word 文档窗口，在插入的 SmartArt 图形中单击文本占位符输入合适的文字，如图 3-50 所示。

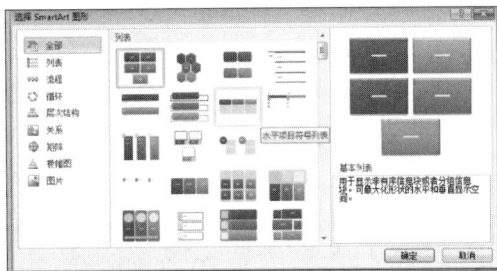

图 3-49　"选择 SmartArt 图形"对话框

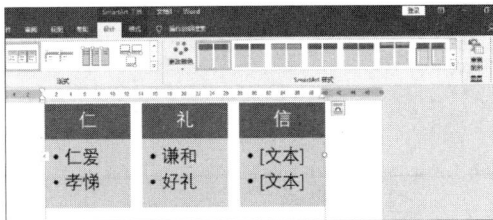

图 3-50　在 SmartArt 图形中输入文字

（4）编辑 SmartArt 图形。插入 SmartArt 图形后，SmartArt 工具的"设计"和"格式"选项卡将被激活。在 SmartArt 工具的"设计"选项卡中可以设置 SmartArt 图形的形状、形状样式、艺术字样式等，如图 3-51 所示。在此重点讲解"创建图形"组中常用工具的使用方法。

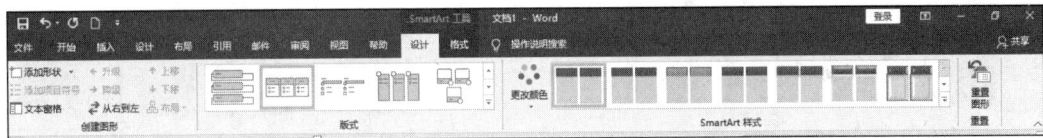

图 3-51　SmartArt 工具的"设计"选项卡

①"添加形状"下拉按钮：可以设置添加形状的位置。

②"添加项目符号"按钮：为 SmartArt 图形中的形状添加下级项目符号。

③"文本窗格"按钮：隐藏或显示编辑 SmartArt 图形中文本的"在此处键入文字"对话框。

④"升级"或"降级"按钮：可以调整 SmartArt 图形中形状或文本内容的上下级关系。

⑤"从右向左"按钮：可以调整整个 SmartArt 图形的排列方向。

3.4.5　图表的插入与编辑

插入并编辑图表的操作步骤如下。

（1）单击"插入"→"图表"按钮，在"插入图表"对话框中选择插入"三维簇状柱形图"，如图 3-52 所示。

（2）插入完毕后，Word 中会显示一个默认的柱状图，同时，会自动打开一个 Excel 工作簿，图表就是依据工作簿中的数据生成的，如图 3-53 所示。

（3）将原始数据更新成自己需要的数据，或者从其他表格复制过来，如图 3-54 所示。

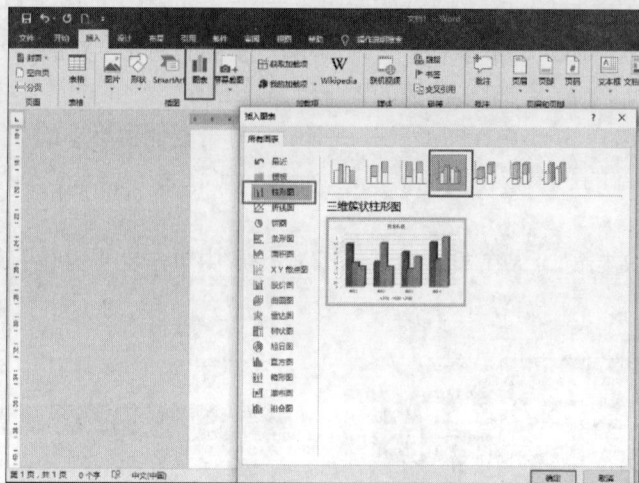

图 3-52　插入"三维簇状柱形图"

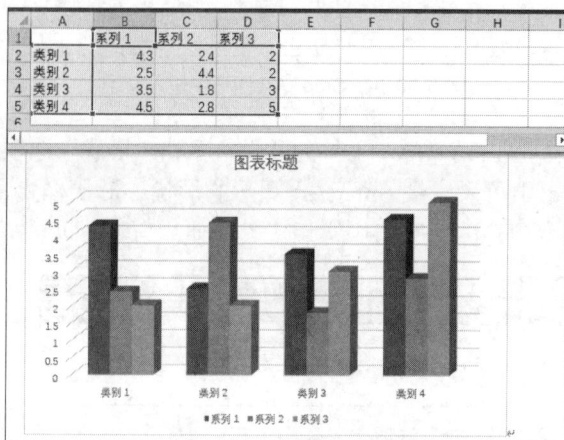

图 3-53　柱形图和数据表格

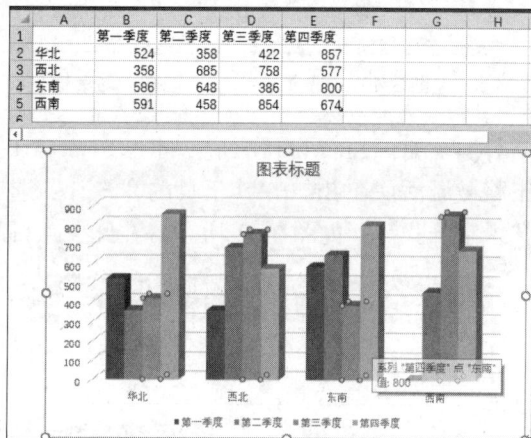

图 3-54　更改表格数据

（4）编辑图表。选中图表，激活图表工具的"设计"选项卡和"格式"选项卡，如图 3-55 和图 3-56 所示。利用这两个选项卡可对图表进行编辑。常用的编辑图表的操作有切换行/列、更改数据等。

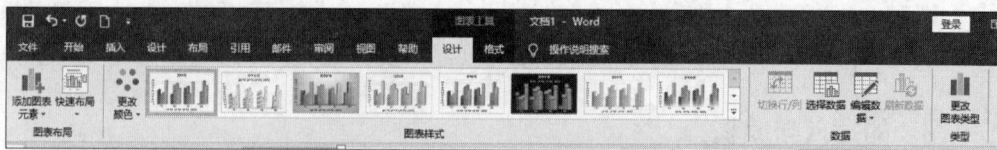

图 3-55　图表工具的"设计"选项卡

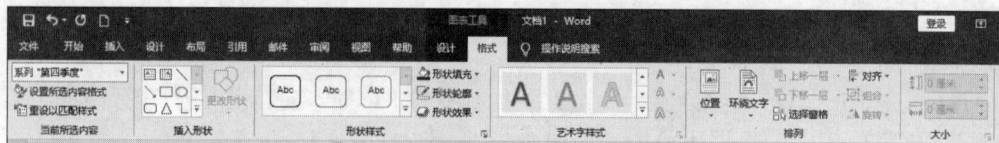

图 3-56　图表工具的"格式"选项卡

3.4.6　文本框的插入与编辑

在排版时，需要将一些特殊文本信息与主体文档分开，并根据需要将它们拖放到页面的任意位置。这时候就需要使用 Word 提供的文本框将这些特殊的文本信息进行单独编排。使用文本框可以使文本在一个存在段落、页边距等限制的页面内自由移动。可以先插入一个空的文本框，再向其中放置文本、图像等内容。也可以先选取一些内容，然后将其放置在文本框中。

1. 插入文本框

插入文本框的基本操作方法如下。

（1）在 Word 2016 的功能区中，单击"插入"选项卡。

（2）在"插入"选项卡中，单击"文本"组中的"文本框"下拉按钮。在弹出的下拉菜单中选择合适的文本框类型，也可以选择"绘制横排文本框"或者"绘制竖排文本框"命令，如图 3-57 所示。此时鼠标指针会变成"十"字形，在文档内按住鼠标左键拖曳即可绘制文本框。

（3）单击插入的文本框，可以直接输入内容。

2. 编辑文本框

对于已插入的文本框，可以格式化其中的文本内容，也可设置文本框的形状样式，如为文本框设置填充颜色、轮廓线条颜色、形状效果等。

编辑文本框有以下两种方法。

（1）使用绘图工具的"格式"选项卡中的工具进行修改编辑。

（2）使用右键快捷菜单中的"设置形状格式"命令，在弹出的对话框中进行编辑，如图 3-58 所示。

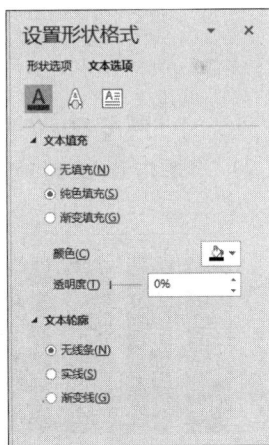

图 3-57　插入"文本框"　　　图 3-58　"设置形状格式"对话框

3.4.7　艺术字的插入与编辑

艺术字是具有特殊文本效果的文字。在对 Word 文档进行编辑排版时，有时需要添加一些艺术字体以凸显重点，彰显个性和美化页面。艺术字一般作为文章的标题样式使用。

1. 插入"艺术字"的方法

（1）单击"插入"→"艺术字"下拉按钮，在弹出的下拉菜单中选择需要的艺术字样式，如图 3-59 所示。

（2）按照提示输入需要的文本。

2. 编辑艺术字

艺术字的编辑方法和文本框的相似，用户可以像设置文本框一样设置艺术字的样式、颜色、阴影、映像、发光、旋转等效果。也可以单击绘图工具的"格式"选项卡的"艺术字样式"组中的对话框启动器按钮，在弹出的"设置形状格式"对话框中对艺术字的效果进行详细的编辑，如图 3-60 所示。

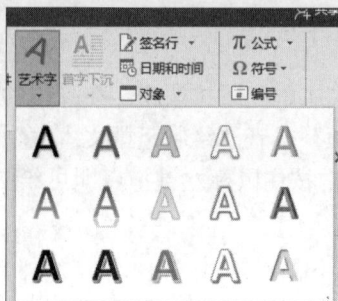

图 3-59　艺术字样式菜单

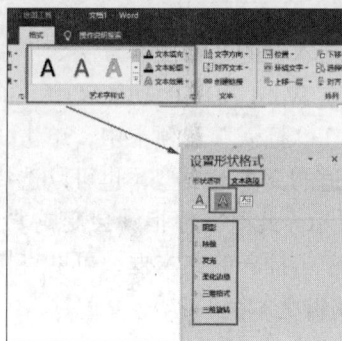

图 3-60　"设置形状格式"对话框

3.4.8　图文混排文档的制作

本例主要涉及艺术字、文本框、图片、形状的使用，完成后的效果如图 3-61 所示。

图文混排文档的制作

图 3-61　图文混排文档完成效果

（1）新建空白文档，文件名改为"中国梦"。单击"布局"→"纸张方向"下拉按钮，将纸张方向改为"横向"。

（2）将素材中提供的背景图作为宣传页的背景。选择"插入"→"图片"→"此设备"命令，在打开的对话框中，选中背景图，单击"插入"按钮。

（3）选中图片，选择"图片工具"→"格式"→"环绕文字"→"衬于文字下方"命令，拖曳图片左下角的编辑点，更改图片的大小，使之与文档大小一致。

（4）插入文本框，输入"同心共筑 中国梦 实现中华民族伟大复兴"，设置字体为"微软雅黑""一号"，选择"绘图工具"→"格式"→"环绕文字"→"浮于文字上方"命令，将文字调整到合适的位置。

（5）单击"插入"→"艺术字"下拉按钮，在弹出的下拉菜单中选择第三行第二个艺术字样式，更改文字为"中"。选中文字，单击"绘图工具"→"格式"→"文本填充"下拉按钮，在弹出的下拉菜单中将文本颜色更改为深红色。在"开始"选项卡中设置字体为"华文行楷"，在"字号"组合框中输入"120"。使用同样的方法，分别插入并设置"国""梦""CHINESE DREAM"。为了达到主次分明、重点突出的目的，这几个字的大小可以分开调整，以突出版面的设计层次。最终设计效果如图 3-62 所示。

（6）选择"插入"→"文本框"→"绘制竖排文本框"命令，将"文字素材.txt"中需要竖排输入的文字粘贴到文本框中，并设置为"微软雅黑""一号"，段落行间距为"固定值""60 磅"。选中文字，选择"开始"→"项目符号"→"定义新的项目符号"命令，具体操作方法如图 3-63 所示。设置好项目符号后，选中任意一个项目符号，在"开始"选项卡的"字体"组中，设置五角星的颜色为"黄色"。此时的项目符号调整方法和文字的调整方法一样，同样也可以调整五角星的大小等。

图 3-62　文字标题设计效果　　　　图 3-63　插入"星形"项目符号

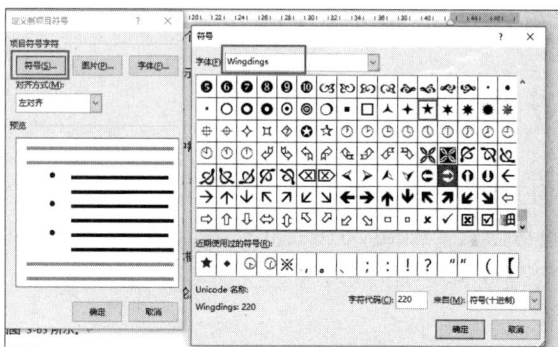

（7）单击"插入"→"形状"下拉按钮，在弹出的下拉菜单中选择"矩形：圆角"选项，在"国是家"上绘制一个圆角矩形，单击"绘图工具"→"格式"→"形状填充"下拉按钮，选择深红色。"形状轮廓"设置为"无轮廓"。单击鼠标右键，在弹出的快捷菜单中选择"置于底层"命令，将圆角矩形放置在文字的下方。选中圆角矩形，按住【Ctrl】键，配合鼠标拖曳可以复制矩形，其余矩形均使用复制的方法制作。调整好第一个矩形和最后一个矩形的位置后，按住【Shift】键选中所有的矩形，选择"绘图工具"→"格式"→"对齐"→"顶端对齐"和"横向分布"命令。

（8）单击"插入"→"形状"下拉按钮，在弹出的下拉菜单中选择直线，按住【Shift】键拖曳鼠标绘制水平直线，选中直线，在绘图工具的"格式"选项卡中设置"形状轮廓"颜色为深红色、粗细为 1 磅。另一条直线使用同样的方法绘制。

（9）插入文本框，输入"不/忘/初/心 牢/记/使/命"，设置形状颜色为"无填充"，形状轮廓为"无轮廓"，设置文本内容的字体为"微软雅黑"、字号为"三号"、颜色为深红色，设置字符间距为"加宽""4 磅"，字符间距设置方法如图 3-64 所示。

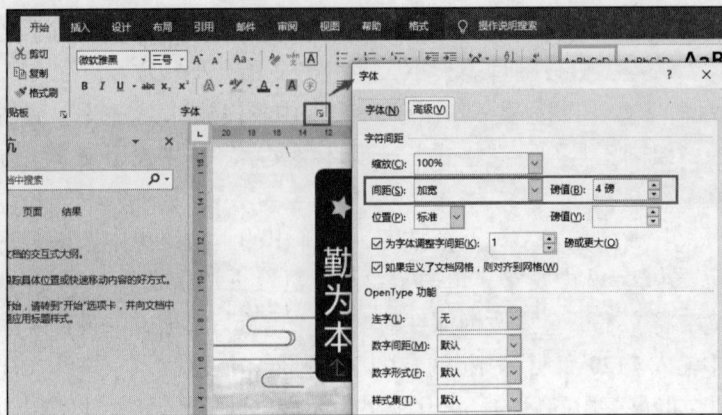

图 3-64　设置字符间距

（10）最下方文本框和直线形状绘制完成后的效果如图 3-65 所示。

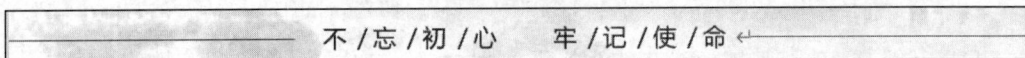

不 / 忘 / 初 / 心　　牢 / 记 / 使 / 命

图 3-65　字符间距设置效果

（11）保存文件。

到此，图文混排的文档制作完毕。

3.5　长文档排版

制作专业的文档除了常规的页面内容和美化文档的操作外，还需要注重文档的结构及排版方式。Word 2016 提供了诸多简便的功能，使长文档的编辑、排版、阅读和管理变得更加简单、轻松。本节以论文编辑为例讲解长文档编辑中的常用操作。

长文档排版

3.5.1　定义并使用样式

样式是一组已经命名的字符和段落格式。它规定了文档中标题、正文及要点等各个文本元素的格式。在编辑长文档的过程中，正确设置和使用样式可以极大地提高工作效率。

1.　套用系统内置的样式

Word 2016 自带有样式库，用户可以直接套用 Word 2016 的内置样式设置文档格式。具体操作如下。

（1）打开"工匠精神 素材"文档，另存为"工匠精神 效果"。选中要使用样式的文本，在"开始"选项卡的"样式"组中选择"标题 1"样式。此时，被选中的文本就应用了"标题 1"已经设置好的样式，如图 3-66 所示。

（2）单击"样式"组中的对话框启动器按钮，打开"样式"对话框，单击其右下角的"选项"按钮，在弹出的"样式窗格选项"对话框的"选择要显示的样式"下拉列表框中，选择"所有样式"选项，单击"确定"按钮调出样式库中的所有样式，如图 3-67 所示。选中要使用样式的文本，单击"标题 2"样式，如图 3-68 所示。

（3）使用同样的方法，将论文中需要设置不同标题样式的文本设置为相应的标题样式。

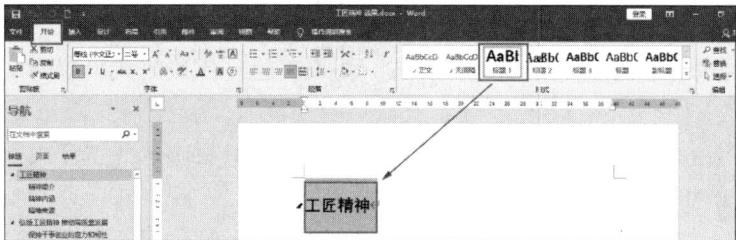

图 3-66　套用系统内置样式

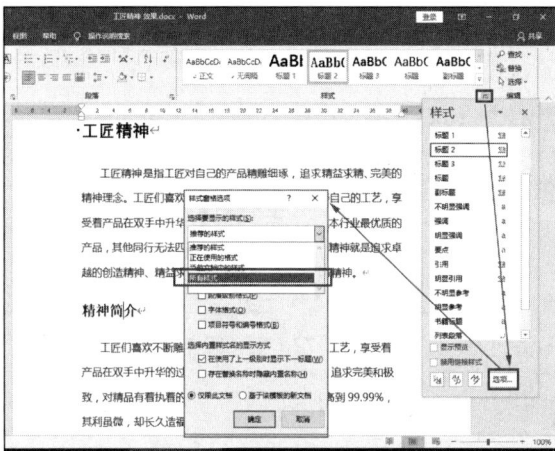

图 3-67　调出所有样式

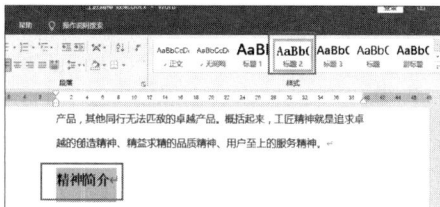

图 3-68　套用"标题 2"样式

2. 修改已有样式

如果对系统中自带的样式不满意，用户可以自行修改，修改方法：在相应的样式上单击鼠标右键，在弹出的快捷菜单中选择"修改"命令，打开"修改样式"对话框，在该对话框中可以修改字体、字号、行间距、对齐方式等，如图 3-69 所示。运可以单击"格式"下拉按钮分别设置对应样式的字体、段落、边框、编号、文字效果、快捷键等，如选择"段落"命令可打开"段落"对话框做相关修改，如图 3-70 所示。

图 3-69　修改样式

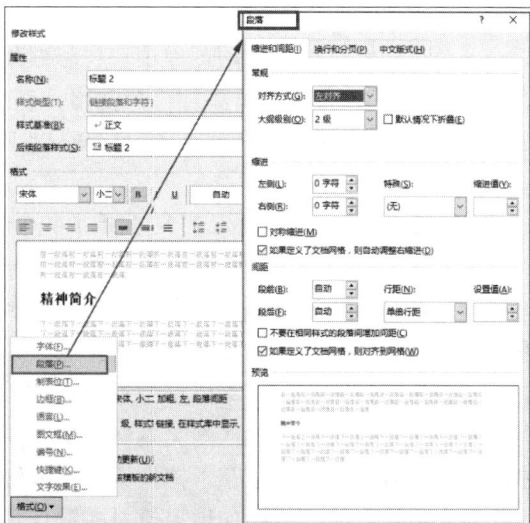

图 3-70　"段落"对话框

3. 自定义样式

如果用户需要添加一个全新的自定义样式，可以在已经完成格式设置的文本或段落上执行如下操作。

（1）选中已经完成格式设置的文本或段落，在浮动工具栏中选择"样式"→"创建样式"命令，如图 3-71 所示。

（2）在弹出的"根据格式化创建新样式"对话框的"名称"文本框中输入新样式的名称，例如输入"大标题"，如图 3-72 所示。

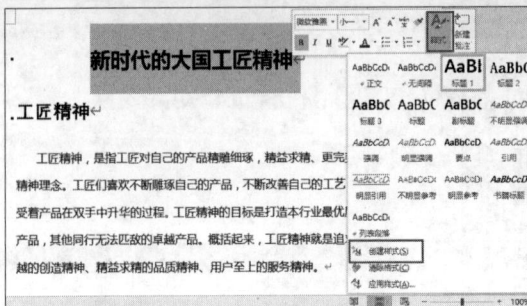

图 3-71　将所选内容保存为新样式　　　　图 3-72　定义新样式名称

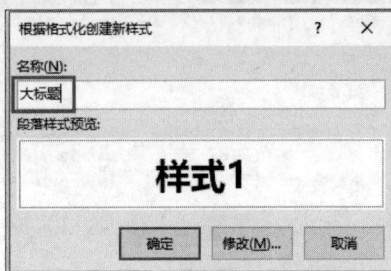

（3）新建"大标题"样式的修改方法和修改内置样式的方法相同。

3.5.2　多级列表的设置

多级列表主要应用于正文级别较多的文档。应用多级列表后，不同级别的内容会以不同的形式显示。

1. 设置项目符号和编号

当文章的某些段落需要添加项目符号和编号时，可使用 Word 2016 提供的自动创建项目符号或编号的功能。这样不仅可以提高工作效率，还可以统一项目符号或编号格式。在 Word 2016 中，可以在输入过程中自动创建项目符号或编号列表，也可以为已经输入的文本添加项目符号或编号。

（1）在输入过程中自动创建项目符号或编号列表。要在输入时自动创建项目符号，可在文档中输入"＊"，并在其后添加一个空格，然后再输入文本。当按【Enter】键后，"＊"会自动转换为"●"。当输入下一列表项时，Word 会自动插入下一个项目符号，并且能够自动设置前导强调格式。

要结束列表时，按【Enter】键开始下一个新段，然后按【BackSpace】键删除项目符号即可。

要在输入时自动创建编号列表，可在文档中输入"1."" 1)""（1）""－""第一"等格式后，再输入文本。当按【Enter】键后，在新一段的开头会自动沿着上一段进行编号，并且能够自动设置前导强调格式。

（2）为已经输入的文本添加项目符号或编号。除了可以在输入时自动创建项目符号或编号列表外，还可以将已经输入的文本转换成项目符号列表。这时用"开始"选项卡"段落"组中的"项目符号"或"编号"下拉按钮就可以轻松实现转换。

为已经输入的文本添加项目符号的操作步骤如下。

① 选定要添加项目符号的段落。

② 单击"开始"→"项目符号"下拉按钮，打开"项目符号"下拉菜单，如图 3-73 所示。

③ 单击所需的项目符号样式。如果预设的项目符号不能满足需要，可以选择"定义新项目符号"命令，在弹出的"定义新项目符号"对话框中，根据需要从"符号"库和"图片"库中进行选择，如图 3-74 所示。

图 3-73　"项目符号"下拉菜单　　　　图 3-74　"定义新项目符号"对话框

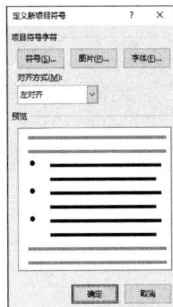

单击"确定"按钮返回上一级对话框，再单击"确定"按钮退出。

添加编号的操作步骤如下。

① 为已经输入的文本选定要添加编号的段落。

② 单击"开始"→"编号"下拉按钮，打开"编号"下拉菜单，如图 3-75 所示。

③ 单击所需的编号样式。

如果预设的编号样式不能满足需要，可以选择"定义新编号格式"命令，在弹出的"定义新编号格式"对话框中，根据需要设置编号样式、格式和对齐方式，如图 3-76 所示。

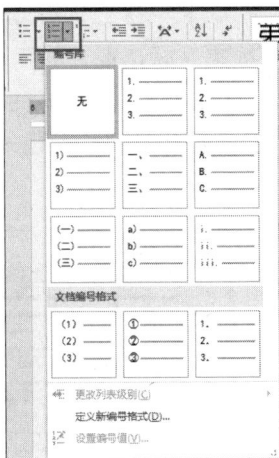

图 3-75　"编号"下拉菜单　　　　图 3-76　"定义新编号格式"对话框

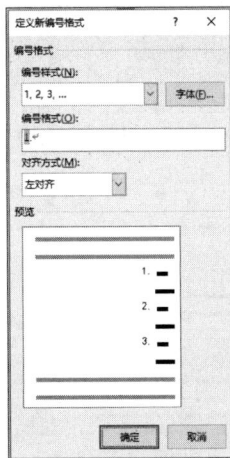

④ 单击"确定"按钮返回上一级对话框，再单击"确定"按钮退出。

（3）取消项目符号或编号列表设置。如果在自动插入若干个项目符号或编号列表后，希望结束列表输入正文，可在出现新的一行项目符号或编号列表后，按【BackSpace】键删除项目符号或编号。

如果要把已经创建的列表恢复为普通的文本，可在选中列表后单击"开始"→"项目符号"或"编号"下拉按钮，在弹出的下拉菜单中选择"无"选项取消项目符号或编号列表的设置。

项目符号和编号都可以看作字符，可以设置其大小、颜色、加粗、倾斜等。

2. 应用多级列表编号

添加多级列表编号的操作方法与上述插入编号的方法相似。下面举例介绍具体操作。

（1）单击"开始"→"多级列表"下拉按钮，在弹出的下拉菜单中选择图 3-77 所示的多级列表。

（2）选择"定义新的多级列表"命令，打开"定义新多级列表"对话框，如图 3-78 所示。

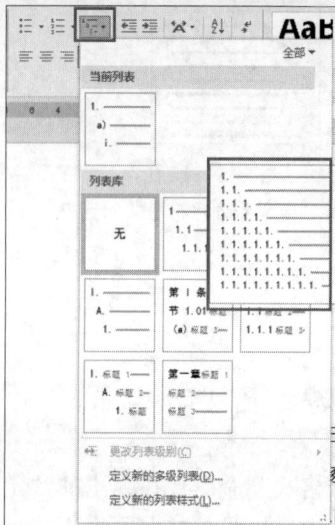

图 3-77　选择内置的多级列表

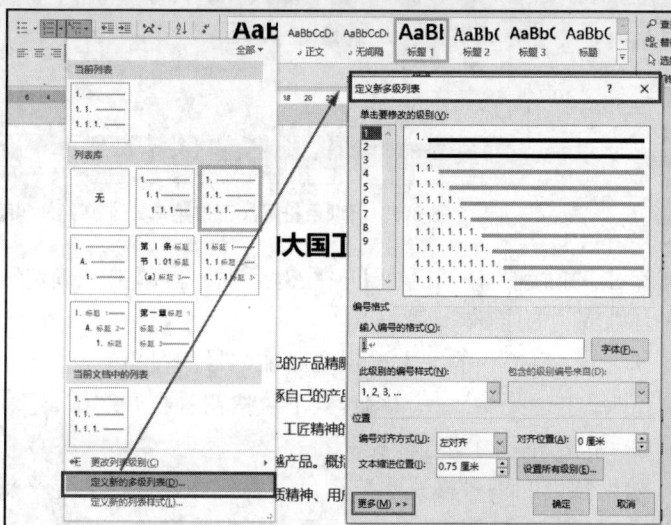

图 3-78　"定义新多级列表"对话框

（3）单击"更多"按钮，打开完整的"定义新多级列表"对话框，如图 3-79 所示。

（4）在对话框左上角设置"单击要修改的级别"为"1"，在"输入编号的格式"文本框中，将格式设置为"第 1 章"，在"将级别链接到样式"下拉列表框中选择"标题 1"选项，如图 3-80 所示。

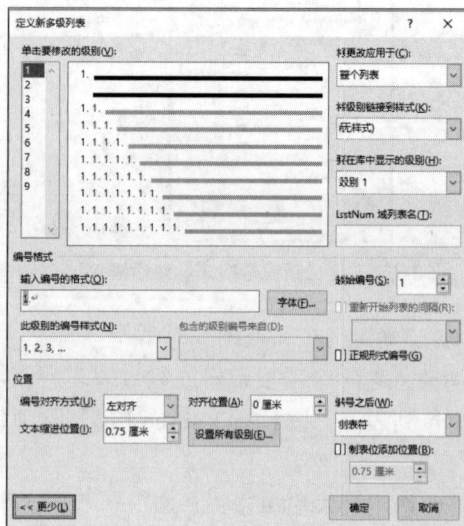

图 3-79　完整的"定义新多级列表"对话框

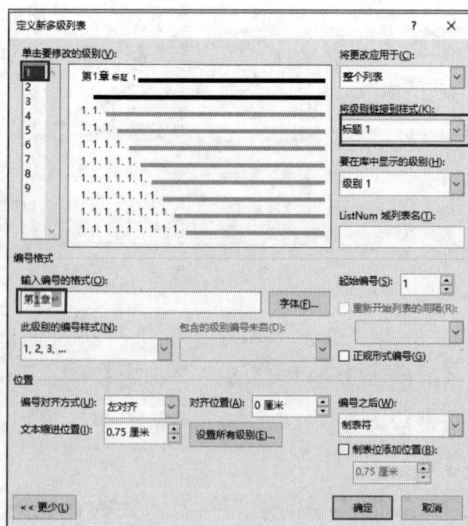

图 3-80　设置多级列表

（5）使用同样的方法，在对话框左上角设置"单击要修改的级别"为"2"，在"将级别链接到样式"下拉列表框中选择"标题 2"选项。

（6）设置好后，在文档中需要用到"标题 1"样式和"标题 2"样式的文本内容上选择相应的样式即可快速自动生成相应的章节编号，如图 3-81 所示。

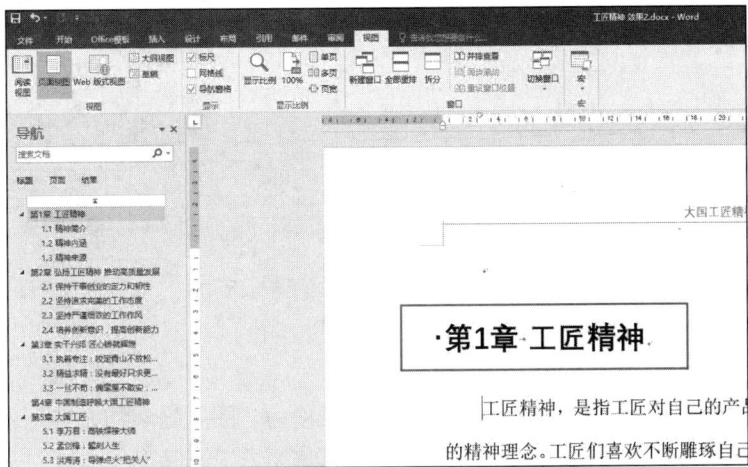

图 3-81　使用多级列表后自动生成的章节号

（7）在"视图"选项卡"显示"组中勾选"导航窗格"复选框，可以在窗口左侧的"导航"窗格中清晰看见各章节的详细提纲。

3.5.3　题注和交叉引用

1. 插入题注

题注是对象下方显示的一行文字，用于描述对象。题注一般包括图注和表注，图注一般放置在图片的正下方，表注一般放置在表格的正上方。下面以为图片添加图注为例来讲解插入题注的具体操作步骤。

（1）将光标定位在需要添加图注的图片对象下方。

（2）单击"引用"→"插入题注"按钮，打开"题注"对话框。在"标签"下拉列表框选择合适的标签名，但如果要使用"图"标签，列表中默认是没有的，需要用户新建，具体操作方法如图 3-82 所示。

（3）单击"编号"按钮，可以在弹出的"题注编号"对话框中设置题注编号格式，勾选"包含章节号"复选框，因为之前我们已经将多级列表设置好，所以在这里可以直接识别章节号，单击"确定"按钮。在"题注"文本框中输入图片对象的名称，单击"确定"按钮，如图 3-83 所示。

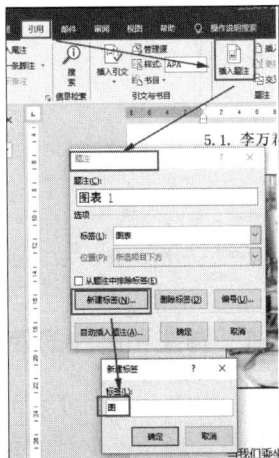

图 3-82　插入题注并新建"图"注

最终效果如图 3-84 所示。

2. 交叉引用

在 Word 2016 文档中，插入交叉引用可以动态引用当前 Word 文档中的书签、标题、编号、脚注等内容。插入交叉引用的操作步骤如下。

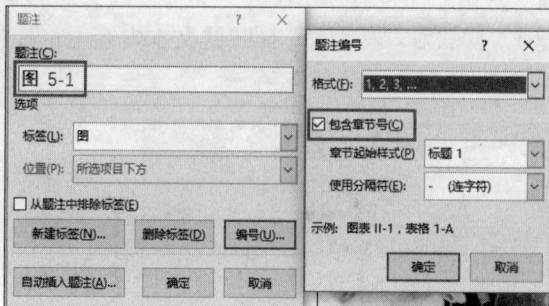

图 3-83　题注编号设置

图 3-84　插入"题注"效果

（1）打开 Word 2016 文档窗口，将光标定位到"如所示"的"如"字后面。单击"插入"→"交叉引用"按钮，或者单击"引用"→"交叉引用"按钮，打开"交叉引用"对话框。

（2）在"交叉引用"对话框的"引用类型"下拉列表框中可以选择"编号项""标题""书签""脚注""尾注"等选项，因为上面已经插入了名称为"图"的题注，本例就可以选择"图"选项。在"引用内容"下拉列表框中可以选择"整项题注""仅标签和编号""只有题注文字"等选项，本例选择"仅标签和编号"选项。保持"插入为超链接"复选框的勾选状态，然后在"引用哪一个题注"列表框中选择合适的题注，并单击"插入"按钮，如图 3-85 所示。

（3）返回 Word 2016 文档窗口，将鼠标指针指向插入的交叉引用处。按住【Ctrl】键并单击交叉引用文字可以跳转到目标图的位置，如图 3-86 所示。

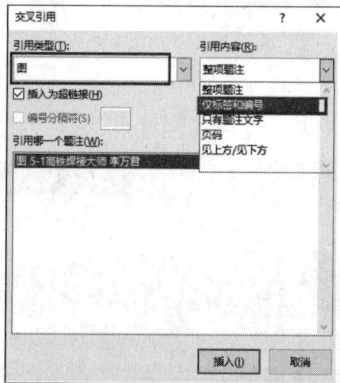

图 3-85　"交叉引用"对话框

图 3-86　交叉引用的应用

3.5.4　脚注和尾注的使用

脚注和尾注是对文本的补充说明。脚注一般位于页面的底部，可以作为文档某处内容的注释；尾注一般位于文档的末尾，列出引文的出处等。在一个文档中，可以同时使用脚注和尾注两种形式来注释文本，可以在文档的任何位置添加脚注或尾注标记并给出相应的注释。默认设置下，Word 在同一文档中对脚注和尾注采用不同的编号方案。

脚注和尾注由两个关联的部分组成，包括注释引用标记和其对应的注释文本。用户可让 Word 自动为标记编号或创建自定义的标记。在添加、删除或移动自动编号的注释时，Word 将对注释引用标记重新编号。

在书写论文的时候，论文中引用的数据和图表通常要用脚注和尾注的形式注明来源和出处，如图 3-87 所示。

插入脚注和尾注的步骤如下。

（1）将插入点移到要插入脚注或尾注的位置。

（2）单击"引用"选项卡"脚注"组中的对话框启动器按钮，弹出图 3-88 所示的对话框。

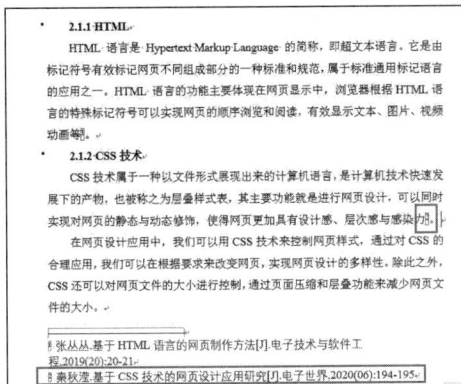

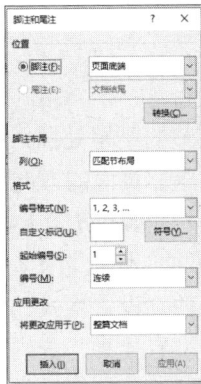

图 3-87　脚注的应用　　　　　图 3-88　"脚注和尾注"对话框

（3）在"位置"选项组中单击"脚注"单选按钮，可以插入脚注；如果要插入尾注，则单击"尾注"单选按钮。

（4）默认情况下，脚注是采用"1,2,3,…"的格式来进行自动编号的，尾注是采用"i,ii,iii,…"的格式来进行自动编号的。Word 可以给所有脚注或尾注连续编号，当添加、删除、移动脚注或尾注引用标记时 Word 将自动重新编号。

（5）如果要自定义脚注或尾注的引用标记，可以在"自定义标记"栏进行设置，在文本框中输入作为脚注或尾注的引用标记。如果键盘上没有这种符号，可以单击"符号"按钮，从"符号"对话框中选择一个合适的符号作为脚注或尾注的引用标记。

（6）单击"插入"按钮后，就可以开始输入脚注或尾注文本。输入脚注或尾注文本的方式会因文档视图的不同而有所不同。

脚注和尾注之间可以互相转换，例如将脚注转换成尾注的操作方法是在脚注区域中，用鼠标右键单击想转换的脚注中的任意位置，在弹出的快捷菜单中选择"转换至尾注"命令。

要删除脚注或尾注，可先选定文档文字区域中的脚注引用标记，然后按【Delete】键或【BackSpace】键，引用标记也会被移除。

3.5.5　分页和分节的设置

在另起一页输入新内容时，很多人习惯按【Enter】键来添加多个空行，实现另起一页的效果。这样做会在修改文档时产生大量重复的工作，导致工作效率降低。而 Word 2016 中的分页和分节操作可以有效地划分文档内容，而且使文档的排版工作变得更简洁、高效。

1. 分页

分页符为分页的一种符号，存在于上一页结束及下一页开始的位置。在"布局"选项卡"页面设置"组的"分隔符"下拉菜单中有分页符、分栏符、自动换行符等分页符。手动插入分页符后，新一页与上一页的格式元素保持一致。

如果只需将文档中的内容划分到上、下两页，则在文档中插入分页符即可。具体操作方法如下。

（1）将光标定位到需要分页的位置。

（2）单击"页面布局"→"分隔符"下拉按钮，打开图 3-89 所示的下拉菜单。

（3）选择"分页符"命令集中的"分页符"命令，即可将光标后的内容布局到新的页面中。分页符前、后页面的设置及属性参数均保持一致。

2. 分节

分节符是在节的结尾处插入的标记。分节符包含节的格式设置元素，例如页边距、页面的方向、页眉、页脚及页码的顺序。单击"布局"选项卡→"分隔符"下拉按钮，弹出的下拉菜单中有下一页、连续、奇数页、偶数页等分节符。手动插入分节符后，Word 将新建一个可以独立设置格式元素的节。

图 3-89 "分隔符"下拉菜单

分节符的类型有 4 种，分别介绍如下。

（1）"下一页"：分节符后的文本从新的一页开始，既分节又分页。

（2）"连续"：新一节与前面一节处于同一页中，分节不分页。

（3）"偶数页"：分节符后面的内容转入下一个偶数页。

（4）"奇数页"：分节符后面的内容转入下一个奇数页。

在文档中插入分节符，不仅可以将文档内容划分到不同的页面，还可以分别针对不同的节进行页面设置。打开"工匠精神 效果"文档，插入分节符的具体操作方法如下。

（1）在大标题"新时代的大国工匠精神"后换行。

（2）选择"布局"→"分隔符"→"下一页"命令，即可在光标位置插入一个不可见的分节符。插入的分节符不仅将光标位置后面的内容分为新的一节，还会让新节从新的一页开始，实现了既分节又分页的目的。这样可以在正文开始时设置页码为"1"，这将在"3.5.6 设置文档的页眉和页脚"小节讲解。

默认情况下，Word 将整个文档视为一节，所有文档的设置都应用于整篇文档。当插入分节符将文档分成几个"节"后，可以根据需要设置每"节"的格式。常见的应用如：在一个文档中设置两种不同的纸张方向；论文排版中封面和目录不需要添加页码，页码从第三页开始添加等。

在默认的页面视图中，分隔符是看不见的，显示分隔符有两种方法；一种是切换到大纲视图；另一种是在页面视图中，单击"开始"→"显示/隐藏编辑标记"按钮，如图 3-90 所示。上述操作完成后即可在页面视图中看见分隔符，如图 3-91 所示。

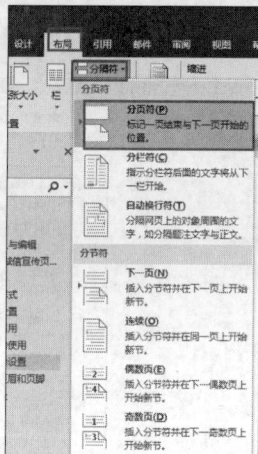

图 3-90 "显示/隐藏编辑标记"按钮

新时代的大国工匠精神

图 3-91 在文档中显示分节符

3.5.6 设置文档的页眉和页脚

页眉、页脚是文档中每个页面顶部、底部和两侧页边距中的区域，可以在页眉和页脚中插入文本或图形，例如页码、时间日期、公司徽标、文档标题、文件名等。

　　Word 提供了强大的文档页眉、页脚设置功能，可以制作出内容丰富、个性十足的页眉和页脚。制作页眉、页脚的操作步骤如下。

　　（1）单击"插入"→"页眉"下拉按钮，弹出"页眉"下拉菜单，如图 3-92 所示。

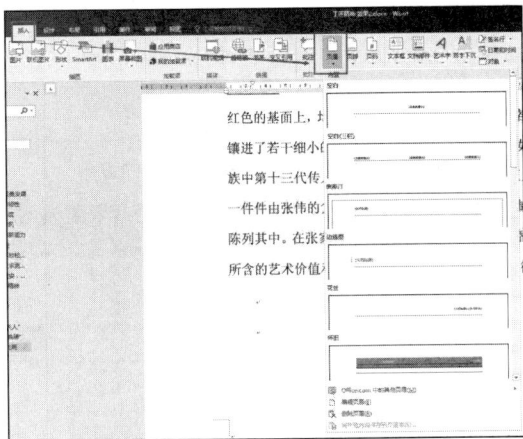

图 3-92　"页眉"下拉菜单

　　（2）在下拉菜单中根据需要选择所需的页眉格式，在这里我们选择"空白"页眉格式，出现图 3-93 所示的页眉设置区域和页眉和页脚工具的"设计"选项卡。

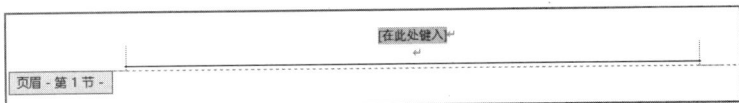

图 3-93　设置"页眉"

　　（3）在"工匠精神 效果"文档中，由于已经插入分节符，所以在正文第一页页眉位置输入要显示的页眉"新时代的工匠精神"后，第 2 节也会显示相同的页眉，并且第 2 节页眉右下角会显示"与上一节相同"，如图 3-94 所示。

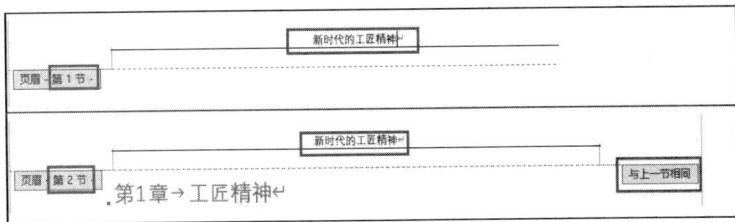

图 3-94　第 1 节页眉与第 2 节页眉相同

　　因为要设置的最终效果为第 1 节页眉处为空白，从第 2 节开始，页眉处显示"新时代的工匠精神"，所以此时需要选中第 2 节页眉，在页眉和页脚工具的"设计"选项卡中，取消"链接到前一节"的设置，然后将第 1 节的页眉都删掉，如图 3-95 所示。

　　（4）如果想要设置页脚，则单击"页眉和页脚工具"→"设计"→"转至页脚"按钮或拖曳垂直滚动条至页脚处单击，对页脚进行设置，如图 3-96 所示。

　　如需设置页脚首页不同或者奇偶页不同，可勾选"页眉和页脚工具"→"设计"→"首页不同"或"奇偶页不同"复选框，然后单独对首页、奇数页、偶数页进行不同的设置。

　　利用页眉和页脚工具"设计"选项卡，可以在页眉或页脚中插入日期和时间，可以设置页眉顶端距离、页脚底端距离等。

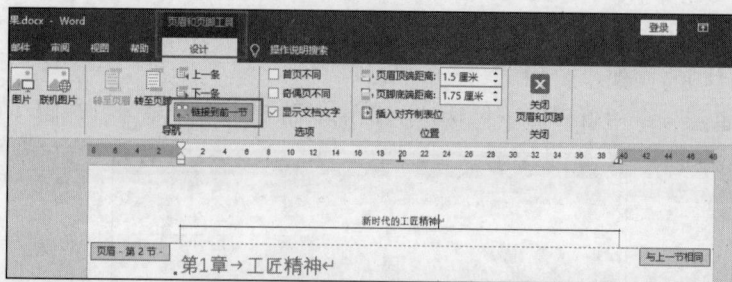

图 3-95 取消"链接到前一节"的设置

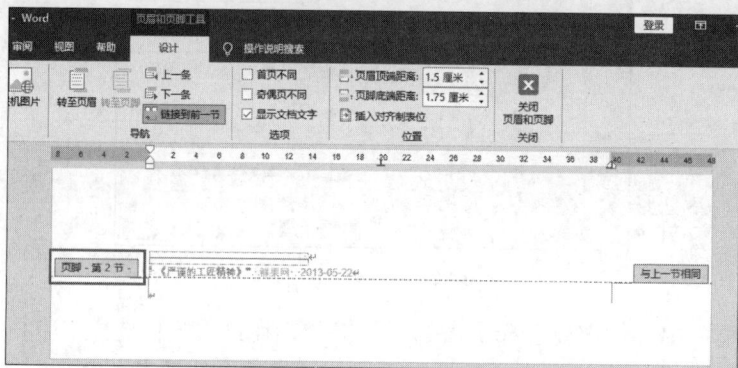

图 3-96 设置"页脚"

（5）如果想要设置页码，则单击"页眉和页脚工具"→"设计"→"页码"下拉按钮，或者单击"插入"→"页码"下拉按钮，在弹出的下拉菜单中，设置页码的位置，页码可以在页面顶端、页眉底端、页边距和当前位置，如图 3-97 所示。

（6）设置页码格式。选择"页码"下拉菜单中的"设置页码格式"命令，弹出"页码格式"对话框，在"编号格式"下拉列表框中选择编号的格式，页码编号可以选择续前节或自定义起始页码。设置好后单击"确定"按钮，如图 3-98 所示。

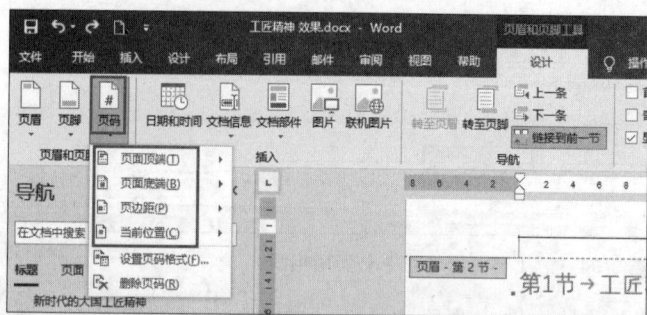

图 3-97 "页码"设置下拉菜单

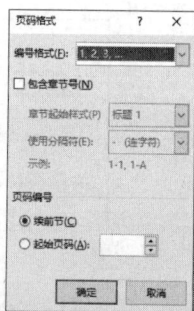

图 3-98 "页码格式"对话框

如果要编辑或删除页眉，则选择"插入"→"页眉"→"编辑页眉"或"删除页眉"命令。编辑或删除页脚和页码的方法与编辑或删除页眉的方法相同，这里不再赘述。

打开"工匠精神 效果"文档，在目录页后面插入分节符后，正文和标题的内容就不在一节上了。这时可以在正文第一页（也就是第 2 节的第一页）的页码位置双击进入页眉页脚编辑状态，在合适的位置插入页码。

如果插入的页码数不对，也不要手动输入，手动输入会导致后面的页码不能自动编码。出现这种情况是因为此处的页码采用续前节页码的方式进行显示了。这时需要选中页码，单击鼠标右键，在弹出的快捷菜单中选择"设置页码格式"命令，在弹出对话框的"页码编号"选项组中设置"起始页码"为"1"，同时要删除第 1 节里面的页码。如此，文档从第 2 节开始显示页码"1"，如图 3-99 所示。

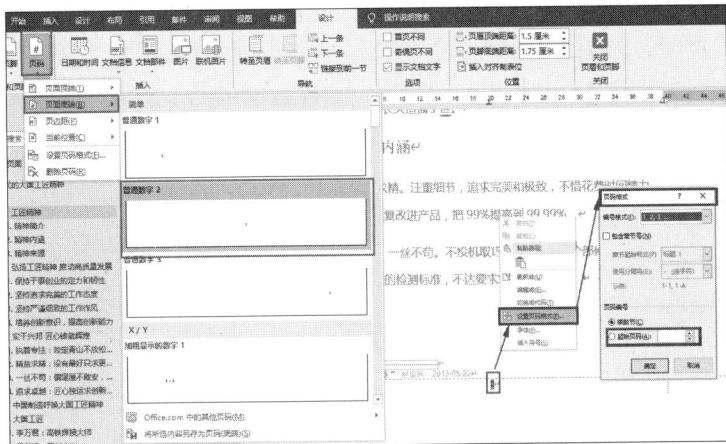

图 3-99　在第 2 节开始处插入页码"1"

3.5.7　创建文档目录

目录是文档中标题的列表，是书籍和长文档中不可缺少的一部分。目录会列出文档的各级标题及每个标题所在的页码。读者通过目录可以很容易地查找文档中的内容。

用户可以使用 Word 内置标题样式和大纲级别格式来创建目录，也可以使用自定义标题样式。关于样式的定义和使用参考 3.5.1 小节。

创建目录的具体操作步骤如下。

（1）确定文档中所有的标题都使用了相应的标题样式。

（2）将光标移动到文档中的第二行（大标题下面的一行）。

（3）单击"引用"→"目录"下拉按钮，在弹出的下拉菜单中可以选择内置的目录，也可以选择"自定义目录"命令，弹出"目录"对话框，如图 3-100 所示。

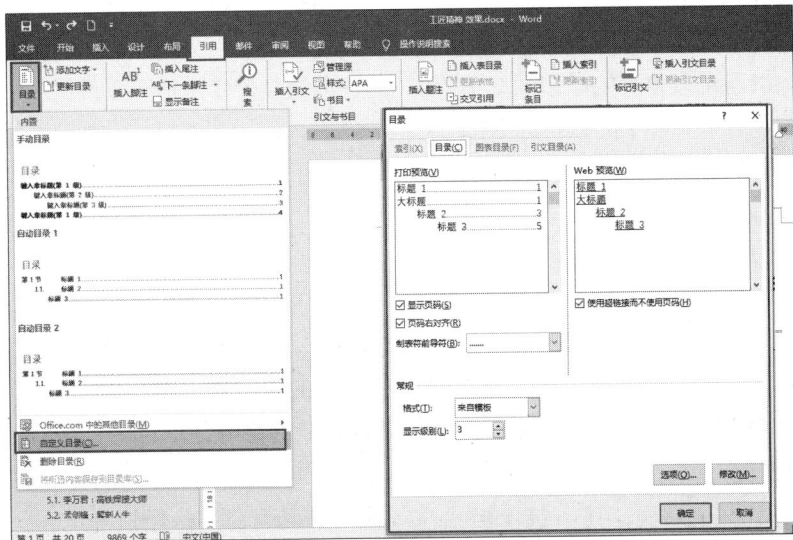

图 3-100　创建目录

（4）在"Web 预览"列表框中可以发现，大标题已被定义为目录中的"1"级标题了，最终会显示在目录中。设置其不在目录中显示的方法为：单击"目录"对话框中的"选项"按钮，打开"目录选项"对话框，找到"有效样式"中的"大标题"选项，将"目录级别"下的"1"删除，单击"确定"按钮，如图 3-101 所示。这样就可以正确创建目录了。如果要实现从目录索引页跳转到正文中，只需按住【Ctrl】键单击目录中的标题就可以了。最终效果如图 3-102 所示。

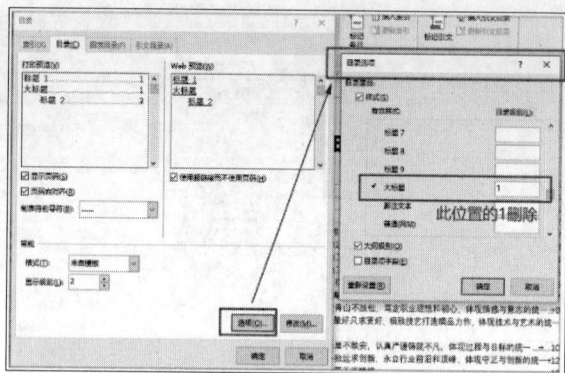

图 3-101 "目录选项"对话框

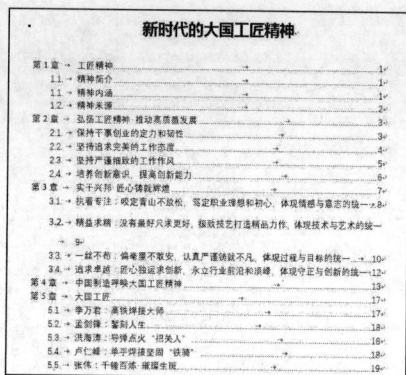

图 3-102 插入目录最终效果

（5）如果在修改过程中，因为添加或删除一些文字或图片，章节页码发生了变化，则将光标定位到目录中的任意位置，单击鼠标右键，在弹出的快捷菜单中选择"更新域"命令，或者单击"引用"→"更新目录"按钮也可以实现目录的更新。

3.6 邮件合并

Word 2016 提供了强大的邮件合并功能。邮件合并是一种可以实现批量处理的功能，用户可以使用这个功能批量制作录取通知书、学生成绩单、各类获奖证书及请帖等。该功能具有极强的实用性和便捷性。

使用邮件合并功能需要先建立两个文档：一个为 Word 主文档，它是已经设置好所有格式的文档，包含文档中所有不需要变化的内容（例如一个未填写邀请人的邀请函、未填写录取信息的录取通知书等）；另一个为包含变化信息（例如邀请人、具体的录取信息等）的数据源 Excel 文档。然后，使用邮件合并功能在主文档中插入变化信息，合成后的文件用户可以保存为 Word 文档。该文档可以打印出来，也可以以邮件形式发出去。

邮件合并

1. 建立主文档

主文档是指邮件合并内容的固定不变的部分，如信函中的通用部分、信封上的落款等。建立主文档的过程和平时新建一个 Word 文档的过程一样，而且在进行邮件合并之前主文档就只是一个普通的文档。唯一不同的是，创建主文档时需要花点心思考虑一下这份文档要如何写才能与数据源更完美地结合，以满足需求（最基本的就是在合适的位置留下数据填充的空间）。同样，创建主文档时也需要思考是否需要对数据源的信息进行必要的修改，以符合日常的写作习惯。

2. 准备数据源

数据源就是数据记录表，其中包含相关的字段和记录内容。一般情况下，之所以考虑使用邮件合并功能来提高效率，正是因为我们已经有了相关的数据源，如 Excel 表格、Outlook 联系

人或 Access 数据库。如果没有现成的，可以建立一个数据源。

需要特别注意的是，在实际工作中，我们可能会在 Excel 表格中加一行标题。但用作数据源的表则应将表格标题删除，得到一张以标题行（字段名）开始的 Excel 表格，原因是我们会使用相应字段名来引用数据表中的记录。

3. 将数据源合并到主文档中

利用邮件合并功能，我们可以将数据源合并到主文档中，得到目标文档。合并完成的文档的份数取决于数据表中的记录数和合并的条件。

下面以制作邀请函文档为例，讲解邮件合并功能的具体应用。

邀请函等类别邮件的内容一般分为固定不变的和变化的。例如，图 3-103 所示的邀请函中，正文内容属于固定不变的内容，而被邀请人属于变化的内容。变化的内容保存在 Excel 工作表中，如图 3-104 所示。

图 3-103　邀请函样文

	A	B	C	D	E
1	姓名	性别	职称	学校	专业
2	杨朝阳	男	教授	北京大学	汉语言文学
3	周燕杰	女	副教授	北京师范大学	对外汉语
4	张连起	男	讲师	中山大学	汉语言文学
5	乔永涛	男	教授	同济大学	汉语言文学
6	王坤	男	讲师	中国人民大学	汉语言文学
7	牛羽非	女	副教授	苏州大学	古典文献
8	李梦月	女	教授	浙江师范大学	汉语言文学
9	牛莹	女	讲师	厦门大学	汉语言文学
10	王超群	男	教授	江苏师范大学	汉语言
11	李宁波	男	教授	山东大学	汉语言文学

图 3-104　保存在 Excel 工作表中的被邀请人信息

利用"邮件合并分步向导"批量创建邀请函的操作步骤如下。

（1）在 Word 2016 的功能区中，打开"邮件"选项卡。

（2）在"邮件"选项卡"开始邮件合并"组中，单击"选择收件人"下拉按钮，在弹出的下拉菜单中选择"使用现有列表"命令，打开"选择数据源"对话框，选择"数据.xlsx"文件，如图 3-105 所示，单击"打开"按钮。在弹出的"选择表格"对话框中，选择"Sheet1"选项，单击"确定"按钮。

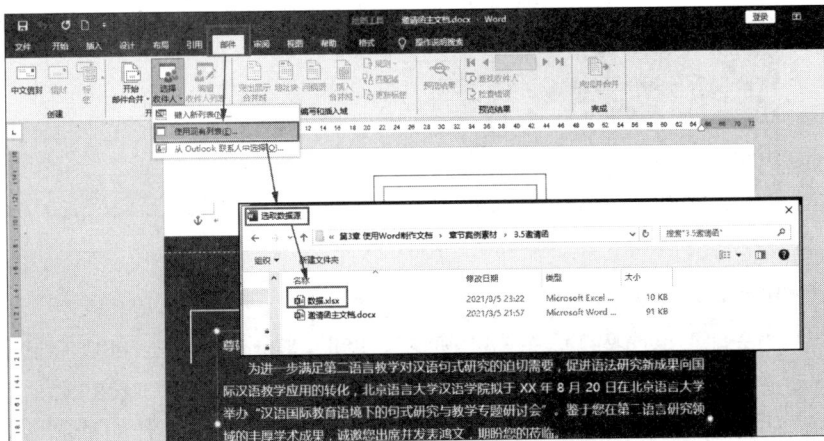

图 3-105　选择数据源

（3）本例设计的邀请函的邀请对象是职称为教授的人员，因此，在选择好数据源后，单击"编辑收件人列表"按钮，打开"邮件合并收件人"对话框，单击其中的"筛选"按钮，在"筛选和排序"对话框中输入筛选条件，如图 3-106 所示。

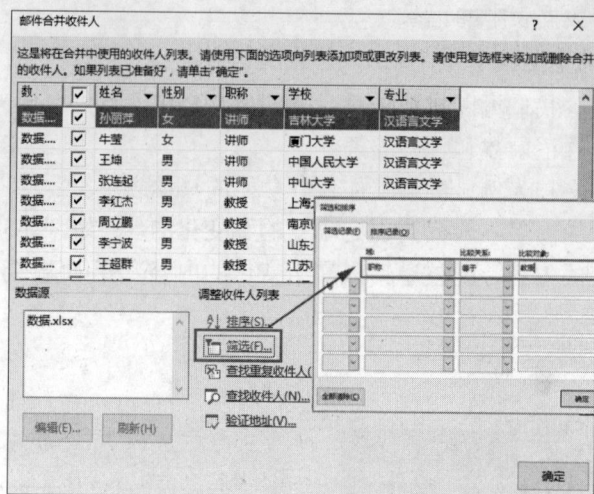

图 3-106　编辑收件人列表

（4）本例设计的邀请函要求在"尊敬的"后面插入姓名和称呼，称呼需要按照规则进行插入，规则为：男士后面加"先生"，女士后面加"女士"。将光标定位在"尊敬的"后面，单击"编写和插入域"组中的"插入合并域"下拉按钮，在下拉菜单中选择"姓名"选项，单击"规则"按钮，选择"如果…那么…否则"命令，打开"插入 Word 域：如果"对话框，在对话框中设置规则，具体设置方法如图 3-107 所示。

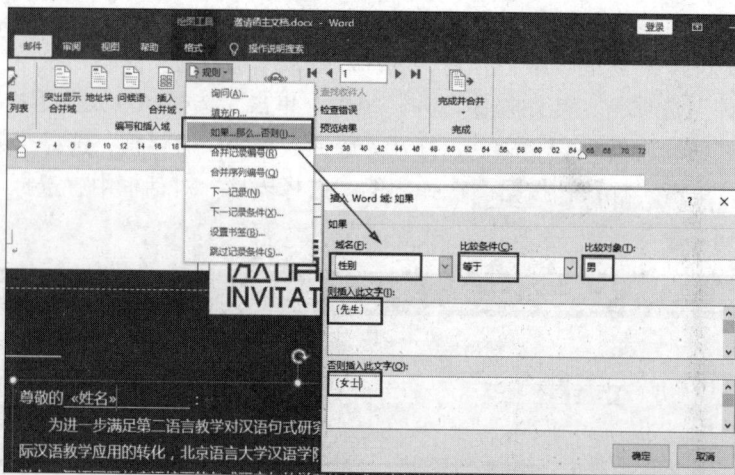

图 3-107　设置合并域的规则

（5）全部设置完成后，选择"邮件"→"完成并合并"→"编辑单个文档"命令，在弹出的对话框中单击"全部"单选按钮，单击"确定"按钮，Word 会将 Excel 中存储的符合条件的收件人信息自动添加到邀请函正文中，并合并生成一个新文档，如图 3-108 所示。在该文档中，每页的邀请函内的信息均由数据源自动创建生成。在本例中，符合条件的被邀请人有 7 个，所以最终生成的合并文档中，共有 7 页。

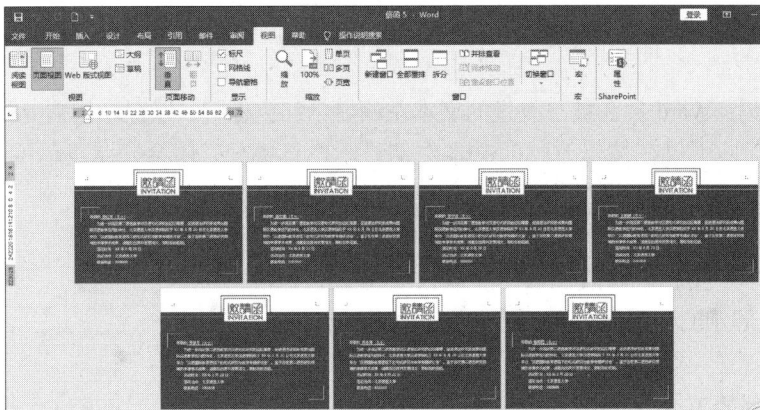

图 3-108　批量生成的文档

3.7　文档修订与共享

在与他人一同处理文档的过程中，审阅、跟踪文档的修订状况是非常重要的环节。用户需要及时了解其他用户更改了文档的哪些内容，以及为何要进行这些修改。为了便于交流及修改，Word 可以启动审阅修订模式。启动审阅修订模式后，Word 将记录并显示出所有用户对对应文档所做的修改。

1. 审阅修订文档

文档在被审阅修改之前，需要设置为修订模式，具体操作如下。

（1）单击"审阅"→"修订"按钮即可启动修订模式。"修订"按钮变暗，则表示修订模式已经启动，接下来对文档所做的所有修改都会有标记。

（2）如果想要改变修订标记的方式，可单击"修订"组中的对话框启动器按钮，打开"修订选项"对话框，如图 3-109 所示，在对话框中单击"高级选项"按钮，在弹出的"高级修订选项"对话框中可以更改修订标记的形式、单元格突出显示的颜色等。

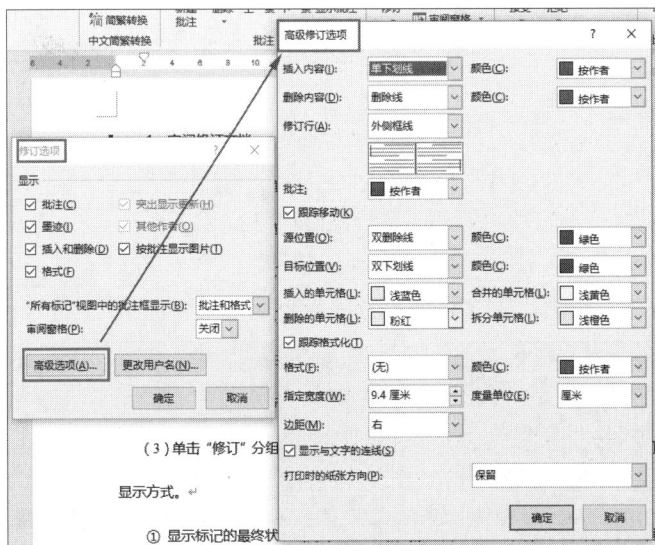

图 3-109　"修订选项"对话框

（3）在"修订"组中设置修订显示方式的下拉列表框中选择合适的显示方式。修订有 4 种显示方式。

① 简单标记：Word 会在被修改过的文本左侧显示红色标记，以提示用户此处内容被修改过。

② 所有标记：不仅在被修改过的文本左侧显示修订标记，还会显示具体的修订行为，如删除了哪些内容等。

③ 无标记：不会在文档中显示任何修改标记，直接显示修订后的效果。

④ 原始版本：文档未修改的版本，既没有修订，也没有标记。

以实例形式展示的 4 种不同的显示标记，如图 3-110 所示。

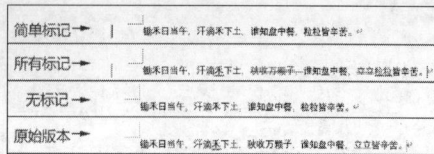

图 3-110　4 种不同的修订显示标记

2. 接受文档的更改

文档审阅修改后被返回给修改整理者。整理者单击"审阅"选项卡"更改"组中的"接受"按钮，表示接受该文档的所有修改。如果想拒绝修改，则单击"拒绝"按钮。

3. 比较文档

若没有启动修订模式或其他人不喜欢修订视图状态，则可在 Word 2016 中使用审阅的"比较"功能。这样，即使不启用修订模式，也同样能知道其他用户所做的修改。但使用这个功能的前提是必须有两份文档，一份为修改前的原文档，另一份是其他用户发回的修改文档。使用"比较"功能的具体方法是：单击"审阅"→"比较"下拉按钮，在下拉菜单中选择"比较"命令，打开"比较"对话框；在对话框中分别选择原文档和修订的文档，单击"确定"按钮。

最终显示效果如图 3-111 所示，总共会有 4 个窗格，右侧两个分别是"原文档"窗格和"修订的文档"窗格，中间的是"比较的文档"窗格，左侧的是"修订"窗格。"修订"窗格显示修订的内容。

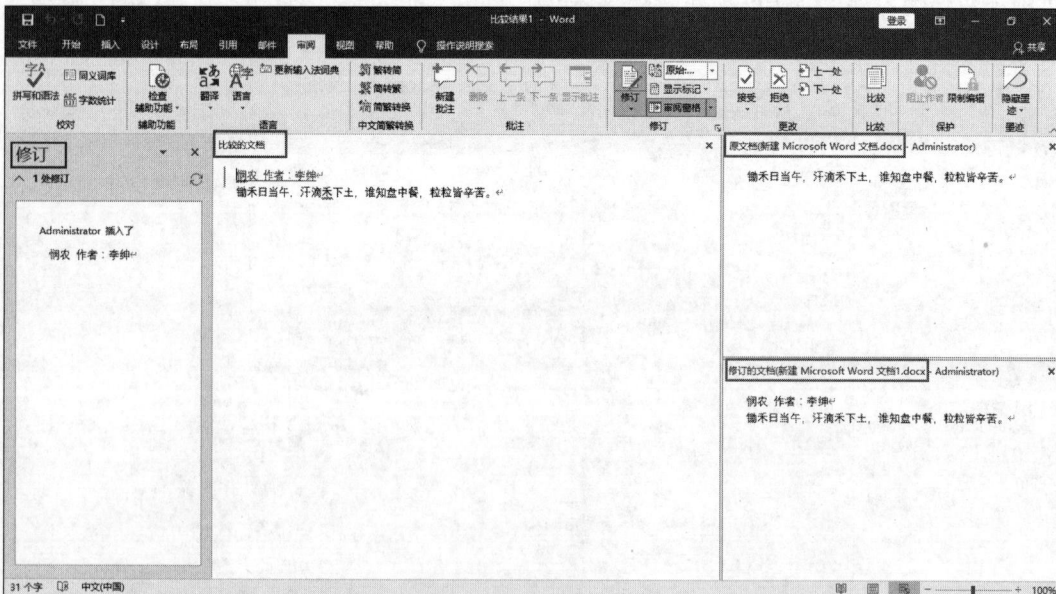

图 3-111　比较结果

4．合并修改

当有多个用户同时参与同一文档的修订时，文档将通过不同的颜色来区分不同用户的修订内容，从而很好地避免多人参与文档修订而造成的混乱局面的出现。在 Word 中，我们可以把多个文件的修订记录全部合并到同一文档中，这样要同时查看所有修改就简单多了，具体操作步骤如下。

（1）选择"审阅"→"比较"→"合并"命令，打开"合并"对话框。

（2）单击"原文档"下的打开图标 ，打开"报告 1.docx"，同样，打开修订的文档"修订 1.docx"。单击"更多"按钮，在"修订的显示位置"栏中单击"新文档"单选按钮，如图 3-112 所示。

（3）单击"确定"按钮后，会在新文档中显示合并后的内容，并在其中显示两文档中的所有修订。

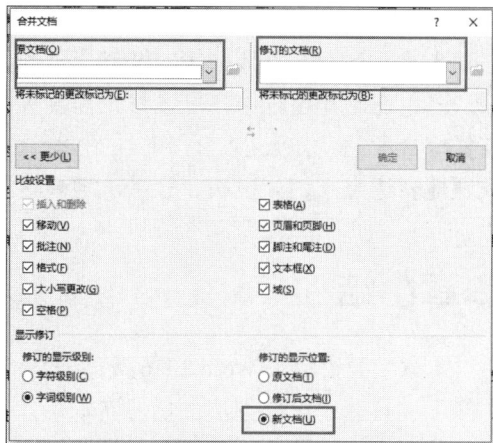

图 3-112　"合并文档"对话框

综合实训

文依依利用 Word 为自己制作了一份简洁而醒目的个人简历。在制作过程中，文依依巧妙地使用了插入图片、形状、文本框等工具进行图文混排，将自己的工作经历、软件技能、荣誉奖项等内容清晰明了地展现了出来，做出了一份精美、简洁、大气的简历。最终效果参考"个人简历（样文）"。

制作个人简历

现简要说明制作步骤，用户可以根据自身情况进行设计。

（1）新建"个人简历"文档，单击"插入"→"形状"→"矩形"按钮，在页面左侧绘制一个矩形，设置矩形的形状填充颜色为橙色，形状轮廓为"无轮廓"。

（2）单击"插入"→"形状"→"圆形"按钮，在步骤（1）创建好的矩形上面绘制圆形，选择"绘图工具"→"格式"→"形状填充"→"图片"命令，从"插入图片"对话框中找到素材文件"照片.png"，将图片放置在圆形内部，并设置形状轮廓颜色为白色、粗细为"4.5 磅"。

（3）分别插入"文本框"，内容为"姓名+求职意向""基本信息""兴趣爱好"，以及基本信息中的内容等，设置合适的字体、字号。为"基本信息"中的内容添加图标，以增强视觉效果，插入的图片格式为 PNG，方法是：选择"插入"→"图片"→"此设备"命令，在素材中找到对应的图片，在此需要注意，图片插入时，鼠标指针一定要在文本框之外，图片插入后，先调整图片的环绕文字类型为"浮于文字上方"，才能灵活地调整图片的大小和位置。用同样的方法，为"兴趣爱好"栏，添加合适的图片和文字。

（4）单击"插入"→"形状"→"对角矩形"按钮，设置矩形的形状填充颜色和形状轮廓颜色，并调整矩形大小。本例形状填充颜色设置为"浅灰色，背景 2，深色 75%"，形状轮廓颜色设置为"无轮廓"。设置形状的环绕文字方式为"衬于文字下方"。再插入一个文本框，用来放置文字"教育背景"，设置文字的字体和字号。"教育背景"下的内容，同样使用文本框来表现。其后同类型内容可以使用复制的方法制作。复制的方法：选中对象，单击鼠标右键，在弹出的快捷菜单中选择"复制"命令，移动光标至指定位置粘贴即可。也可以选中对象，按住【Ctrl】

键，配合鼠标拖曳复制对象。

（5）本例中，由于文本框、图片、形状过多，在选择时，可能选错，所以可以配合使用"选择"窗格（选择"开始"→"选择"→"选择窗格"命令打开）快速选择需要的对象。另外，如果需要同时选择多个对象，可以按住【Shift】键进行选择。

（6）在制作过程中，可以根据需要灵活进行设计，但最终效果要注重清晰性原则：排版时需要综合考虑字体大小、行和段的间距、重点内容的突出等。注重条理性原则：将各项内容有条理地表达出来，分模块、分主次地表达。

本章小结

本章主要讲解了 Word 2016 的主要功能、特点，详细介绍了日常学习和办公中文字处理的基本知识和具体的操作方法。学习完本章，读者应能在工作和学习中熟练地对办公业务中的文档进行处理，能娴熟地进行输入、编辑、排版、打印等操作。本章需要重点掌握的内容如下。

1. Word 的基本操作

Word 的基本操作主要包括 Word 窗口的构成、创建文档的方法、页面的相关设置（页边距、纸张大小、版式等），以及文档的保存和另存等。

2. Word 的基础排版

Word 的基础排版主要包括文本的编辑、查找与替换，字符格式的设置，段落格式的设置，边框底纹的设置，格式刷的使用，分栏功能的使用，表格的创建与编辑等。通过对本部分内容的学习，读者可以快速地对一篇文档进行简单排版，美化其版面，使其条理清晰、重点突出。

3. 图文混排

图文混排主要包括图形的插入和编辑、艺术字的插入和编辑、文本框的插入和编辑等。通过对本部分内容的学习，读者可以灵活地掌握 Word 中图文混排的方法，并能熟练地应用相关的工具对其做出调整与编辑，以便做出精致美观的排版作品。

4. Word 高级排版

Word 高级排版主要包括段落项目符号与编号的设置，页眉、页脚的添加方法，目录的添加方法，样式的定义与使用，多级列表的定义与使用，题注和交叉引用的使用方法，文档的分页与分节设置，等等。通过对本部分内容的学习，读者可以独立进行长文档排版，并解决在长文档排版中遇到的问题，顺利完成长文档排版。

5. 邮件合并

邮件合并功能为我们日常批处理文档节省了大量的时间，通过对该功能的学习，读者能够掌握 Word 邮件合并功能的使用方法。

练习题

一、选择题

（1）在 Word 2016 中，单击"文件"菜单中的"关闭"命令，会（　　　）。

  A. 关闭 Word 窗口和打开的文档窗口，返回到 Windows 系统的桌面中

  B. 关闭文档窗口，返回到 Windows 系统的桌面中

  C. 关闭 Word 窗口和打开的文档窗口，重启计算机

  D. 关闭文档窗口，但仍在 Word 窗口中

（2）关于 Word 2016，以下说法中错误的是（　　　）。

  A. "剪切"功能将选取的对象从文档中删除，并存放在剪贴板中

  B. "粘贴"功能将剪贴板中的内容粘贴到文档中插入点所在的位置

  C. 剪贴板是外存中一个临时存放信息的特殊区域

  D. 剪贴板是内存中一个临时存放信息的特殊区域

（3）在 Word 2016 文档编辑窗口中，将选定的一段文字拖曳到另一位置，则完成（　　　）。

  A. 移动操作　　　B. 复制操作　　　C. 删除操作　　　D. 非法操作

（4）在 Word 2016 中，若想要绘制一个圆，应该先选择椭圆工具，再按住（　　　）键，然后拖曳鼠标。

  A.【Shift】　　　　B.【Alt】　　　　C.【Ctrl】　　　　D.【Tab】

（5）在 Word 2016 中，将一部分内容改为四号楷体，然后紧连这部分内容输入新的文字，则新输入的文字的字号和字体为（　　　）。

  A. 四号楷体　　　B. 五号楷体　　　C. 五号宋体　　　D. 不能确定

（6）以下关于 Word 2016 中分页符的描述，错误的是（　　　）。

  A. 分页符的作用是分页

  B. 按【Ctrl】+【Enter】组合键可以插入一个分页符

  C. 各种分页符都可以在选中后按【Delete】键删除

  D. 在"普通视图"方式下分页符以虚线显示

（7）在 Word 2016 中，可以对文档进行分栏，下列关于分栏的说法正确的是（　　　）。

  A. 最多可以分 9 栏　　　　　　　B. 各栏之间的宽度必须相同

  C. 各栏间距是固定的　　　　　　D. 各栏之间的宽度可以调整

（8）在 Word 2016 中，能看到分栏实际效果的视图是（　　　）。

  A. 页面视图　　　B. 大纲视图　　　C. 主控文档　　　D. 联机版式

（9）在 Word 2016 中，不能选取整个文档的操作是（　　　）。

  A. 选择"编辑"菜单中的"全选"命令

  B. 按【Ctrl】+【A】组合键

  C. 在文档任意处双击

  D. 将光标定位在文档的开头处，然后在文档结尾按住【Shift】键单击

（10）当前插入点在表格中某行的最后一个单元格外，按【Enter】键后，可以使（　　　）。

  A. 插入点所在行加高　　　　　　B. 插入点所在的列加宽

  C. 插入点下一行增加一行　　　　D. 对表格不起作用

（11）在 Word 表格中，若输入的内容超过了单元格的宽度，那么（　　　）。

  A. 多余的文字将被视为无效

  B. 多余的文字将被放在下一个单元格中

  C. 单元格自动换行，增加高度，以保证文字的输入

  D. 表格自动增加宽度，以保证文字的输入

（12）Word 文档的编辑限制包括（　　　）。

    A. 格式设置　　　　B. 编辑限制　　　　C. 权限保护　　　　D. 以上都是

（13）在 Word 2016 中，要改变文档中整个段落的字体，必须（　　　）。

    A. 把光标移到该段落段首，然后选择"格式"选项卡中的"字体"命令

    B. 选定对应段落，再选择"开始"选项卡"段落"组中的"段落设置"命令

    C. 选定对应段落，再选择"开始"选项卡"字体"组中的"字体设置"命令

    D. 选定对应段落，单击鼠标右键，在弹出的快捷菜单中选择"段落"命令

（14）以下关于 Word 2016 表格的行高的说法，正确的是（　　　）。

    A. 行高不能修改

    B. 行高只能用鼠标拖曳来调整

    C. 行高只能用菜单命令来设置

    D. 行高既可以通过鼠标拖曳来调整，也可以用菜单项来设置

（15）在 Word 2016 中，对图片的环绕文字方式设置，不能用（　　　）。

    A. 嵌入型　　　　B. 滚动型　　　　C. 四周型　　　　D. 紧密型环绕

（16）设定打印纸张大小时，应当使用的命令是（　　　）。

    A. "文件"菜单中的"打印预览"相关命令

    B. "文件"菜单中的"页面设置"相关命令

    C. "设计"选项卡中的"工具栏"相关命令

    D. "布局"选项卡中的"页面设置"相关命令

（17）若使用"分布行"命令，则（　　　）。

    A. 表格行高调整为原有行高中的最大值

    B. 表格行高调整为原有行高中的最小值

    C. 表格行高调整为原有行高中的预设值

    D. 表格行高调整为原有行高高度总和的平均数

（18）以下关于 Word 2016 中的字号定义与实际字大小的比较，正确的是（　　　）。

    A. 五号>四号，13 磅>12 磅　　　　　　B. 五号<四号，13 磅<12 磅

    C. 五号<四号，13 磅>12 磅　　　　　　D. 五号>四号，13 磅<12 磅

（19）关于 Word 2016 中图片的使用，以下说法错误的是（　　　）。

    A. 图片可以进行大小调整，也可以进行裁剪

    B. 插入图片可以嵌入文字中间，也可以浮于文字上方

    C. 图片可以插入文档中已有的图文框中，也可以插入文档中的其他位置

    D. 只能使用 Word 2016 本身提供的图片，而不能使用从其他图形软件中转换过来的图片

（20）在 Word 2016 中，编辑英文文本时经常会出现红色下画波浪线，这表示（　　　）。

    A. 语法错误　　　　B. 单词拼写错误　　　　C. 格式错误　　　　D. 逻辑错误

（21）Word 2016 不包括的功能是（　　　）。

    A. 编辑　　　　B. 排版　　　　C. 打印　　　　D. 编译

（22）在 Word 2016 中，用鼠标拖曳选择矩形文字块的方法是（　　　）。

    A. 按住【Ctrl】键拖曳鼠标　　　　　　B. 按住【Shift】键拖曳鼠标

    C. 按住【Alt】键拖曳鼠标　　　　　　D. 同时按住【Ctrl】和【Shift】键拖曳鼠标

（23）在 Word 2016 中，以下关于艺术字的说法正确的是（　　）。

  A．用鼠标右键单击编辑区，在弹出的快捷菜单中选择"艺术字"命令可以完成艺术字的插入

  B．已插入文本区中的艺术字不可以再更改文字内容

  C．艺术字可以像图片一样设置其与文字的环绕关系

  D．在"艺术字"对话框中设置的线条色是指艺术字四周矩形方框的颜色

（24）关于 Word 2016 的页码设置，以下表述错误的是（　　）。

  A．页码可以被插入页眉、页脚区域

  B．页码可以被插入左右页边距

  C．如果希望首页和其他页的页码不同，必须勾选"首页不同"复选框

  D．可以自定义页码并添加到构建基块管理器的页码库中

（25）若文档被分为多个节，并在页眉和页脚工具"设计"选项卡中将页眉和页脚设置为奇偶页不同，则以下关于页眉和页脚的说法正确的是（　　）。

  A．文档中所有奇偶页的页眉必然都不相同

  B．文档中所有奇偶页的页眉可以相同

  C．每个节中的奇数页页眉和偶数页页眉必然不相同

  D．每个节中的奇数页页眉和偶数页页眉可以不相同

二、操作题

打开"辉煌中国素材"文档，进行以下操作。操作完成后，保存文档，并关闭 Word。

（1）设置文档左、右页边距为 2 厘米。

（2）设置文章标题"辉煌中国"的字体为"微软雅黑"、字号为"一号"、字形为"加粗"，字体颜色设置为"蓝色，个性 1，深色 50%"。

（3）插入直线，设置直线的形状轮廓为"蓝色，个性 1，深色 25%"，粗细为 2.25 磅。

（4）设置正文所有段落文字字体为"微软雅黑"、字号为"小四"，行距设置为"单倍行距"，首行缩进两个字符。

（5）插入图片"中国天眼"，设置环绕文字方式为"紧密型环绕"，设置图片样式为"简单框架 白色"。将图片放置在合适位置。

（6）插入文本框，在文本框内输入"中国天眼"，设置字体颜色为深蓝色，设置文本框的"形状填充"为"纹理"，打开其他纹理，选择"图案填充"，选择合适的颜色，以不遮挡文字为宜。

（7）将第一段的重点内容设置为加粗，或者设置为红色，或者为其加双下画线等，以突出显示。

（8）复制"中国天眼"文本框，更改文字为"中国科技"，将第二段设置为分两栏显示，为最后 3 行设置项目符号为"红色五角星"。

（9）选中要转换为表格的文字，将文本转换为表格，并为表格设置合适的样式。

（10）选中最后一段，为段落设置合适的边框和底纹样式。

【价值引领】

- 激励学生树立良好的学习态度，不断进取，实践创新。
- 通过实践操作案例，培养学生的社会责任感。
- 通过图文混排案例，培养学生坚持涵养爱国之情，砥砺强国之志，实践爱国之行。
- 提高学生的职业技能、职业思想、创新意识。

04 第4章 使用Excel 2016制作电子表格

【学习目标】

- 了解 Excel 2016 的基本功能及界面组成。
- 掌握工作簿、工作表及单元格的基本操作方法。
- 熟练掌握公式和函数的使用方法。
- 掌握 Excel 2016 工作表的格式化操作方法。
- 熟练掌握图表的应用方法。
- 熟练掌握数据的排序、筛选、分类汇总以及数据透视表的使用方法。
- 掌握 Excel 工作表的保护及输出方法。

【引例】制作员工工资表

小王是公司财务部的一名员工工资绩效考核专员，员工工资的发放是公司财务工作的重要组成部分。员工工资表涉及的内容较多，不仅包括多项金额，还要计算员工需要缴纳的个人所得税等，最令小王烦心的莫过于制作的员工工资条了。公司有上千人，不同的岗位对应不同的绩效考核标准，逐条进行记录、粘贴，工作量很大。而在快速学习并掌握 Excel 中公式和函数的使用方法及 Excel 强大的数据处理功能后，小王的工作效率得到了明显提高，他再也不用为每个月的员工工资表发愁了。

4.1 Excel 2016 使用基础

Microsoft Excel 是微软公司办公软件 Microsoft Office 的组件之一，是由微软公司为 Windows 和 Apple Macintosh 操作系统的计算机而编写的一款软件。Excel 是微软办公套装软件的一个重要组成部分，它可以进行各种数据的处理、统计分析和辅助决策操作，被广泛地应用于管理、统计财经、金融等众多领域。

4.1.1 Excel 2016 的启动和退出

1. Excel 2016 的启动

在 Windows 10 下，可用以下途径启动 Excel 2016。

（1）选择"开始"→"所有程序"→"Microsoft office"→"Microsoft Excel 2016"命令，即可启动 Excel 2016。

（2）通过已经建立的工作簿文档启动 Excel：通过文件资源管理器或计算机窗口找到所需要的 Excel 文档，双击文档图标，Excel 就会启动并且打开相应的文件。

（3）使用"新建 Office 文档"命令。用鼠标右键单击"桌面"空白处，在弹出的快捷菜单中选择"新建"→"Microsoft Excel 工作表"命令，会创建一个名为"新建 Microsoft Excel 工作表.xlsx"的 Excel 文档，双击文档图标即可启动 Excel 2016。

2. Excel 2016 的退出

完成工作表的处理后，要退出 Excel，可以使用以下方法。

（1）按【Alt】+【F4】组合键。

（2）单击标题栏右上角的"关闭"按钮 ⊠ 。

4.1.2 认识 Excel 2016 的工作界面

Excel 2016 具有强大的运算与分析能力。从 Excel 2007 开始，改进后的功能区使操作更直观、更快捷。Excel 2016 可以使用比以往更多的方法分析、管理和共享信息，从而帮助用户做出更好、更明智的决策。全新的分析和可视化工具可跟踪和突出显示重要的数据趋势，可以在移动办公时从绝大多数的 Web 浏览器或 Smartphone 中访问重要数据，甚至可以将文件上传到网站并与其他人同时在线协作。无论是要生成财务报表还是管理个人支出，使用 Excel 2016 都能够更高效、更灵活地实现目标。

Excel 2016 的工作界面与 Office 2016 其他组件的操作界面大致相似，由快速访问工具栏、标题栏、功能区、编辑栏、工作表编辑区等部分组成，如图 4-1 所示。下面主要介绍 Excel 2016 特有的几个部分。

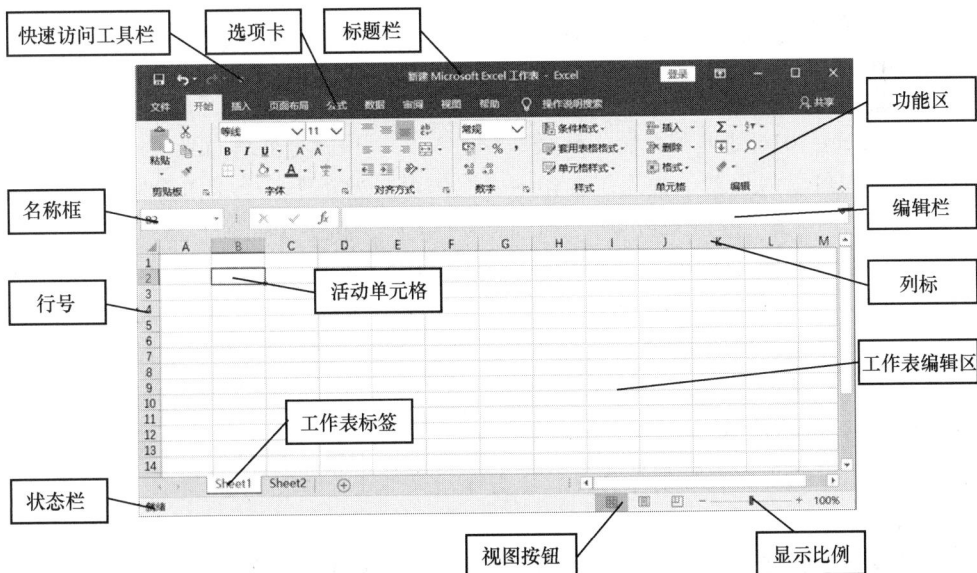

图 4-1 Excel2016 工作界面

1. 行号与列标

为了方便标识表格中的单元格，Excel 2016 使用了"列标+行号"的形式来标识单元格在表格中的具体位置，Excel 用英文字母作列标，用数字作行号。例如，C5 表示单元格位于表格中的第 C 列第 5 行。

2. 名称框

名称框用来显示活动单元格的地址或函数名称，或者用于定位单元格。例如，在名称框中输入"D6"后，按【Enter】键将直接定位并选择 D6 单元格。

3. 工作表标签

工作表标签用来显示工作表的名称，Excel 2016 默认只包含一张工作表，单击"新工作表"按钮⊕，将新建一张工作表。当工作簿中包含多张工作表时，可单击任意一个工作表标签进行工作表之间的切换操作。

4. 编辑栏

在 Excel 2016 中，可以直接向选定的单元格输入内容，也可以通过编辑栏来输入。当单元格中输入的是普通数据时（例如数值、文本等），单元格的内容和编辑栏的内容是一致的；当输入的内容是公式或函数时，单元格中显示的是计算结果，而编辑栏中显示的是原始的公式或函数，编辑栏中的"取消"按钮✕和"输入"按钮✔也将显示出来。

（1）"取消"按钮✕：单击该按钮表示取消输入的内容。

（2）"输入"按钮✔：单击该按钮表示确定并完成输入。

（3）"插入函数"按钮 fx：单击该按钮，可以快速打开"插入函数"对话框，在其中可以选择相应的函数插入单元格中。

例如，图 4-2 所示的 C2 单元格中显示的是最终结果"780"，而编辑栏显示的是该结果对应的公式。

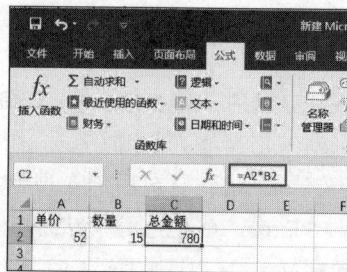

图 4-2　编辑栏示例

4.1.3　认识工作簿、工作表和单元格

1. 工作簿

工作簿是 Excel 2016 处理和存储工作表数据的文件，也就是通常意义上的 Excel 文件。在一个工作簿文件内可以包含若干张工作表和图表工作表。当新建一个工作簿时，Excel 2016 默认只有一张工作表。在早期的 Excel 中，一个工作簿中工作表最多不超过 255 张，从 Excel 2007 开始，工作表的数量仅受计算机的可用物理内存限制。系统约定这些工作表分别以 Sheet1、Sheet2、Sheet3……来命名，一般情况下，用户要根据工作表中的内容来命名工作表，例如工资表、学生档案表、成绩表等。

启动 Excel 2016 后，系统会自动建立名为"工作簿 1.xlsx"的工作簿文件。当用户存储文件时，可将其改为用户自定义文件名。工作簿文件的扩展名为".xlsx"。工作簿文件是存放数据的文件。用户所建立的工作表等信息将存放在工作簿文件中。

2. 工作表

工作表是存储和处理数据的二维表格，是 Excel 中最基本的工作单位。工作表由行和列组成，用户在工作表中完成数据的录入、处理、存储和分析等操作。工作表中也可以存放图表。每一张工作表由 16384 列、1048576 行构成，列号用字母编号 A～Z, AA～AZ, BA～BZ, ……, AAA～AAZ, 最后一列是 XFD; 行编号用从 1 到 1048576 的数字表示。

当用户打开一个工作簿时，只能对其中一张工作表进行编辑处理。被编辑的工作表称为当前工作表，单击工作表标签（如 Sheet1、Sheet2）可完成当前工作表的切换。

3. 单元格

每张工作表是由多个长方形的"存储单元"构成的。这些长方形的"存储单元"被称为"单元格"，Excel 中是最小的存储单位。用户输入的任何数据都将保存在这些"单元格"中。这些数据可以是一个字符串、一组数字、一个公式或者一个图形等。单元格是最基本的数据处理单元，不可再分。

4. 单元格命名

每个单元格都有其固定的地址，例如，"C3"就代表了"C"列第三行的单元格。同样，一个地址也唯一地标识一个单元格，例如，"A4"指的是"A"列与第四行交叉位置上的单元格。在 Excel 2016 中，每一张工作表由 1048576×16384 个单元格构成。由于一个工作簿文件可能会包含多张工作表，所以，为了区分不同工作表的单元格，有时要在单元格地址前面增加工作表名称。例如，"Sheet3!D2"就代表"Sheet3"工作表中的"D2"单元格。

活动单元格是指当前正在使用的单元格，其外围有一个黑色的方框，输入的数据、公式或函数值会被保存在该单元格中。

4.1.4　工作簿及其操作

在使用 Excel 编辑和处理数据之前，应该新建工作簿，在工作簿中处理完数据后，需要保存工作簿，对工作簿的管理是指对 Excel 文档的整体操作都在"文件"选项卡中进行，包括新建、打开、保存、另存为、打印、关闭等操作。

1. 建立新的工作簿

建立新工作簿的动作，通常可与启动 Excel 2016 一并完成，因为启动 Excel 2016 时，就会顺带打开一个空白的工作簿，如图 4-3 所示。

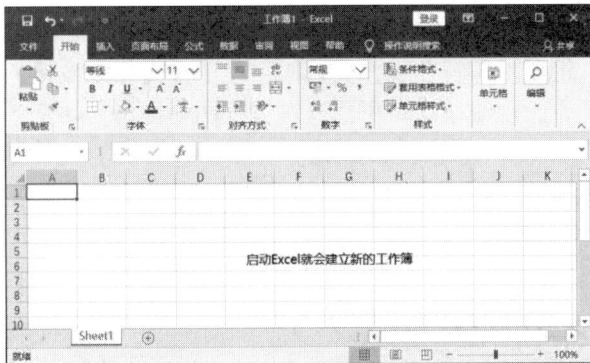

图 4-3　新建工作簿

用户也可以单击"文件"选项卡，选择"新建"命令来建立新的工作簿。Excel 会依次以"工作簿 1""工作簿 2"……来为新工作簿命名，要重新替工作簿命名，可在存储文件时进行。

2. 打开工作簿文件

在 Excel 2016 中，打开一个工作簿文件有三种方法：一是利用"文件"选项卡中的"打开"选项打开一个已经存在的工作簿文件；二是在文件资源管理器窗口中，双击已经存在的 Excel 工作簿文件；三是切换到"文件"选项卡，选择"开始"→"最近"选项，在弹出的列表中选择需要打开的工作簿文件。

3. 保存工作簿

完成对一个工作簿文件的建立、编辑或修改后，需要将文件保存起来。可以使用三种方法保存工作簿文件：一是在工作进行中随时单击快速访问工具栏中的"保存"按钮保存当前的工作簿；二是通过"文件"选项卡中的"保存"或"另存为"命令；三是直接按【Ctrl】+【S】组合键。

保存工作簿文件的操作步骤如下。

（1）切换到"文件"选项卡，选择"保存"命令。如果对应文件为一个新文件，Excel 会自动切换到图 4-4 所示的"另存为"页面。如果文件已经被保存过，则不会切换到"另存为"页面，同时也不必执行下述操作。

（2）选择好保存路径后在弹出对话框的"文件名"文本框中，输入一个新的名字替代原文件名，单击"保存"按钮即可保存当前的工作簿。

图 4-4 "另存为"对话框

如果改变文件名或更改位置保存，则新文件保存现有状态数据，而原有文件保留的则是最后一次保存的内容。

如果需要将工作簿保存到其他的驱动器或者其他目录下，可选择其他的路径保存。可在"保存类型"下拉列表框中选择所需的文件类型。

4. 工作簿的多样化视图

（1）视图方式的选择。Excel 2016 的多视图模式包含普通、页面布局、分页预览等模式。普通视图用于数据的输入、编辑、分析和管理操作。页面布局通常用于在打印时对页面进行页眉、页脚设置。分页预览为用户提供多个页面来浏览工作表的整体效果。启动 Excel 2016 后默认为普通视图模式，切换工作表视图模式的方法如下。

① 切换到"视图"选项卡，在"工作簿视图"组中单击相应按钮，可切换工作表视图。

② 单击状态栏右下方的视图按钮，可快速进行视图切换。

（2）显示方式的设置。在"视图"选项卡的"显示"组中可以设置工作表的直尺、编辑栏、网格线和行列标题等。只有页面布局视图可以设置直尺。

在"视图"选项卡的"缩放"组中可以设置工作表"工作区域"和行、列标题文字的显示比例，如图 4-5 所示。

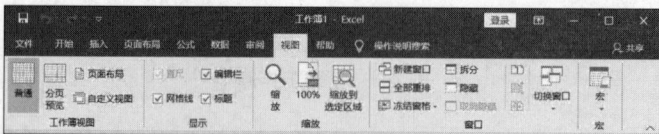

图 4-5 工作簿"视图"选项卡

5. 保护工作簿（设置密码）

设置密码的操作过程如下。

（1）打开"另存为"对话框。

（2）在"工具"下拉列表中选择"常规选项"选项，弹出"常规选项"对话框，如图 4-6 所示。

保护工作簿

（3）在"打开权限密码"和"修改权限密码"文本框中输入密码。

> **注意**　密码区分大小写。设置打开权限密码表示不允许其他用户任意打开工作簿文件，设置修改权限密码表示允许其他用户打开工作簿，但不允许其修改信息。

（4）输入完密码，单击"确定"按钮后，弹出"确认密码"对话框，在"重新输入密码"文本框中输入设定的密码后，单击"确定"按钮，完成设置密码操作，如图 4-7 所示。

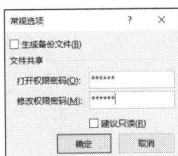

图 4-6　"常规选项"对话框　　　　图 4-7　"确认密码"对话框

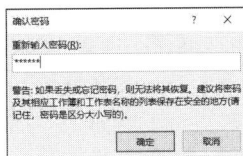

另外，在打开的工作表中，切换到"文件"选项卡，选择"信息"命令，然后选择"保护工作簿"选项。在保护工作簿选项中能从以下几个方面设置工作表的保护方式。

① 始终以只读方式打开。工作簿将被设为只读，打开时，Excel 将会询问读者是否加入编辑，防止意外的更改。

② 用密码进行加密。如果选择"用密码进行加密"选项，将弹出"加密文档"对话框。在该对话框的"密码"文本框中输入密码，并进行二次确认密码。

> **注意**　Excel 不能取回丢失或忘记的密码，因此应将密码和相应文件名的列表存放在安全的地方。

③ 保护当前工作表。使用"保护当前工作表"功能，可以选择密码保护，允许或禁止其他用户选择、设置、插入、排序或编辑工作表区域。

④ 保护工作簿结构。使用"保护工作簿结构"功能，可以选择密码保护，并且选择用于阻止用户更改、移动和删除重要数据的选项。

⑤ 标记为最终。将工作表标记为最终状态后，将禁用或关闭输入、编辑命令和校对标记，且工作表将变为只读。"标记为最终"命令有助于让其他人了解到用户正在共享工作表的已完成版本。该命令还可防止审阅者或读者无意中更改工作表。

⑥ 限制访问。授予不同用户特定的访问权限，同时限制其编辑、复制和打印权限。

4.1.5　工作表及其操作

工作表是 Excel 存储和处理数据的重要部分，其中包含排列成行和列的单元格。它是工作簿的一部分，也称电子表格。使用工作表可以对数据进行组织和分析，在编辑工作表的过程中，还需要对工作表进行选择、插入、删除、移动、复制、重命名、隐藏或显示等操作。

1. 选择工作表

在工作表中处理数据时，首先需要选择工作表。在 Excel 2016 中，选择工作表的操作包括 4 种情况，分别是选择一张工作表、选择连续的多张工作表、选择不连续的多张工作表和选择全部工作表，具体操作如下。

（1）选择一张工作表。将鼠标指针移动到需要选择的工作表标签上，单击即可选择对应工作表，被选择的工作表呈白底显示。

（2）选择连续的多张工作表。选择第一张工作表后，按住【Shift】键，再选择连续多张工作表的最后一张工作表即可选中这两张工作表之间的所有工作表。

（3）选择不连续的多张工作表。选择第一张工作表，按住【Ctrl】键，再选择其他工作表即可选择不连续的多张工作表（单击没有选择的工作表标签可以退出工作组状态）。

（4）选择全部工作表。在任意工作表标签上单击鼠标右键，在弹出的快捷菜单中选择"选定全部工作表"命令可选择工作表标签组中的所有工作表。

2．插入工作表

默认情况下，Excel 2016 的工作簿中只包含了一张工作表。当现有工作表不能满足用户的需要时，用户可以插入一张或者多张工作表，具体操作如下。

（1）单击"新工作表"按钮。单击状态栏中的"新工作表"按钮，如图 4-8 所示，插入的新工作表，将自动被命名为"Sheet2"。

（2）通过菜单命令插入。单击"开始"选项卡"单元格"组中的"插入"下拉按钮，在弹出的下拉菜单中选择"插入工作表"命令即可在当前选中的工作表左侧插入空白工作表，如图 4-9 所示。

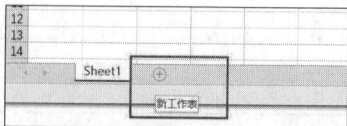

图 4-8 "新工作表"按钮

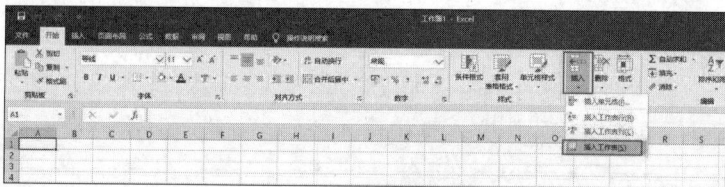

图 4-9 通过菜单命令插入工作表

（3）通过快捷菜单插入。选择任意工作表并单击鼠标右键，在弹出的快捷菜单中选择"插入"命令，在打开的"插入"对话框中选择"工作表"选项，单击"确定"按钮即可在选中的工作表左侧插入一张空白工作表。

3．删除工作表

当工作簿中有一张或多张作废或过期的工作表不再使用时，用户可以将其从工作簿中删除。删除工作表的具体操作如下。

（1）通过菜单命令删除。选择需要删除的工作表对应的工作表标签，在"开始"选项卡"单元格"组中单击"删除"下拉按钮，在弹出的下拉菜单中选择"删除工作表"命令即可将选中的工作表删除，如图 4-10 所示。

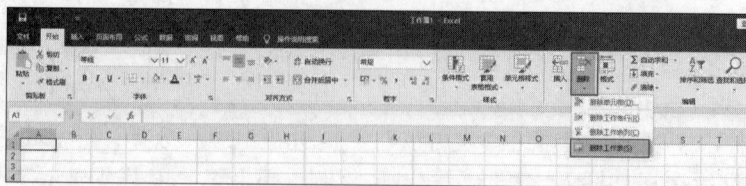

图 4-10 通过菜单命令删除工作表

（2）通过快捷菜单删除。在需要删除的工作表对应的工作表标签上单击鼠标右键，在弹出的快捷菜单中选择"删除"命令即可将工作表删除。

4．移动和复制工作表

为了提高工作效率，对于结构完全相同的工作表的制作，可以使用系统提供的移动和复制工作表功能来完成。

（1）移动工作表。移动工作表就是将指定的工作表从一个地方移动到另一个地方。同一个工作簿中工作表的移动，实质相当于将工作表的位置进行改变。对于不同工作簿中的工作表，在进行移动操作后，源工作簿中的指定工作表被移动到目标工作簿，且源工作簿中不再存在该工作表。

无论是在同一个工作簿还是不同工作簿中，移动工作表的操作始终如下。

① 通过菜单命令移动。选择目标工作表，在"开始"选项卡下的"单元格"组中单击"格式"下拉按钮，在弹出的下拉菜单中选择"移动或复制工作表"命令，在打开的"移动或复制工作表"对话框中直接单击"确定"按钮完成移动操作。

② 通过快捷菜单移动。在工作表标签上单击鼠标右键，在弹出的快捷菜单中选择"移动或复制工作表"命令。在打开的"移动或复制工作表"对话框中，直接单击"确定"按钮即可完成移动操作。

③ 利用鼠标移动。选择工作表后按住鼠标左键，拖曳鼠标到目标位置时，释放鼠标左键完成移动操作。

（2）复制工作表。复制工作表就是将指定的工作表从一个地方复制到另一个地方，并在目标位置建立副本，无论是在源工作簿中还是目标工作簿中，指定复制的工作表仍然存在。复制工作表的具体操作如下。

① 通过菜单命令复制。选择目标工作表，在"开始"选项卡"单元格"组中单击"格式"下拉按钮，在弹出的下拉菜单中选择"移动或复制工作表"命令，在打开的"移动或复制工作表"对话框中勾选"建立副本"复选框，如图 4-11 所示，单击"确定"按钮完成复制操作。

② 通过快捷菜单复制。在工作表标签上单击鼠标右键，在弹出的快捷菜单中选择"移动或复制工作表"命令。在打开的"移动或复制工作表"对话框中，勾选"建立副本"复选框，单击"确定"按钮完成复制操作。

③ 利用鼠标复制。选择工作表后按住鼠标左键，同时按住【Ctrl】键拖曳鼠标指针到目标位置后，释放鼠标左键可快速在同一个工作簿中复制工作表。

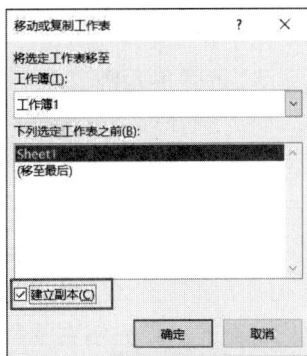

5. 重命名工作表

为了方便记忆和有效管理，在实际使用过程中，可以将工作表按照分类或用途来命名。重命名工作表的具体操作方法如下。

图 4-11　勾选"建立副本"复选框

（1）通过菜单命令重命名。选择目标工作表，在"开始"选项卡的"单元格"组中单击"格式"下拉按钮，在弹出的下拉菜单中选择"重命名工作表"命令，工作表名称进入可编辑状态，输入新工作表名称，按【Enter】键或单击工作表编辑区任意位置即可。

（2）通过快捷菜单重命名。在需要重命名的工作表上单击鼠标右键，在弹出的快捷菜单中选择"重命名"命令将工作表名称变为可编辑状态，输入新名称后按【Enter】键或单击工作表编辑区任意位置即可。

（3）通过鼠标重命名。直接双击需要重命名的工作表标签名称，工作表标签变成可编辑状态，输入新名称后按【Enter】键或单击工作表编辑区任意位置即可。

6. 隐藏或显示工作表

如果为了显示简洁或保护重要数据，防止工作表中的数据泄露，用户可以隐藏工作表，到需要编辑时再显示出来。

（1）通过菜单命令隐藏或显示工作表。选择目标工作表，在"开始"选项卡的"单元格"组中单击"格式"下拉按钮，在弹出的下拉菜单中选择"隐藏和取消隐藏"→"隐藏工作表"命令即可隐藏目标工作表。在"开始"选项卡的"单元格"组中单击"格式"下拉按钮，在弹出的下拉菜单中选择"隐藏和取消隐藏"→"取消隐藏工作表"命令，弹出"取消隐藏"对话框，如图 4-12 所示，在"取消隐藏工作表"列表框中选择要显示的工作表，单击"确定"按钮即可将隐藏的工作表重新显示出来。

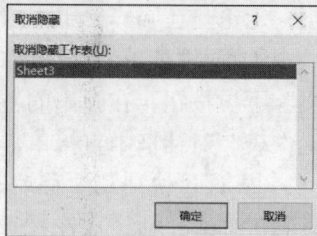

（2）通过快捷菜单隐藏或显示工作表。用鼠标右键单击要隐藏的工作表标签，在弹出的快捷菜单中选择"隐藏"命令即可。用鼠标右键单击任意一个工作表标签，在弹出的快捷菜单中选择

图 4-12 "取消隐藏"对话框

"取消隐藏"命令，打开"取消隐藏"对话框，选择要重新显示的工作表，单击"确定"按钮即可将隐藏的工作表重新显示出来。

4.1.6 单元格及其操作

单元格是 Excel 存储数据的最小单元，大量数据都存储在单元格中，许多操作也是针对单元格来进行的，因此熟练掌握单元格操作是使用 Excel 的重要基础。

在 Excel 中用列标和行号来标识单元格的地址，如第 5 行第 B 列的单元格地址为 B5。连续的单元格区域则使用冒号来表示，如第 1 行第 B 列单元格和第 5 行第 F 列单元格之间的单元格表示为"B1:F5"。

1. 选择单元格

（1）选择单个单元格。将鼠标指针移动到目标单元格上，待鼠标指针变为十字形状时单击即可。被选择的单元格为黑边框，并且单元格对应的行号和列标也以深灰色突出显示。

（2）选择不连续的单元格。选择一个单元格或区域，按住【Ctrl】键，再选择其他单元格或者单元格区域可选择不连续的单元格或单元格区域。

（3）选择连续的多个单元格。在连续单元格区域左上角的单元格上按住鼠标左键，拖曳鼠标指针至连续单元格右下角的单元格位置上；或者选择左上角的单元格后，按住【Shift】键，再选择单元格区域右下角的单元格。

（4）选择整行单元格。将鼠标指针移动到需要选择的整行单元格的行号上，当鼠标指针变为➡形状时单击即可。

（5）选择整列单元格。将鼠标指针移动到需要选择的整列单元格的列标上，当鼠标指针变为⬇形状时单击即可。

（6）选择全部单元格。单击行号和列标交叉处位置的标记，或者直接按【Ctrl】+【A】组合键可以选择工作表中的全部单元格。

2. 插入与删除单元格

在编辑工作表的过程中，有时候需要在已有工作表的中间某位置添加数据。此时，就需要在对应位置插入单元格，再输入数据。对于多余的、不需要的单元格，用户可以将其删除。

（1）插入单元格。插入单元格通常有以下两种方法。

① 通过快捷菜单插入。选择目标单元格并单击鼠标右键，在弹出的快捷菜单中选择"插入"

命令，在打开的"插入"对话框中设置单元格的位置，如图 4-13 所示，单击"确定"按钮即可插入单元格。

② 通过菜单命令插入。选择目标单元格，在"开始"选项卡的"单元格"组中单击"插入"下拉按钮，在弹出的下拉菜单中选择"插入单元格"命令，如图 4-14 所示。在打开的"插入"对话框中设置插入单元格的位置，单击"确定"按钮即可插入单元格。

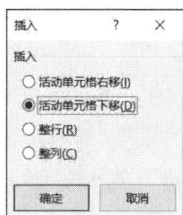

图 4-13 "插入"对话框　　　　　　　　　图 4-14 "插入单元格"命令

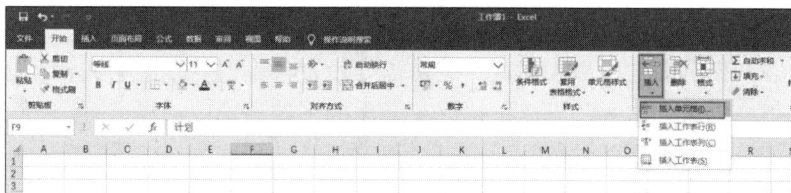

（2）删除单元格。删除单元格通常有以下两种方法。

① 通过快捷菜单删除。选择目标单元格并单击鼠标右键，在弹出的快捷菜单中选择"删除"命令，在打开的"删除"对话框中设置单元格的删除方式，如图 4-15 所示，单击"确定"按钮即可删除单元格。

② 通过菜单命令删除。选择目标单元格，在"开始"选项卡的"单元格"组中单击"删除"下拉按钮，在弹出的下拉菜单中选择"删除单元格"命令，在打开的"删除"对话框中设置单元格的删除方式，单击"确定"按钮即可删除单元格。

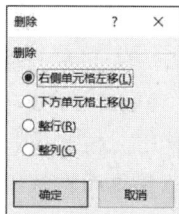

图 4-15 "删除"对话框

3. 合并与拆分单元格

在设计表格布局的过程中，为了满足表格布局的需要，可以将多个单元格合并为一个单元格，如果不需要将其合并，可以使用拆分单元格功能将其拆分。

在 Excel 2016 中，合并单元格和拆分单元格是一个互逆的过程。选中需要合并的单元格，在"开始"选项卡"对齐方式"组中单击"合并后居中"按钮即可将所选单元格合并为一个单元格。

当单元格被合并后，只需再次单击"合并后居中"按钮或者选择"取消单元格合并"命令即可拆分单元格。

4. 清除单元格中的内容

删除单元格后其他单元格会移动来补充删除单元格的位置，如果只是想清除单元格中的内容，有以下 3 种方法。

（1）通过快捷菜单清除。用鼠标右键单击要清除内容的单元格，在弹出的快捷菜单中选择"清除内容"命令，单元格中的内容被清除了，而单元格依然存在。

（2）通过快捷键清除。选中单元格后按【Delete】键，可以清除所选单元格中的内容。

（3）通过菜单命令清除。在"开始"选项卡中单击"编辑"组中的"清除"下拉按钮，在下拉菜单中选择"清除内容"命令，即可清除所选单元格中的内容。

5. 调整单元格的行高与列宽

在向单元格输入文字或数据时，常常会出现单元格中的文字只显示一半或显示一串"#"符号的情况，而在公式编辑栏中却能看见对应的单元格数据，其原因在于单元格的高度或宽度不够，不能正确显示这些字符。因此，需要对单元格的行高和列宽进行适当的调整。具体操作方法如下。

（1）通过拖曳鼠标调整。将鼠标指针移动到需要调整单元格所在的行号（列标）上，当鼠标指针变为 ‡ 形状（或 ╂ 形状）时，按住鼠标左键进行拖曳即可调整单元格的行高（或列宽）。

（2）通过自动调整功能调整。选择需要自动调整行高或列宽的单元格，在"开始"选项卡的"单元格"组中单击"格式"下拉按钮，在弹出的下拉菜单中选择"自动调整行高"或"自动调整列宽"命令即可。

（3）设置固定行高和列宽。单击需要设置行高或列宽的单元格，在"开始"选项卡"单元格"组中单击"格式"下拉按钮，在弹出的下拉菜单中选择"行高"（或"列宽"）命令，弹出"行高"（或"列宽"）对话框，在"行高"（或"列宽"）文本框中输入行高值（或列宽值），然后单击"确定"按钮即可。

4.1.7 数据的输入与编辑

输入数据是制作表格的基础，Excel 2016 支持各种类型数据的输入，包括文本、数字、日期及特殊符号等类型的数据。

1. 数据的输入

（1）文本的输入

Excel 2016 中的文本型数据往往用于说明 Excel 工作表中数值的含义，一般包括汉字、英文字母、拼音符号等，可以直接在单元格中输入，也可以通过编辑栏输入，输入的文本型数据在单元格中自动以左对齐方式显示，具体操作方法如下。

① 直接在单元格中输入。选中需要输入文本的单元格，直接输入文本即可，按【Enter】键可跳到下方单元格继续输入内容，按【Tab】键则可跳到右侧单元格继续输入内容。

② 通过编辑栏输入。选择需要输入数据的单元格，单击编辑栏将文本插入点定位到编辑栏，输入数据后按【Enter】键即可。

若需要将纯数字作为文本型数据输入，可以在数字的前面加上半角单引号，如图 4-16 所示，然后按【Enter】键；也可以先输入一个等号，然后在数字前后加上半角双引号，如图 4-17 所示。

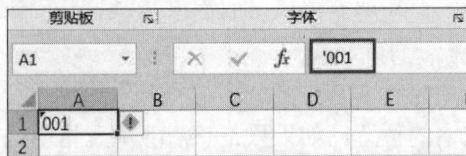

图 4-16　纯数字作为文本型数据输入——单引号形式　　图 4-17　纯数字作为文本型数据输入——双引号形式

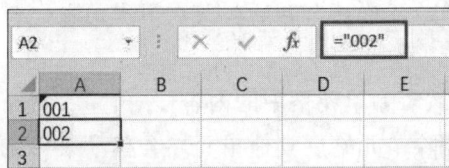

（2）数值的输入

数值是指能用来计算的数据。单元格中可以输入的数值型数据包括整数、小数、分数，以及用科学记数法表示的数。可以直接在单元格中输入，也可以通过编辑栏输入，输入的数值型数据在单元格中自动以右对齐方式显示，具体操作方法如下。

① 直接在单元格中输入。选中需要输入数值的单元格，直接输入数值即可，按【Enter】键可跳到下方单元格继续输入内容，按【Tab】键则可跳到右侧单元格继续输入内容。

② 通过编辑栏输入。选择需要输入数值的单元格，单击编辑栏将数值插入点定位到编辑栏，输入数据后按【Enter】键即可。

在输入分数时应注意，要先输入 0 和一个空格，再输入分数的形式。例如 3/4 的正确输入形式是——0 空格 3/4，然后按【Enter】键即可。

（3）日期和时间

在工作表中输入日期时，格式最好采用 YYYY-MM-DD 的形式，可以在年、月、日之间用"/"或"-"连接。例如，2022/5/18 或 2022-5-18。

如果要在单元格中同时输入日期和时间，应先输入日期，后输入时间，中间用空格隔开，时、分、秒之间用冒号分隔。例如，要输入 2022 年 5 月 18 日晚上 9 点 10 分，可以输入 2022-5-18 9:10PM 或 2022-5-18 21:10。

（4）输入特殊符号

输入数据时，有时还需要输入一些键盘上没有标出的符号，如☑、☉、×等。这时可以单击"插入"→"符号"按钮来完成，"符号"对话框如图 4-18 所示。

图 4-18　"符号"对话框

2. 自动填充数据

在 Excel 2016 中，对于相同数据或者有规律的数据，可以使用自动填充功能快速完成输入，大大提高工作效率。

（1）快速输入相同数据。如果需要在多个单元格中输入相同的内容，可以使用填充的方法来批量完成输入。首先在一个单元格中输入数据，然后将鼠标指针指向单元格右下角的黑色填充柄，按住鼠标右键向其他方向拖曳填充柄即可在经过的单元格中填入相同的内容，如图 4-19 所示。

除了手动拖曳填充柄填充数据外，还可以使用 Excel 2016 提供的填充功能。选择包含基准数据的一个单元格区域，然后单击"开始"选项卡"编辑"组中的"填充"下拉按钮，在弹出的下拉菜单中选择相应的命令即可完成填充操作。例如，图 4-20 所示为在填充菜单中选择"向下"命令，将选区 A1:A4 中单元格 A1 的数据填充到其下方的选区单元格中。

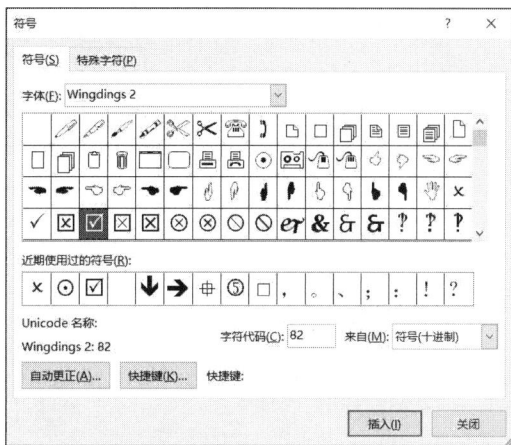

自动填充数据

图 4-19　快速输入相同数据

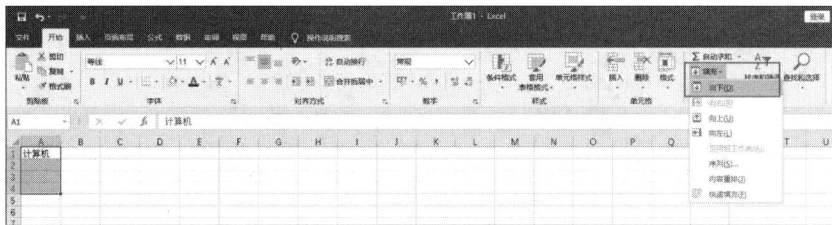

图 4-20　包含基准数据的待填充区域

（2）快速输入序列数据。对数值类型的数据来说，通常不需要重复的数据，而是需要以某种规律递增或递减的数据。例如，对于新入校的学生，每位学生都有唯一的学号，而且一个班级内的学号是连续的。对于类似这种序列数据的输入，可以使用 Excel 2016 的填充功能快速完成。在图 4-21 所示的 A1 单元格中输入第一个学生的学号"20210802001"，在按住【Ctrl】键的同时，向下拖曳单元格 A1 右下角的填充柄，直到满足需要为止。这样即可在需要的区域中填充连续的学号。

要实现图 4-21 所示示例中的填充效果，还可以使用下面的方法。

在 A1 和 A2 单元格中分别输入序列中的前两个数据"20210802001"和"20210802002"，同时选择单元格 A1 和 A2，然后拖曳单元格 A2 右下角的填充柄，直到满足需要为止。

（3）使用对话框快速输入数据。在实际工作中，有时候需要以任意增量来填充数字，为了实现多样化的填充效果，需要使用更加灵活的填充方法。这可通过"序列"对话框来实现。打开"序列"对话框的方法有以下两种。

① 单击"开始"选项卡"编辑"组中的"填充"下拉按钮，在弹出的下拉菜单中选择"序列"命令。

② 使用鼠标右键拖曳单元格右下角的填充柄，在拖曳的过程中释放鼠标右键，然后在弹出的菜单中选择"序列"命令。打开的"序列"对话框如图 4-22 所示。在该对话框中，用户可以根据填充的方向和增量进行灵活设置。

图 4-21　通过填充输入序列数据

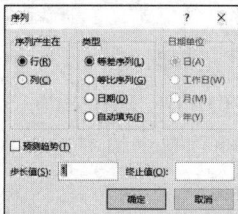

图 4-22　"序列"对话框

（4）设置自定义填充序列。Excel 2016 可以自动识别某些常用的数据序列，原因是这些数据序列内置于 Excel 2016 中。然而，有时候用户希望数据以自定义的特定顺序来排列，因此可以创建自定义序列。创建自定义序列的具体操作如下。

① 单击"文件"选项卡，在 Backstage 视图中选择"选项"命令，打开"Excel 选项"对话框。选择对话框左侧列表中的"高级"选项，在对话框右侧的列表框中，将滚动条拖曳到最下方，然后单击"编辑自定义列表"按钮，如图 4-23 所示。

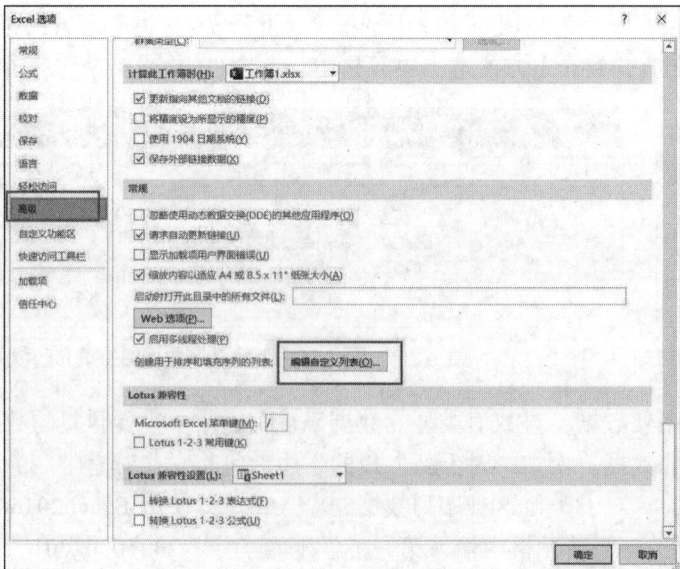

图 4-23　"Excel 选项"对话框

② 打开"自定义序列"对话框，在"自定义序列"列表框中选择"新序列"选项，然后在"输入序列"列表框中输入任意指定顺序的多项数据，每输入一个数据按一次【Enter】键，使所有数据纵向排列，如图 4-24 所示。

③ 单击"添加"按钮，将新输入的数据序列添加到左侧的列表框中，如图 4-25 所示。

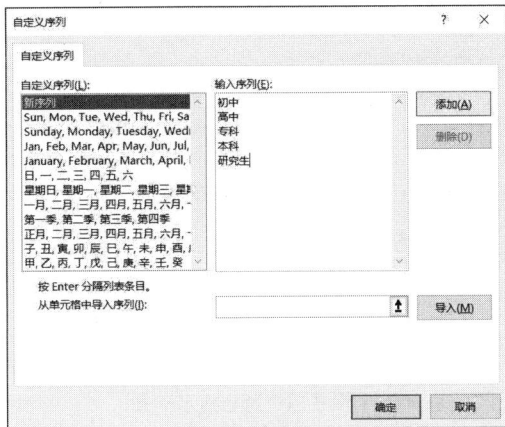

图 4-24　输入新的数据序列

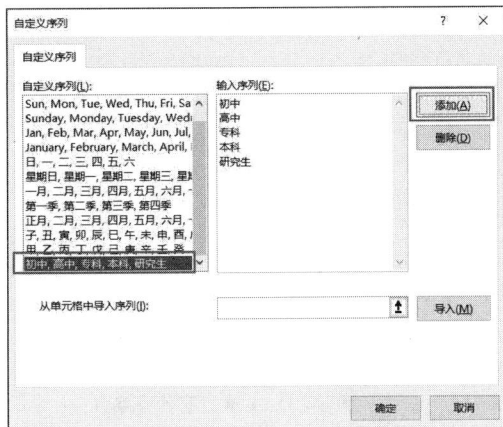

图 4-25　添加新的数据序列

④ 单击两次"确定"按钮，关闭打开的对话框。在单元格中输入新创建的数据序列的第一项后，就可以通过拖曳单元格的填充柄来自动输入数据序列的数据项了，如图 4-26 所示。

3. 设置数据验证

数据验证是 Excel 2016 中一个很实用的功能。它通常可以通过设置数据验证允许或禁止用户在指定区域中输入数据；或者，也可以提供给用户一个列表，让用户从列表中选择待输入的数据。

例如，教师在 Excel 表格中输入学生成绩时，为了降低输入的错误

图 4-26　在工作表中输入
自定义数据序列

率，可以在输入成绩的区域设置数据验证，例如只允许输入 0 到 100 之间的数字。如果教师在这个区域中输入了设置以外的内容，则会弹出警告信息，并禁止用户输入这些非法数据。

设置数据验证的示例操作如下。

（1）选择 A 列，然后单击"数据"选项卡"数据工具"组中的"数据验证"按钮，打开"数据验证"对话框。

（2）在对话框"设置"选项卡的"允许"下拉列表框中选择"整数"选项，在"数据"下拉列表框中选择"介于"选项，同时在"最小值"文本框中输入"0"，在"最大值"文本框中输入"100"，如图 4-27 所示。

（3）切换到"出错警告"选项卡，设置输入无效数据时显示出错警告，如图 4-28 所示。

（4）单击"确定"按钮，关闭"数据验证"对话框。此时，教师可以按照要求输入学生的成绩。若输入的数据不符合要求，则会出现图 4-29 所示的警告信息。此时，可以单击"重试"按钮修改数据，或者单击"取消"按钮取消本次数据输入并恢复到之前的数据。

在统计教师信息时，教师职称信息的输入有很多重复项且只允许选择自定义序列列表中的内容，此时我们可以利用数据有效性的设置，快速输入教师职称信息。单击"数据"选项卡"数

据工具"组中的"数据验证"按钮。在打开的"数据验证"对话框中，单击"设置"选项卡。在"允许"下拉列表框中，选择"序列"选项，在"来源"文本框中输入用 Microsoft Windows 列表分隔符（默认情况下使用逗号）分隔的列表值，如图 4-30 所示，单击"确定"按钮。

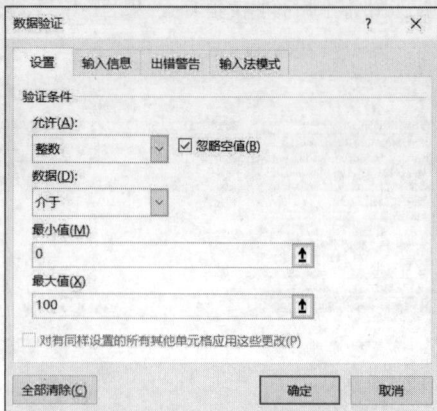

图 4-27　设置数据验证条件　　　　　　　图 4-28　设置出错警告提示形式

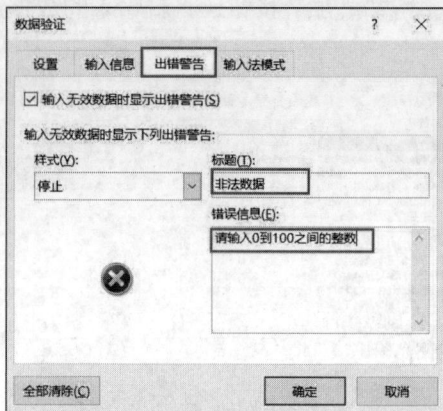

选中要输入职称信息的单元格，单击单元格右侧的下拉按钮，根据需要直接选择对应选项即可，如图 4-31 所示。

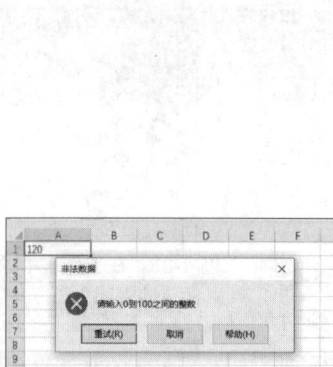

图 4-29　输入非法数据时弹出的警告信息　　图 4-30　设置允许输入数据序列　　图 4-31　输入指定序列数据

4. 修改数据

根据输入数据的方式不同，修改数据也分为在单元格中修改和在编辑栏中修改两种方式。错误数据的修改主要包括修改全部数据和修改部分数据，具体说明如下。

（1）修改全部数据：选择单元格后重新输入所需的数据即可。

（2）修改部分数据：选择单元格后，在单元格中或编辑栏中定位光标插入点，选择需要修改的部分数据，然后重新输入所需的数据即可。

5. 移动和复制数据

在 Excel 2016 中，移动和复制数据的操作与 Word 2016 中的操作相似，也可以通过"剪贴板"组、快捷键和利用鼠标的方式来实现。

（1）通过剪贴板移动（或复制）数据。选中要移动（或复制）的数据，单击"剪贴板"组中的"剪切"（或"复制"）按钮，选择目标单元格，在"粘贴"下拉菜单中选择"粘贴"命令。

（2）通过快捷键移动（或复制）数据。选中要移动（或复制）的数据，按【Ctrl】+【X】（或

【Ctrl】+【C】）组合键进行剪切（或复制），选择目标单元格，按【Ctrl】+【V】组合键粘贴数据即可。

（3）通过鼠标移动（或复制）数据。选中要移动（或复制）的数据单元格，按住鼠标左键拖曳鼠标指针到目标单元格，释放鼠标左键即可完成移动（或复制）数据。

6. 查找和替换数据

在 Excel 2016 中，系统提供了查找和替换功能，利用该功能用户可以快速查找指定的数据，并同时对指定的多个相同数据进行一次性修改。具体操作如下。

（1）在工作表中单击任意单元格。在"开始"选项卡的"编辑"组中，单击"查找和选择"下拉按钮，在弹出的下拉菜单中选择"查找"命令，弹出的"查找和替换"如图 4-32 所示。

（2）在"查找内容"组合框中，输入要搜索的文本或数字，或者单击"查找内容"组合框中的下拉按钮，然后在下拉列表中选择一个最近的搜索。

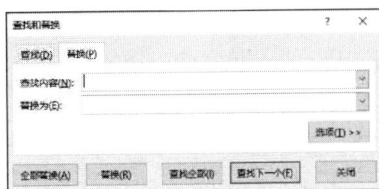

图 4-32　"查找和替换"对话框

在搜索时可以使用通配符，例如星号（*）或问号（?）的使用方法如下。

① 星号可代表任意字符串。例如搜索"s*d"可找到"sad"和"started"。

② 问号可代表任意单个字符。例如搜索"s?t"可找到"sat"和"set"。

（3）单击"选项"按钮进一步定义搜索，然后执行下列任何一项操作。

① 要在工作表或整个工作簿中搜索数据，可以在"范围"下拉列表框中选择"工作表"或"工作簿"选项。

② 要在行或列中搜索数据，可以在"搜索"下拉列表框中选择"按行"或"按列"选项。

③ 要搜索带有特定详细信息的数据，可以在"查找范围"下拉列表框中选择"公式""值"或"批注"选项。

④ 要搜索区分大小写的数据，请勾选"区分大小写"复选框。

⑤ 要搜索只包含"查找内容"组合框中字符的单元格，请勾选"单元格匹配"复选框。

（4）如果要搜索具有特定格式的文本或数字，可以单击"格式"按钮，然后在"查找格式"对话框中进行选择。

（5）要查找文本或数字，可以单击"查找全部"或"查找下一个"按钮。

（6）要替换文本或数字，可以在"替换为"组合框中输入替换字符（或将此框留空以便将字符替换成空），然后单击"查找下一个"或"查找全部"按钮。

（7）要替换找到字符的突出显示重复项或者全部重复项，可以单击"替换"或"全部替换"按钮。

> **注意**　在工作表中直接按【Ctrl】+【F】组合键，可以快速打开"查找和替换"对话框。

4.2　美化工作表

在 Excel 2016 中，工作表中可以进行对数据的数字显示、文字对齐、字形和字体、边框线、图案、颜色等多种修饰，同时还可以在表格中插入图形、图像等，方便用户制作出各种美观、实用的表格。

4.2.1 设置单元格格式

1. 设置单元格数据格式

通过应用不同的数据格式，可以更改数据的外观而不更改数据本身。数据格式并不影响 Excel 2016 用于执行计算的实际单元格值。实际值显示在编辑栏中。

表 4-1 概括了"开始"选项卡"数字"组中的可用数据格式。若要查看所有可用的数据格式，可以单击"数字"组中的对话框启动器按钮，如图 4-33 所示。

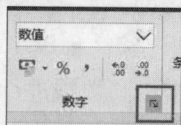

图 4-33 "数字"组对话框启动器按钮

设置单元格格式

表 4-1　　　　　　　　　　　Excel 常用数据格式说明

格式	说　　明
常规	输入数据时，Excel 所应用的默认数据格式。多数情况下，采用"常规"格式的数据以输入的方式显示。然而，如果单元格的宽度不够显示整个数据，则"常规"格式会用小数点对数据进行四舍五入。"常规"数据格式还对较大的数据（12 位或更多位）使用科学记数（指数）表示法
数值	用于数据的一般表示。用户可以指定要使用的小数位数、是否使用千位分隔符，以及如何显示负数
货币	用于一般货币值显示并显示带有数字的默认货币符号。用户可以指定要使用的小数位数、是否使用千位分隔符，以及如何显示负数
会计专用	也用于货币值显示，但是它会在一列中对齐货币符号和数据的小数点
日期	根据指定的类型和区域设置（国家/地区）将日期和时间序列号显示为日期值。以星号（*）开头的日期格式受"控制面板"中指定的区域日期和时间设置的影响；不带星号的格式不受"控制面板"设置的影响
时间	根据指定的类型和区域设置（国家/地区）将日期和时间序列号显示为时间值。以星号（*）开头的时间格式受"控制面板"中指定的区域日期和时间设置的影响。不带星号的格式不受"控制面板"设置的影响
百分比	将单元格值乘以 100，并用百分号（%）显示结果。用户可以指定要使用的小数位数
分数	根据所指定的分数类型以分数形式显示数据
科学记数	以指数表示法显示数据，用 E+n 替代数字的一部分，其中用 10 的 n 次幂乘以 E（代表指数）前面的数字。例如，两位小数的"科学记数"格式将 12345678901 显示为 1.23E+10，即用 1.23 乘以 10 的 10 次幂。用户可以指定要使用的小数位数
文本	将单元格的内容视为文本，并在输入时准确显示内容，即使输入数据也是如此
特殊	将数据显示为邮政编码、电话号码或社会保险号码
自定义	允许用户修改现有数据格式代码的副本。使用此格式可以自定义数据格式并将其添加到数据格式代码的列表中。用户可以添加 200～250 个自定义数据格式，具体取决于计算机上安装的 Excel 的语言版本

2. 设置数据字体格式

有时候根据实际需要，要对表格中数据的字体进行格式化设置，使表格看起来更美观。具体方法如下。

（1）打开"4.1 课程成绩表.xlsx"文档，选中要设置字体的单元格，在"开始"选项卡的"字体"组中有设置字体格式的各种功能选项，其操作和 Word 2016 中的一致，如图 4-34 所示。

（2）用鼠标右键单击单元格，在弹出的浮动工具栏中设置字体格式，如图 4-35 所示。

（3）单击"开始"选项卡"字体"组右下角的对话框启动器按钮，在弹出的"设置单元格格式"对话框中，单击"字体"选项卡，通过该对话框设置字体格式，如图 4-36 所示。

3. 设置数据对齐方式

Excel 2016 默认的对齐方式是文本左对齐、数字右对齐，用户也可以根据自己的需要进行设置。具体方法如下。

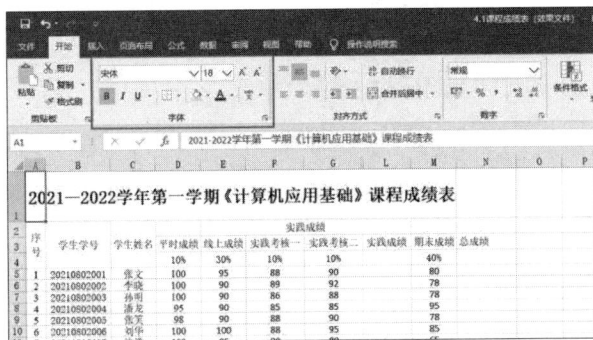

图 4-34　设置字体

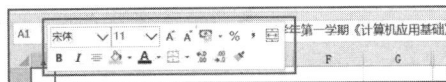

图 4-35　利用浮动工具栏设置字体

（1）打开"4.1 课程成绩表.xlsx"文档，选中需要设置的单元格或行、列，在"开始"选项卡的"对齐方式"组中单击不同的对齐方式按钮，如 ▤ 为"居中对齐"按钮，如图 4-37 所示。

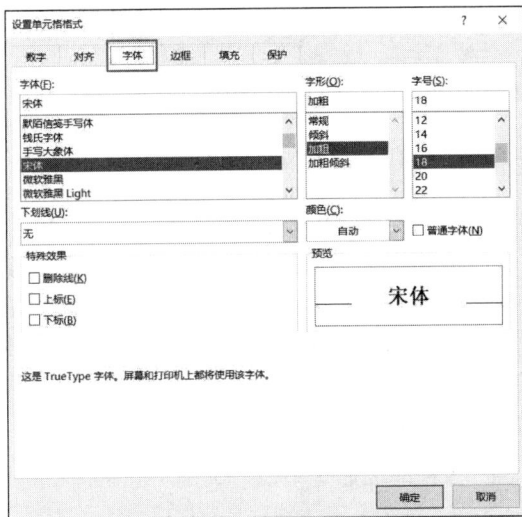

图 4-36　利用对话框设置字体

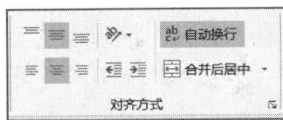

图 4-37　设置对齐方式

（2）单击"开始"选项卡"对齐方式"组右下角的对话框启动器按钮，在弹出的"设置单元格格式"对话框中，单击"对齐"选项卡，在"水平对齐"和"垂直对齐"下拉列表框中可以设置对齐方式，如图 4-38 所示。

（3）选中需要设置的单元格或行、列，单击鼠标右键，在弹出的快捷菜单中选择"设置单元格格式"命令，如图 4-39 所示；在弹出的"设置单元格格式"对话框中单击"对齐"选项卡，在"水平对齐"和"垂直对齐"下拉列表框中可以设置对齐方式。

4．设置单元格边框

通常情况下，Excel 2016 中各个单元格的四周都是没有边框线的，用户在窗口中看到的只是

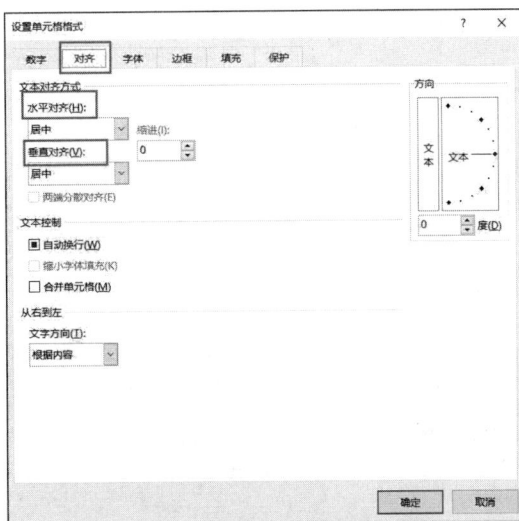

图 4-38　利用对话框设置对齐方式

虚的网格线。用户可以自行为单元格添加边框，以提升单元格的显示效果。

图 4-39 利用快捷菜单设置对齐方式

设置单元格边框的方法和设置字体格式的方法大致相同，具体如下。

（1）打开"4.1课程成绩表.xlsx"文档，选中要设置边框的单元格，单击"开始"选项卡"字体"组中的"边框"下拉按钮，在弹出的下拉菜单中选择边框的类型即可，如图 4-40 所示。

（2）用鼠标右键单击选中的单元格，在弹出的浮动工具栏中单击"边框"下拉按钮，在弹出的下拉菜单中选择合适的边框即可。

（3）单击"开始"选项卡"字体"组中的对话框启动器按钮，在弹出的"设置单元格格式"对话框中单击"边框"选项卡，设置好边框的各种属性后，单击"确定"按钮，如图 4-41 所示。

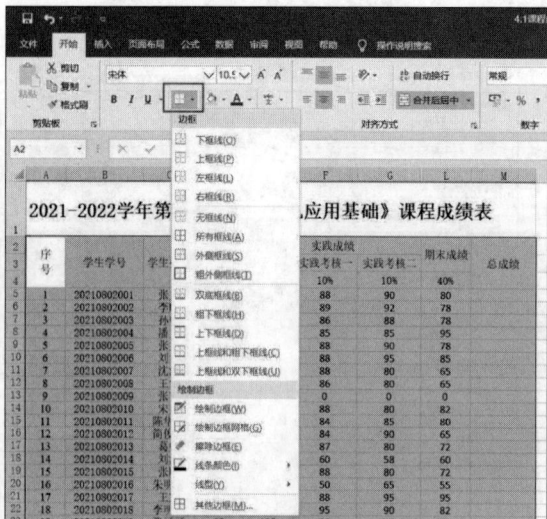

图 4-40 设置边框

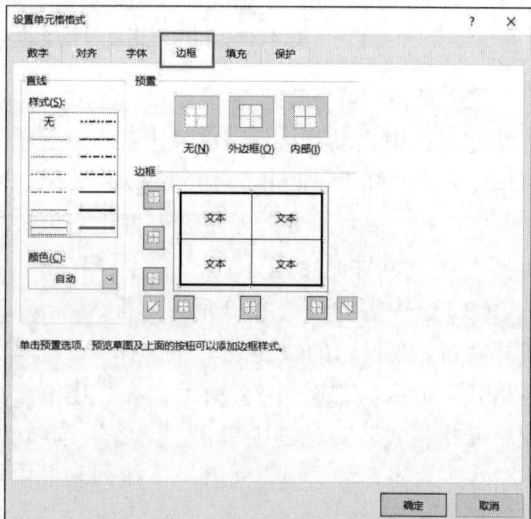

图 4-41 利用对话框设置表格边框

5. 设置单元格底纹

为了更加美观，可以为单元格填充底纹。具体操作如下。

（1）打开"4.1 课程成绩表.xlsx"文档，选中要填充底纹的单元格，单击"开始"选项卡"字体"组中的对话框启动器按钮，在弹出的"设置单元格格式"对话框中单击"填充"选项卡，在"背景色"色块中选择合适的颜色，如图 4-42 所示。如果"背景色"色块菜单中没有合适的颜色，可以单击"其他颜色"按钮，在弹出的"颜色"对话框中选择需要的颜色。

（2）在"颜色"对话框中单击"自定义"选项卡，可以在"颜色"选区中单击特定的颜色，也可以在下方的"红色""绿色""蓝色"数值框中设置特定数值混合颜色，如图 4-43 所示，完成后单击"确定"按钮返回"设置单元格格式"对话框，再单击"确定"按钮即可。

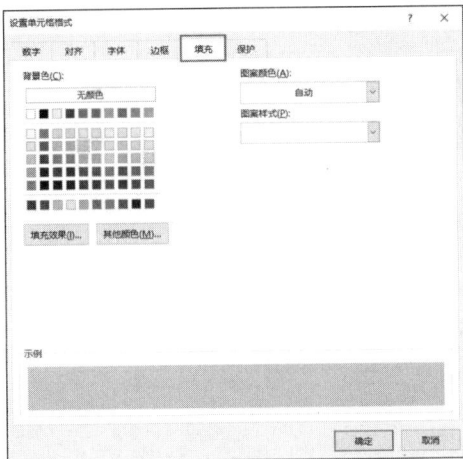

图 4-42　设置单元格底纹

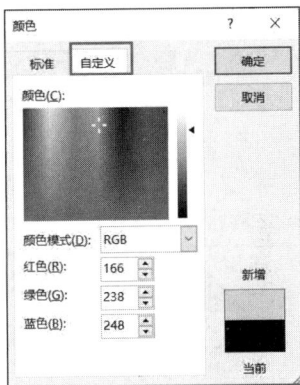

图 4-43　设置自定义颜色

4.2.2　使用条件格式

使用条件格式就是让单元格中的颜色或图案根据单元格中的数值变化，从而更加直观地表现数据。

1. 使用数据条

数据条是条件格式中常用的一种，其根据单元格中数据值的大小在单元格中呈现不同的颜色。使用数据条的具体操作如下。

使用条件格式

（1）打开"4.1 课程成绩表.xlsx"文档，选中 L5:L36 单元格区域，单击"开始"选项卡"样式"组中的"条件格式"下拉按钮。

（2）在弹出的下拉菜单中选择"数据条"子菜单，在"渐变填充"选项组中选择"浅蓝色数据条"命令，如图 4-44 所示。

（3）此时，单元格中蓝色条的长度会随单元格中的数值变化。

2. 使用图标集

图标集也是条件格式中的一种，其根据单元格中数值的大小使单元格显示随数据变化的图标。

打开"4.1 课程成绩表.xlsx"文档，选中 D5:D36 单元格区域，单击"开始"选项卡"样式"组中的"条件格式"下拉按钮，在弹出的下拉菜单中选择"图标集"子菜单，在"形状"选项组中选择"三标志"命令，此时单元格中的图标根据数值所处的范围变化，如图 4-45 所示。

3. 突出显示单元格规则

在 Excel 2016 中，用户可以突出显示符合特定条件的单元格，用不同的颜色来表示数据的分布或等级。突出显示单元格的具体操作如下。

图 4-44　使用数据条

图 4-45　使用图标集

（1）选中 E5:E36 单元格区域，单击"开始"选项卡"样式"组中的"条件格式"下拉按钮，在弹出的下拉菜单中选择"突出显示单元格规则"子菜单，在其中选择"其他规则"命令。

（2）在弹出的"新建格式规则"对话框的"只为满足以下条件的单元格设置格式"栏中设置条件"单元格值""大于""90"，单击"格式"按钮，如图 4-46 所示。

（3）在弹出的"设置单元格格式"对话框中，为符合条件的单元格设置一种格式，如底纹填充为红色（还可以根据需要设置单元格的背景色等），单击"确定"按钮。此时符合条件的单元格突出显示为不同颜色，效果如图 4-47 所示。

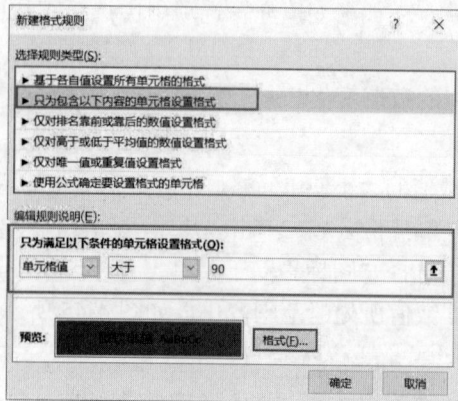

图 4-46　"新建格式规则"对话框

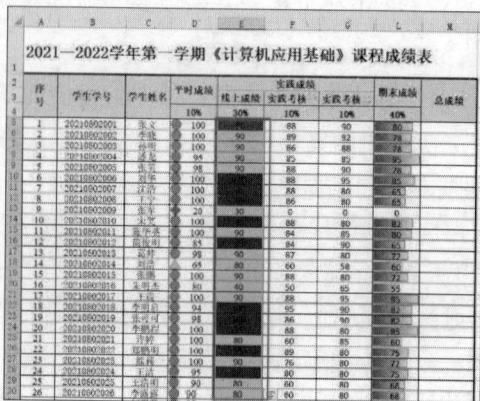

图 4-47　使用突出显示单元格规则后的效果

4.2.3　插入图形图像

在单元格中插入图形、图像既可以存储内容，也可以美化单元格或工作表。

1. 插入图像

用户可以在工作表中插入自己喜欢的图像、照片等，然后对其进行适当的调节，具体操作如下。

打开"4.1 课程成绩表.xlsx"文档，单击"插入"选项卡"插图"组中的"图片"按钮，弹出"插入图片"对话框，选择需要插入的图片"图片 1"，单击"插入"按钮，即可将图片插入工作表中。单击插入的图片，按方向键移动到合适的位置，然后将其调整到合适的大小即可，如图 4-48 所示。

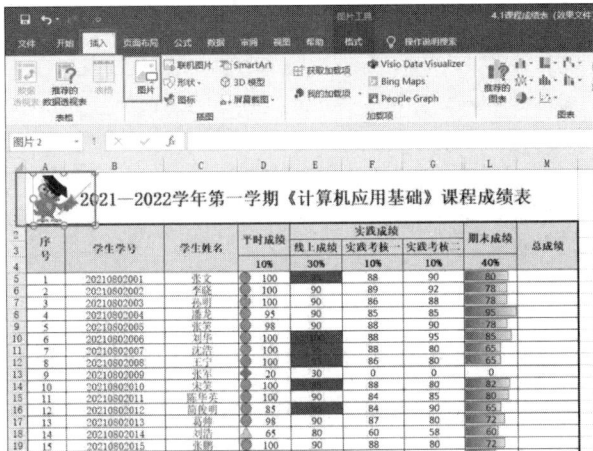

图 4-48　插入图片

2. 插入艺术字

用户可以使用艺术字制作更加美观的表格效果，艺术字不受单元格限制，可以灵活处置。

单击"插入"选项卡"文本"组中的"艺术字"下拉按钮，在弹出的下拉菜单中选择一种艺术字样式，如图 4-49 所示。此时，工作表编辑区会出现艺术字文本框，直接输入文本内容，通过拖曳文本框四周的控制柄调整文本框到合适的大小。选中艺术字并单击鼠标右键，在弹出的浮动工具栏中可以设置艺术字的格式。

图 4-49　插入艺术字

3. 插入 SmartArt 图形

在 Excel 2016 电子表格中可以根据需要插入 SmartArt 图形。SmartArt 图形是一种表示逻辑关系的图形结构，方便用户创建各种关系图形。插入 SmartArt 图形的具体操作如下。

单击"插入"选项卡"插图"组中的"SmartArt"按钮，弹出"选择 SmartArt 图形"对话框，在列表框中选择合适的图形，单击"确定"按钮，如图 4-50 所示。此时，SmartArt 图形已插入文档中。选中不需要的形状，按【Delete】键可将其删除；选中其中一个形状，单击鼠标右键，在弹出的快捷菜单中选择"添加形状"命令可以在需要的位置添加结构的层次，如图 4-51 所示。

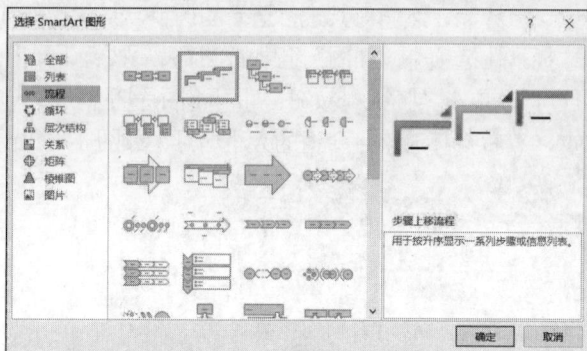

图 4-50　插入 SmartArt 图形

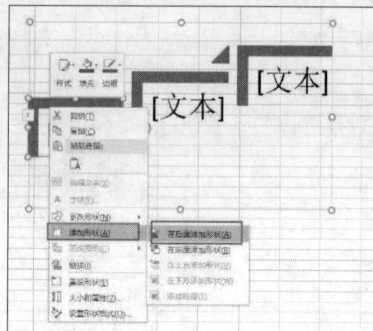

图 4-51　添加 SmartArt 图形形状

4.2.4　使用批注

单元格批注就是用于说明单元格内容的说明性文字，可以帮助 Excel 工作表使用者了解对应单元格的意义。在 Excel 2016 工作表中可以添加单元格批注。

1. 添加批注

打开"4.1 课程成绩表.xlsx"文档，选中需要添加批注的单元格 L13，单击"审阅"选项卡"批注"组中的"新建批注"按钮，此时单元格右上角会出现红色三角形，在单元格旁边出现的文本框中输入批注的内容，如图 4-52 所示。单击其他单元格，批注添加完成，将鼠标指针移至红色三角形处，单元格旁就会出现批注内容。

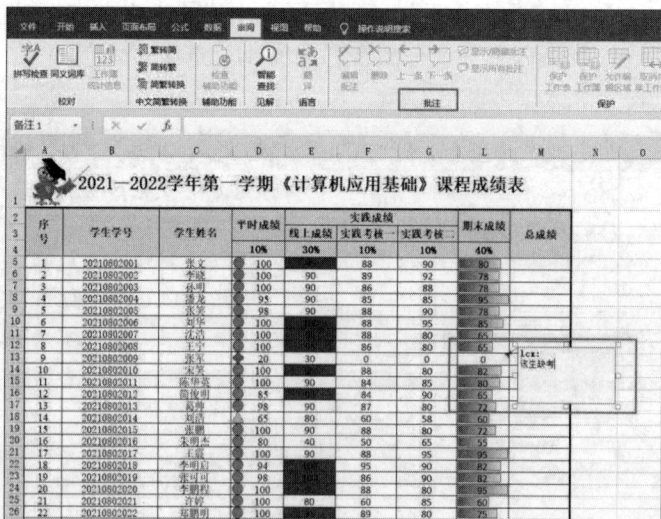

图 4-52　添加批注

2. 修改批注

如果数据是不断更新的，那么用户还可以随时更新批注内容。

选中添加了批注的单元格 L13，单击"审阅"选项卡"批注"组中的"编辑批注"按钮，如图 4-53 所示，此时批注框重新显示，光标自动转到批注框内，用户可以选中批注内容进行删除、剪切、编辑等操作。

图 4-53 修改批注

3. 删除批注

若单元格中的数据不再需要做特别的说明，那么可随时删除批注内容。

选中添加了批注的单元格 L13，单击"审阅"选项卡"批注"组中的"删除批注"按钮。批注删除后，单元格右上角的红色三角形将消失。

4.2.5 套用表格样式

Excel 2016 可以利用自动套用格式功能快速设置单元格和表格样式，对表格进行美化。

1. 应用单元格样式

选择要设置样式的单元格，单击"开始"选项卡"样式"组中的"单元格样式"下拉按钮，在弹出的下拉菜单中可以直接选择一种 Excel 预置的单元格样式，如图 4-54 所示。

2. 套用表格样式

根据不同的主题颜色和边框样式，系统提供了 60 种表格样式，用户可以直接套用这些预设的表格样式。

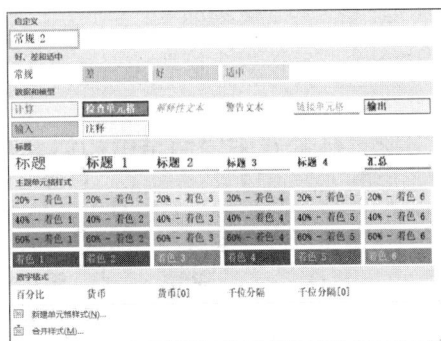

图 4-54 应用单元格样式

选择需要套用表格样式的单元格区域，单击"开始"选项卡"样式"组中的"套用表格样式"下拉按钮，在弹出的下拉菜单中选择需要的样式即可，如图 4-55 所示。

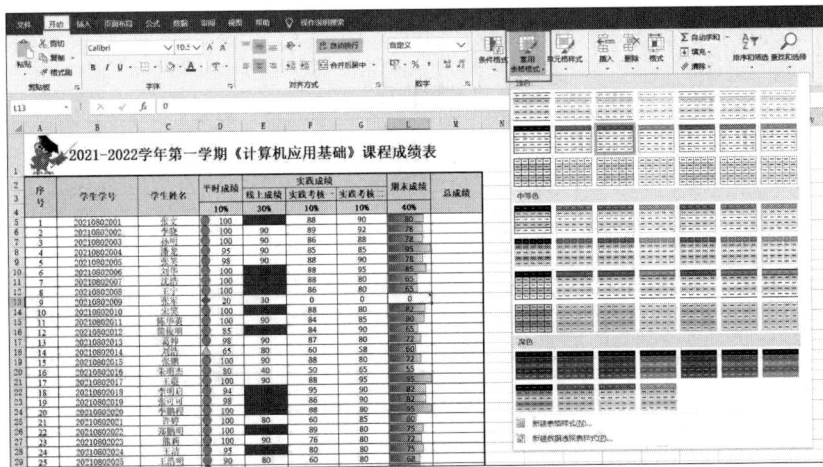

图 4-55 套用表格样式

4.3 公式与函数

当我们面对工作表中大量的原始数据时，难免需要对这些数据进行一些数学运算。这就需要用到一些数学公式。Excel 2016 提供了强大的公式编辑功能，可以满足不同用户的数据处理需求。公式是工作表中用于统计计算的等式，而函数实际就是定义好的公式。用户可以调用这些函数，并为函数指定参数。

4.3.1 了解公式

公式是可以进行执行计算、返回信息、操作其他单元格的内容、测试条件等操作的方程式。公式始终以等号（＝）开头。

公式可以包含函数、引用、运算符和常量的部分内容或全部内容，如图 4-56 所示。

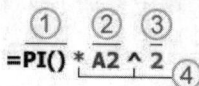

① 函数：PI()函数的返回值为π。

② 引用：A2 返回单元格 A2 中的值。

③ 常量：直接输入公式中的数字或文本值，如"2"。

④ 运算符：^（脱字号）运算符表示乘方，而 *（星号）运算符表示乘号。

图 4-56　公式的组成部分

4.3.2 在公式中使用常量和运算符

常量是一个不被计算的值，其值始终不变。例如，日期 2023-9-10、数字 350 及文本"学生姓名"都是常量。表达式或从表达式得到的值不是常量。如果在公式中使用常量而不是对单元格的引用（例如"=20+50-13"），则只有在修改公式时运算结果才会发生变化。

运算符用于指定要对公式中的元素执行的计算类型。计算时有一个默认的次序（遵循一般的数学规则），但可以使用括号更改计算次序。

1. 运算符类型

运算符分为 4 种类型：算术、比较、文本连接和引用。

（1）算术运算符。若要进行基本的数学运算（如加法、减法、乘法或除法）、合并数字及生成数值结果，可以使用表 4-2 所示的算术运算符。

表 4-2　　　　　　　　　　　　　　　　算术运算符

算术运算符	含义	示例
+（加号）	加法	4+6
−（减号）	减法 负数	7-1 -5
*（星号）	乘法	3*8
/（正斜杠）	除法	9/3
%（百分号）	百分比	50%
^（脱字号）	乘方	8^2

（2）比较运算符。可以使用表 4-3 所示的运算符比较两个值。当使用这些运算符比较两个值时，结果为逻辑值 TRUE 或 FALSE。

表 4-3 比较运算符

比较运算符	含义	示例
=（等号）	等于	A1=B1
>（大于号）	大于	A1>B1
<（小于号）	小于	A1<B1
>=（大于等于号）	大于或等于	A1>=B1
<=（小于等于号）	小于或等于	A1<=B1
<>（不等号）	不等于	A1<>B1

（3）文本连接运算符。可以使用与号（&）连接一个或多个文本字符串，以生成一段文本，如表 4-4 所示。

表 4-4 文本连接运算符

文本连接运算符	含义	示例
&（与号）	将两个值连接（或串联）起来形成一个连续的文本值	"Win" & "word" 的结果为 "Winword"

（4）引用运算符。可以使用表 4-5 所示的运算符对单元格区域进行合并计算。

表 4-5 引用运算符

引用运算符	含义	示例
:（冒号）	区域运算符，生成一个对两个引用之间所有单元格的引用（包括这两个引用）	A5:B10
,（逗号）	联合运算符，将多个引用合并为一个引用	A5:B10,D5:D15
空格	交集运算符，生成一个对两个引用中共有单元格的引用	B7:D7 C6:C8

2. Excel 执行公式运算的次序

在某些情况下，执行计算的次序会影响公式的返回值，因此，了解如何确定计算次序及如何更改次序以获得所需结果的技巧非常重要。

（1）计算次序。公式按特定次序计算值。Excel 中的公式始终以等号（=）开头。Excel 会将等号后面的字符解释为公式。等号后面是要计算的元素（即操作数），如常量或单元格引用，它们由运算符分隔。Excel 按照公式中每个运算符的特定次序从左到右依次计算。

（2）运算符优先级。如果一个公式中有若干个运算符，则 Excel 将按表 4-6 所示的次序进行计算。如果一个公式中的若干个运算符具有相同的优先顺序（例如既有乘号又有除号），则 Excel 将从左到右依次进行计算。

表 4-6 运算符优先级

运算符	说明
: 单个空格 ,	引用运算符
–	负数（如–1）
%	百分比
^	乘方
* 和 /	乘和除
+ 和 –	加和减
&	连接两个文本字符串（串联）

续表

运算符	说明
= < > <= >= <>	比较运算

（3）使用括号。若要更改求值的次序，可以将公式中要先计算的部分用括号括起来。例如，4+5*8 的结果是 44，因为 Excel 先进行乘法运算，后进行加法运算，所以该公式先将 5 与 8 相乘，再将结果与 4 相加，如图 4-57 所示。

但是，如果用括号对该语法进行更改，如(4+5)*8，则 Excel 会先将 4 与 5 相加，再用结果乘以 8 得到 72，如图 4-58 所示。

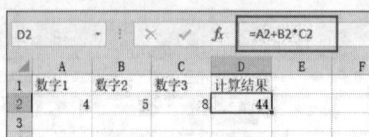

图 4-57　不使用括号　　　　　　　　　　图 4-58　使用括号

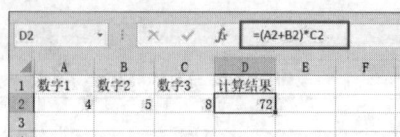

4.3.3　单元格的引用

单元格的引用是指对工作表中的单元格或单元格区域进行引用，并指明公式中所使用的值或数据的位置。在 Excel 中可以引用同一张工作表中的单元格、其他工作表中的单元格及其他工作簿中的单元格，引用不同来源的单元格的格式不一样，但其结构类似。下面简单介绍不同来源单元格的引用格式。

（1）同一工作表中的单元格引用：如果 B1 单元格要引用 A1 单元格中的值，则在 B1 单元格中输入"=A1"即可。

（2）不同工作表中的单元格引用：如果 B1 单元格要引用 Sheet2 工作表 A1 单元格中的值，则在 B1 单元格中输入"=Sheet2!A1"即可。

（3）不同工作簿中的单元格引用：引用其他工作簿中的工作表的单元格数据的方法与引用其他工作表的单元格数据类似，一般格式为"=工作簿存储地址[工作簿名称]工作表名称!单元格地址"。

（4）引用单元格名称：如果为引用的单元格定义了名称，则可以直接引用定义的名称，如"=总分−最高分−最低分"表示用名为"总分"的单元格的值减去名为"最高分"和"最低分"的单元格的值。

（5）引用单元格区域名称：如果为单元格区域定义了名称，则可以引用对应名称进行计算。

由于单元格计算方式的不同，引用单元格可以分为相对引用、绝对引用和混合引用。

（1）相对引用。公式中的相对单元格引用（如"=A1"）是基于包含公式和单元格引用的单元格的相对位置。如果公式所在单元格的位置改变，引用也随之改变。如果进行多行或多列的复制或填充，引用会自动调整。默认情况下，新公式使用相对引用。例如，将单元格 B1 中的相对引用复制或填充到单元格 B2 中，则公式自动从"=A1"调整到"=A2"。

（2）绝对引用。公式中的绝对单元格引用（如"$A$1"）总是在特定位置引用单元格。即使公式所在单元格的位置改变，绝对引用也保持不变。如果进行多行或多列的复制或填充，绝对引用将不做调整。默认情况下，新公式使用相对引用，因此，为满足需求，用户可能需要手动将它们转换为绝对引用。例如，将单元格 B1 中的绝对引用复制或填充到单元格 B2 中，则绝对引用在两个单元格中是一样的，都是 "=$A$1"。

（3）混合引用。混合引用包含绝对列和相对行或绝对行和相对列。绝对引用列采用 "$A1" "$B1" 等形式。绝对引用行采用 "A$1" "B$1" 等形式。如果公式所在单元格的位置改变，则相对引用部分将改变，而绝对引用部分将不变。如果进行多行或多列的复制或填充，相对引用将自动进行调整，而绝对引用将不做调整。例如，将一个混合引用从 A1 单元格复制到 B2 单元格中，它将从 "=A$1" 调整到 "=B$1"。

4.3.4　公式的输入与应用

1. 公式的输入

输入公式类似于输入文本型数据，不同的是在输入一个公式之前，要输入一个等号（=），然后输入公式的表达式。在单元格中输入公式的步骤如下。

（1）单击要输入公式的单元格。

（2）在单元格中输入一个等号（=）。

（3）输入第一个数值、单元格引用或者函数等。

（4）输入一个运算符。

（5）输入下一个数值、单元格引用或者函数等。

（6）输入一个运算符。

（7）根据公式表达式重复步骤（5）～（6），输入完毕后按【Enter】键或单击编辑栏中的 "输入" 按钮 ✓，即可在单元格中显示出计算结果。

拖曳填充柄可以复制引用公式。

2. 公式输入错误信息

在运用公式进行计算时，经常会出现一些异常信息，通常以符号 "#" 开头，以感叹号或问号结尾。公式中的错误值及其对应的可能的出错原因、解决方法如表 4-7 所示。

表 4-7　　　　　　　　　公式错误值及可能的出错原因、解决方法

错误值	可能的出错原因	解决方法
#####	单元格中输入的数值或公式太长，单元格显示不下，这不代表公式有错	调整列宽
#DIV/0!	做除法运算时，分母为 0	修改单元格引用或者用作除数的单元格中数值不为 0
#N/A	在公式使用查找功能的函数时，找不到匹配的值	输入数值或参数
#NAME?	在公式中删除了使用的名称或者名称无法识别	把函数名称拼写正确
#NUM!	提供了无效的参数给工作表函数或者公式的结果太大或太小而无法在工作表中表示	确认函数中使用的参数是否正确或者修改公式
#REF!	公式中使用了无效的单元格引用	修改为正确的单元格引用
#VALUE!	在公式中输入了错误的运算符，对文本进行了算术运算	修改公式或者将文本型数据转换成数值型数据再进行计算

3. 公式的应用

打开 "4.1 课程成绩表.xlsx" 文档，根据成绩占比计算每位学生的课程总成绩，具体操作步

骤如下，结果如图 4-59 所示。

图 4-59　利用公式计算总成绩

（1）计算第一位同学的课程总成绩，将光标定位在 M5 单元格中。

（2）在单元格中输入一个等号（＝）。

（3）根据总成绩构成输入公式表达式"D5*D4+E5*E4+F5*F4+G5*G4+L5*L4"。

（4）单击编辑栏中的"输入"按钮，确认公式的输入。

（5）利用填充柄对公式进行复制引用。在引用的过程中，发现成绩占比单元格需要使用绝对引用，因此修改公式输入表达式为"D5*$D$4+E5*$E$4+F5*$F$4+G5*$G$4+L5*$L$4"。

（6）拖曳填充柄对公式进行复制引用。

4.3.5　了解函数

函数是预定义的公式，使用一些被称为参数的特定数值来执行计算。函数可用于执行简单或复杂的计算。

下面以 ROUND() 函数为例说明函数的语法，图 4-60 所示的是将单元格 A10 中的数字进行四舍五入的函数的结构。

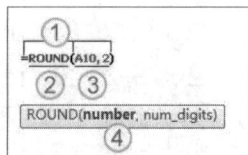

图 4-60　函数结构

① 结构。函数的结构以等号（＝）开始，后面紧跟函数名称和左括号，然后以逗号分隔函数参数，最后是右括号。

② 函数名称。如果要查看可用函数的列表，可单击一个单元格并按【Shift】+【F3】组合键。

③ 参数。参数可以是数字、文本、TRUE 或 FALSE 逻辑值、数组、#N/A 等错误值或单元格引用。指定的参数都必须为有效参数值。参数也可以是常量、公式或其他函数。

④ 参数工具提示。在输入函数时，会出现一个带有语法和参数的工具提示框。例如，输入"=ROUND()"时，会出现工具提示框。仅在使用内置函数时才出现工具提示框。

4.3.6　输入函数

如果创建带函数的公式，则需要单击"公式"选项卡中的"插入函数"按钮，如图 4-61 所示，弹出的对话框可以帮助用户输入工作表函数。在公式中输入函数时，"插入函数"对话框将显示函数的名称、各个参数、函数及各个参数的说明、函数的当前结果，以及整个公式的当前结果。

若要更轻松地创建和编辑公式并将输入错误和语法错误减到最少，可使用"公式记忆式输入"。当输入等号（＝）和开头的几个字母或显示触发字符之后，Excel 会在单元格的下方显示一个动态下拉列表。该下拉列表中包含与这几个字母或对应触发字符相匹配的有效函数、参数和名称，可以选择将该下拉列表中的一项插入公式中。

图 4-61　"插入函数"按钮

4.3.7　在公式或函数中使用名称

可以创建已定义名称来代表单元格、单元格区域、公式、常量或 Excel 表格。名称是一种有意义的简写形式，有利于用户了解单元格引用、常量、公式或表格的用途。

1.　名称的类型

可以创建和使用的名称类型有以下几种。

（1）已定义名称：单元格、单元格区域、公式或常量值的名称。用户也可以创建自己的已定义名称。此外，Excel 有时也会为用户创建已定义名称，如在用户设置打印区域时。

（2）表名称：Excel 表的名称。Excel 表是存储在记录（行）和字段（列）中的特定对象的数据集。Excel 会在用户每次插入 Excel 表时创建一个默认的 Excel 表名称，用户可以更改这些名称，使它们更有意义。

2.　创建和输入名称

执行下列操作可以创建名称。

（1）单击"公式"选项卡"定义的名称"组中的"定义名称"下拉按钮，在弹出的下拉菜单中选择"定义名称"命令，如图 4-62 所示。

（2）在弹出的"新建名称"对话框中输入要定义的名称及引用的位置，单击"确定"按钮，如图 4-63 所示。

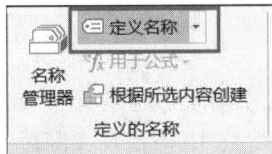

图 4-62　选择"定义名称"

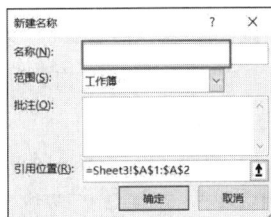

图 4-63　"新建名称"对话框

（3）在公式或函数中直接引用创建的名称即可。

4.3.8　常用函数的应用

1.　求和函数 SUM()

功能：返回某一单元格区域中数字、逻辑值及数值的文本表达式之和。

语法：SUM(number1,number2,…)。

参数说明：至少需要包含一个参数 number1。每个参数都可以是区域、单元格引用、数组、常量、公式或另一个函数的结果。

例如，"=SUM(A1:A7)"是将单元格 A1～A7 中的所有数值相加；"=SUM(A1,A3,A5)"是将单元格 A1、A3 和 A5 中的数值相加。

2. 平均值函数 AVERAGE()

功能：返回其参数的算术平均值。

语法：AVERAGE(number1,number2,…)。

参数说明：至少需要包含一个参数 number1，最多可包含 255 个。参数可以是数值或包含数值的名称、数组或引用。

例如，"=AVERAGE(B1:B7)"是对单元格区域 B1 到 B7 中的数值求平均值；"=AVERAGE(B1:B3,B5)"是对单元格区域 B1 到 B3 中的数值和 B5 中的数值求平均值。

3. 逻辑判断函数 IF()

功能：根据指定的条件来判断"真"（TRUE）、"假"（FALSE），并根据逻辑计算的真假值返回相应的内容。

语法：IF(logical_test,value_if_true,value_if_false)。

参数说明如下。

（1）logical_test 表示计算结果为 TRUE 或 FALSE 的任意值或表达式。

（2）value_if_true 为计算结果为 TRUE 时返回的值。

（3）Value_if_false 为计算结果为 FALSE 时返回的值。

例如，"=IF(A1<60,"不及格","及格")"表示，如果单元格 A1 中的值小于 60，则显示"不及格"字样，否则显示"及格"字样。

4. 最大值函数 MAX()

功能：返回一组值或指定区域中的最大值。

语法：MAX(number1,number2,…)。

参数说明：参数至少有一个，且必须是数值类型数据，最多可以有 255 个。

例如，"=MAX(A1:A5)"表示从单元格区域 A1 到 A5 中查找并返回最大数值。

5. 最小值函数 MIN()

功能：返回一组值或指定区域中的最小值。

语法：MIN(number1,number2,…)。

参数说明：参数至少有一个，且必须是数值类型数据，最多可以有 255 个。

例如，"=MIN(A1:A5)"表示从单元格区域 A1 到 A5 中查找并返回最小数值。

6. 排序函数 RANK()

功能：求某一个数值在某一区域内的排名。

语法：RANK(number,ref,[order])。

参数说明如下。

（1）number 为必需的参数，是要确定排位的数值。

（2）ref 为必需的参数，是要查找的数值列表所在的位置。

（3）order 为可选的参数，用于指定数值列表的排序方式。

例如，"=RANK("80",A1:A10,1)"表示求取数值 80 在单元格区域 A1 到 A10 中的数值列表中的升序排位。

7. 计数函数 COUNT()

功能：统计指定区域中包含的数值个数，只对包含数值的单元格进行计数。

语法：COUNT(value1,value2,…)。

参数说明：参数至少有一个，最多可以有 255 个。

例如，"=COUNT(A1:A5)"表示统计单元格区域 A1 到 A5 中包含数值的单元格的个数。

8. 计数函数 COUNTA()

功能：统计指定区域中不为空的单元格的个数，对包含任何类型信息的单元格进行计数。

语法：COUNTA(value1,value2,…)。

参数说明：参数至少有一个，最多可以有 255 个。

例如，"=COUNTA(A1:A5)"表示统计单元格区域 A1 到 A5 中非空单元格的个数。

9. 查找引用函数 VLOOKUP()

功能：搜索指定单元格区域的第一列，然后返回该区域相同行上任何指定单元格中的值。

语法：VLOOKUP(lookup_value,table_array,col_index_num,range_lookup)。

参数说明如下。

（1）lookup_value 为需要在数据表第一列中进行查找的数值。lookup_value 可以为数值、引用或文本字符串。当 VLOOKUP()函数的第一参数省略查找值时，表示用 0 查找。

（2）table_array 为需要在其中查找数据的数据表，使用对区域或区域名称的引用。

（3）col_index_num 为 table_array 中查找数据的数据列序号。

（4）range_lookup 为一逻辑值，指明函数 VLOOKUP()查找时是精确匹配还是近似匹配。

例如，"=VLOOKUP(A1,$B$1:$C$10,2,0)"表示将 A1 的值在 B1:C10 区域中查找，找到后取对应行 C 列（查找区域的第 2 列）的值。

4.4　Excel 2016 图表的应用

将统计的数据转换为图表，可以更清楚地体现数据的直接数量关系，分析数据的走势和预测发展趋势。在 Excel 2016 中，用户可以很轻松地将工作表中的数据转换为各种图表，用户只需要根据图表制作向导来选择自己喜欢的图表类型、图表布局和图表样式即可。

4.4.1　了解图表

Excel 提供了多种类型的图表，如柱形图、折线图、饼图、条形图、面积图、散点图、曲面图、圆环图等。下面先介绍 Excel 中常见的图表类型及其应用。

（1）柱形图：显示一段时间内的数据变化或说明各项之间的比较情况。排列在工作表的列或行中的数据可以绘制到柱形图中。

（2）折线图：可以显示随时间而变化的连续数据（根据常用比例设置），非常适用于显示在相等时间间隔下数据的趋势。在折线图中，类别数据沿水平轴均匀分布，所有的值数据沿垂直轴均匀分布。排列在工作表的列或行中的数据可以绘制到折线图中。

（3）饼图：显示一个数据系列中各项的大小及其与总和的比例。饼图中的数据点显示为整个饼图的百分比。仅排列在工作表的一列或一行中的数据可以绘制到饼图中。

（4）条形图：显示各项之间的比较情况。排列在工作表的列或行中的数据可以绘制到条形图中。

（5）面积图：强调数量随时间变化的程度，也可用于引起人们对总值趋势的注意。例如，表示随时间而变化的利润数据可以绘制到面积图中以强调总利润。排列在工作表的列或行中的数据可以绘制到面积图中。

（6）散点图：显示若干数据系列中各数值之间的关系，或者将两组数值绘制为 *xy* 坐标的一个系列。散点图有两个数值轴，沿横坐标轴（*x* 轴）方向显示一组数值数据，沿纵坐标轴（*y* 轴）方向显示另一组数值数据。散点图将这些数值合并到单一数据点并按不均匀的间隔或簇来显示它们。散点图通常用于显示和比较数值，例如科学数据、统计数据和工程数据。排列在工作表的列和行中的数据可以绘制到 *xy*（散点）图中。

（7）曲面图：用于寻找两组数据之间的最佳组合。就像在地形图中一样，颜色和图案表示相同数值范围的区域。当类别和数据系列都是数值时，可以使用曲面图。排列在工作表的列或行中的数据可以绘制到曲面图中。

（8）圆环图：像饼图一样，显示各个部分与整体之间的关系，但是圆环图可以包含多个数据系列。

图表中包含许多元素，如图 4-64 所示，默认情况下会显示其中一部分元素，而其他元素可以根据需要进行添加。一般来说，图表由图表区和绘图区构成，图表区指图表整个背景区域，绘图区则包括数据系列、坐标轴、图表标题、数据标签和图例等部分。通过将图表元素移到图表中的其他位置、调整图表元素的大小或者更改格式，可以更改图表元素的显示方式，用户还可以删除不希望显示的图表元素。

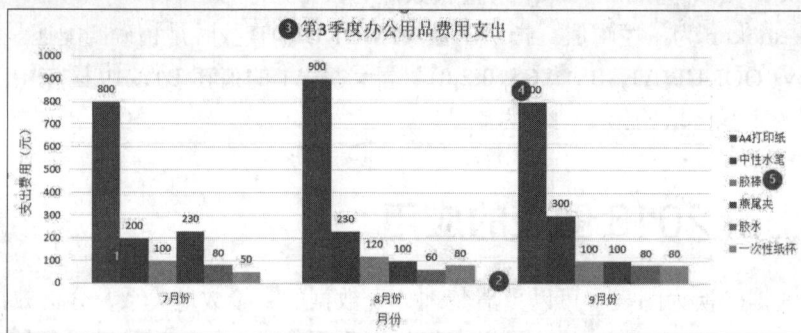

图 4-64　图表的元素

① 数据系列：图表中的相关数据点，代表表格中的行、列。图表中的每一个数据系列都具有不同的颜色和图案，且各个数据系列的含义将通过图例体现出来。在图表中可以绘制一个或多个数据系列。

② 坐标轴：分为横（分类）和纵（值）坐标轴，数据沿着横坐标轴和纵坐标轴绘制在图表中。

③ 图表标题：图表名称。

④ 数据标签：可以用来标识数据系列中数据点的详细信息。

⑤ 图例：表示每个数据系列代表的名称，其颜色或图案与数据系列相对应。

4.4.2　创建与编辑图表

在创建图表前，应制作或打开一张存储创建图表所需数据区域的表格，然后选择表格数据、图表类型、图表布局和图表位置。下面以在"办公用品

创建与编辑图表

费用支出情况表"工作簿中创建并编辑图表为例，讲解在 Excel 中创建并编辑图表的具体方法。

1. 选择图表类型

打开"4.2 办公用品费用支出情况表.xlsx"文档，选择 A3:G10 单元格区域，单击"插入"选项卡"图表"组中的"插入柱形图或条形图"下拉按钮，在弹出的下拉菜单中选择"三维簇状柱形图"选项，如图 4-65 所示。

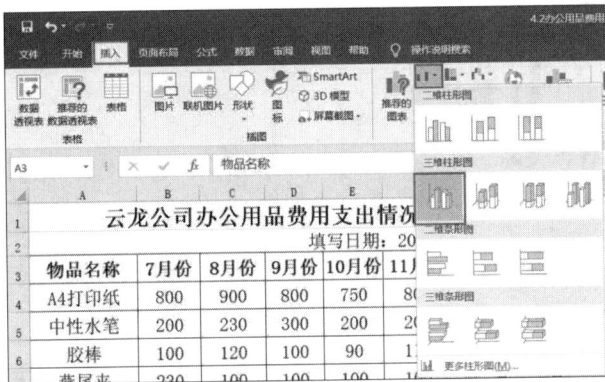

图 4-65　选择图表类型

2. 创建图表

此时，工作表中生成相应的三维簇状柱形图，且图表工具的"设计"和"格式"选项卡被激活，如图 4-66 所示。

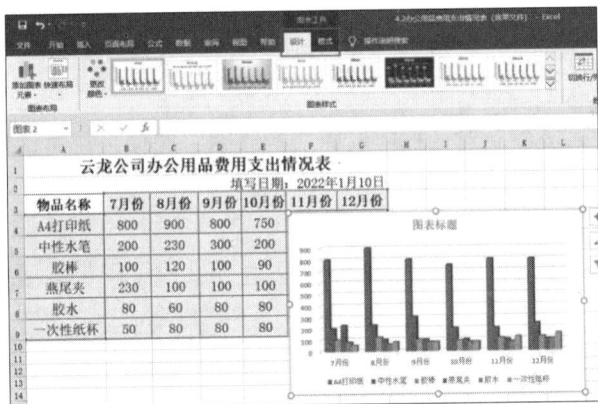

图 4-66　创建图表

3. 移动图表区

将鼠标指针移动到图表区上，当鼠标指针变成四向黑色箭头后按住鼠标左键，拖曳图表到所需的位置，这里将其拖曳到工作表数据区域下方，如图 4-67 所示，释放鼠标左键，图表区和其中各部分的位置即被移动到目标位置。也可以将图表作为图表工作表独立存放，方法是：选中图表，单击图表工具"设计"选项卡中的"移动图表"按钮，在"移动图表"对话框中单击"新工作表"单选按钮，如图 4-68 所示。

4. 移动图表区控制点并调整大小

将鼠标指针移动到图表区右下角的控制点上，待鼠标指针变成 形状，按住鼠标左键并拖曳，图表将出现虚线框以显示调整后的图表区大小。释放鼠标左键，即可完成图表区大小的调整，且图表区中各组成部分将被放大或缩小。

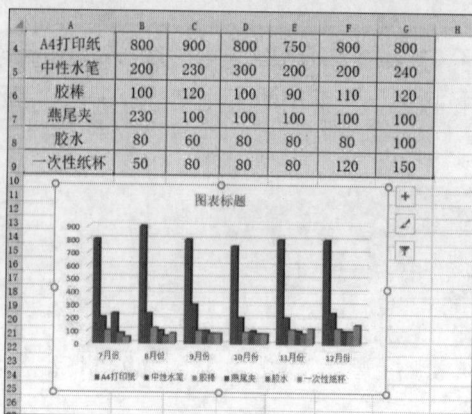

图 4-67　拖动图表区

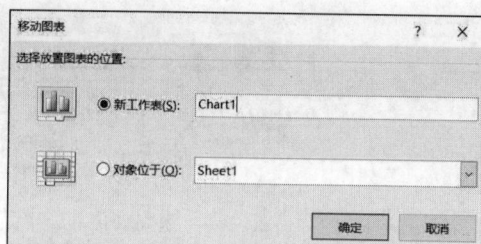

图 4-68　"移动图表"对话框

5. 更改图表类型

选择图表区，在图表工具"设计"选项卡"类型"组中单击"更改图表类型"按钮，如图 4-69 所示。

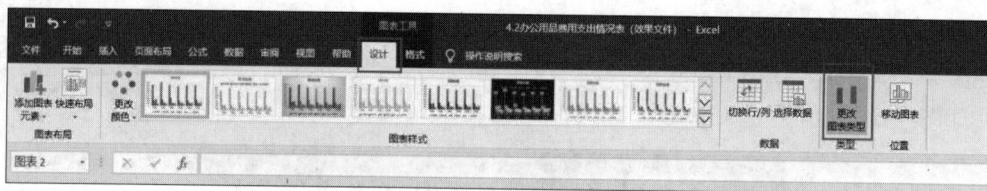

图 4-69　更改图表类型

在打开的"更改图表类型"对话框中选择"折线图"选项，在对话框右半部分选择"带数据标记的折线图"选项，如图 4-70 所示。

6. 完成图表的编辑

单击"确定"按钮，图表区中原来的图表类型立即变成了"带数据标记的折线图"图表类型，如图 4-71 所示。

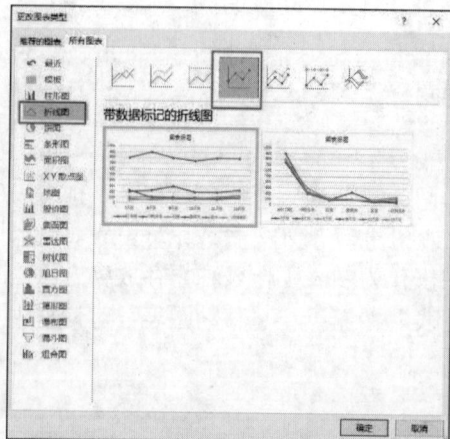

图 4-70　选择需要更改的图表类型

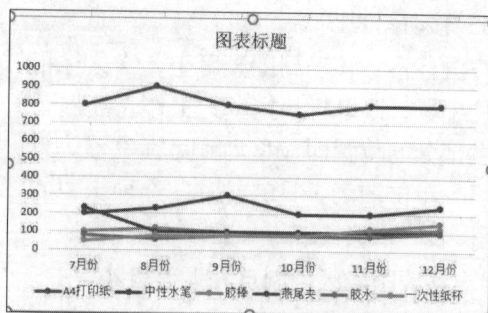

图 4-71　更改后的图表类型

4.4.3　美化图表

创建并编辑图表后，为了让图表更加美观和清晰，可以对图表进行美化。美化图表主要是通过图表工具的"设计"和"格式"选项卡中的相应组来进行的。下面以在"办公用品费用支出情况表"工作簿中美化图表为例，讲解在 Excel 中美化图表的具体方法。

美化图表

1. 对图表快速布局

打开"4.2 办公用品费用支出情况表.xlsx"文档，选择图表区，在图表工具"设计"选项卡的"图表布局"组中单击"快速布局"下拉按钮，在弹出的下拉菜单中选择"布局 1"选项，如图 4-72 所示。

2. 输入图表标题

为图表快速布局后，将出现"图表标题"文本框，在其中选中"图表标题"文本，如图 4-73 所示，然后直接输入"办公用品费用支出情况图"。

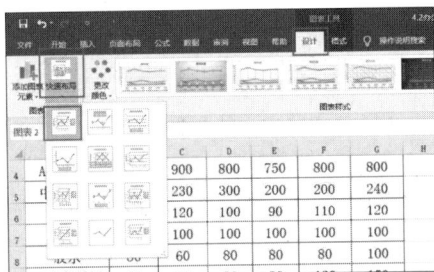

图 4-72　对图表进行快速布局

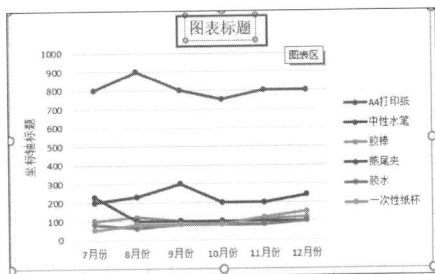

图 4-73　输入图表标题

3. 添加图表元素

在对图表进行快速布局后，图表中各元素的样式会随之改变，如果对图表标题、坐标轴、数据标签和图例等元素的位置、显示方式等不满意，可以使用"添加图表元素"功能对图表各元素进行添加、删除或编辑操作，进而使图表更加美观。设置方法为：单击图表工具"设计"选项卡"图表布局"组中的"添加图表元素"按钮，在弹出的下拉菜单中根据需要选择坐标轴、图表标题、数据标签、图例、趋势线等命令，如图 4-74 所示。

4. 设置图表区的形状样式

选择图表区，在图表工具"格式"选项卡的"形状样式"组中根据需要设置"形状填充""形状轮廓""形状效果"等，以进一步美化图表格式。例如，选择主题样式中的"细微效果-蓝色，强调颜色 1"选项，效果如图 4-75 所示。

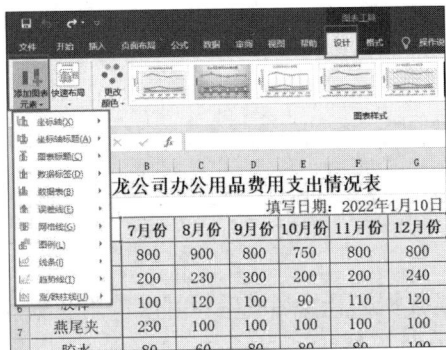

图 4-74　添加图表元素

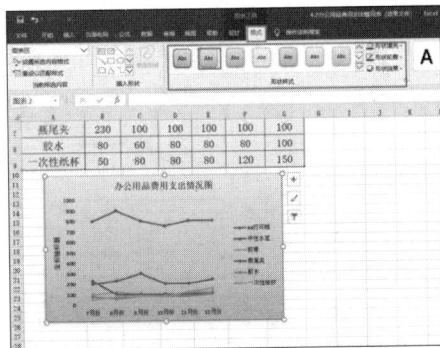

图 4-75　设置图表形状样式

5. 设置图表区的艺术字样式

选择图表区，在图表工具"格式"选项卡的"艺术字样式"组中根据需要设置"文本填充""文本轮廓""文本效果"等，对图表区中的文字进行艺术字设置，如图4-76所示。

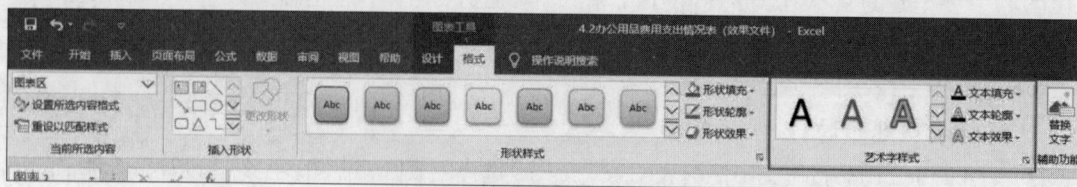

图4-76 设置图表区艺术字样式

4.4.4 迷你图

迷你图是工作表单元格中的微型图表，Excel 2016提供了全新的迷你图功能，使用迷你图可以在单元格中绘制出简洁、漂亮的小图表，并且可以显示一系列数值的变化趋势。创建迷你图的操作步骤如下。

（1）选择需要插入迷你图的一个或多个空白单元格或一组空白单元格。

（2）在"插入"选项卡的"迷你图"选项组中根据需要选择要创建的迷你图类型。

（3）在弹出的"创建迷你图"对话框的"数据范围"组合框中输入或选择迷你图所基于的数据区域。

（4）单击"确定"按钮，即可创建迷你图。

（5）迷你图创建成功后，迷你图工具的"设计"选项卡将被激活，可以在迷你图工具"设计"选项卡中根据需要对所创建的迷你图类型进行更换，同时也可以对迷你图样式进行设置，如图4-77所示。

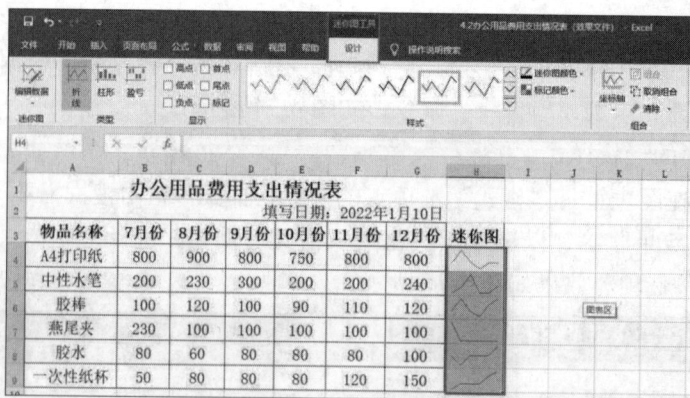

图4-77 创建迷你图

4.5 数据处理

数据统计功能是Excel的常用功能之一，在完成数据的计算后，用户可以运用数据的排序、筛选、合并计算、分类汇总等功能实现对复杂数据的分析与处理。

4.5.1　数据排序

数据排序是对工作表中的数据按行或列，或者根据一定的次序，重新组织数据的顺序，排序后的数据可以方便用户查找。在 Excel 2016 中，用户可以对表格中的数据进行简单的升序或降序排列，也可以使用"排序"对话框进行更加复杂的排序操作。下面以对"期末考试成绩表"中的数据排序为例来介绍数据排序的方法。

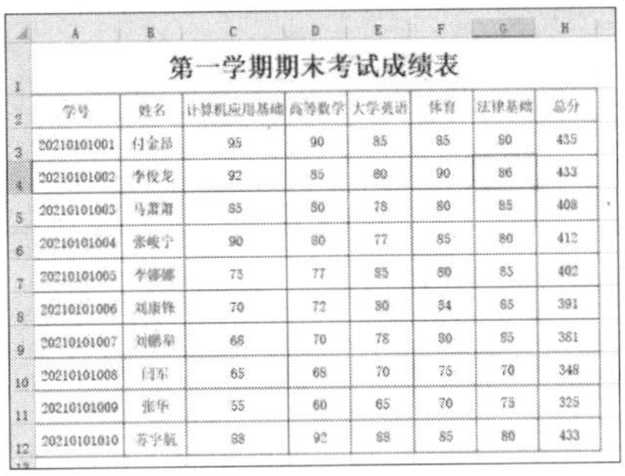

图 4-78　排序前的工作表

1.　依据单列排序数据

（1）打开"4.3 期末考试成绩表.xlsx"文档，观察要进行排序操作的工作表，如图 4-78 所示。

（2）选中 H2 单元格，单击"数据"选项卡"排序和筛选"组中的"降序"按钮，如图 4-79 所示。

（3）此时，系统将以该列为关键字对工作表进行降序排列，排序后的结果如图 4-80 所示。

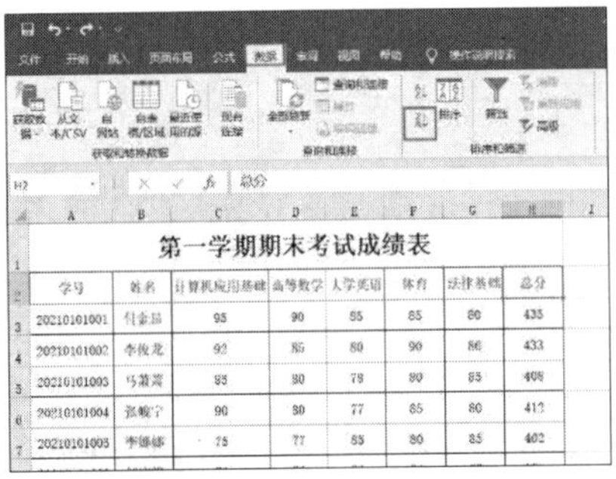

图 4-79　单击"降序"按钮

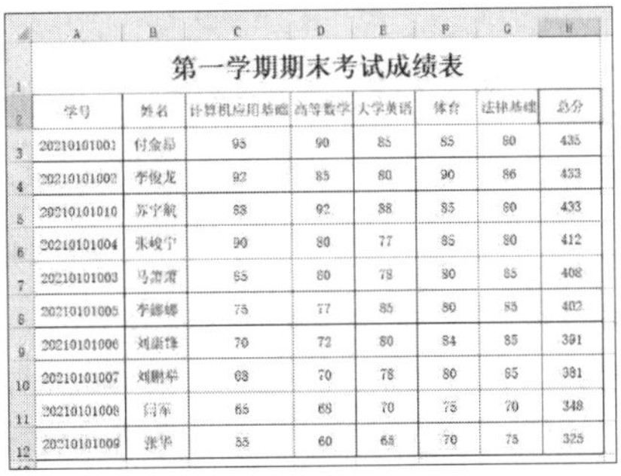

图 4-80　排序后的结果

2.　依据多列排序数据

在排序数据时，如果遇到有数据相同的情况，可以通过多条件排序设置多个条件对类似的数据进行处理。例如，在"4.3 期末考试成绩表.xlsx"中按总分进行降序排列，但排序过程中出现了相同的总分，这时就需要增加排序条件。具体操作如下。

（1）打开"4.3 期末考试成绩表.xlsx"文档，单击"数据"选项卡"排序和筛选"组中的"排序"按钮，如图 4-81 所示。

图 4-81　单击"排序"按钮

（2）弹出"排序"对话框，在主要关键字的"列"下拉列表框中选择"总分"选项，在"次序"下拉列表框中选择"降序"选项，如图 4-82 所示。

（3）单击"排序"对话框上方的"添加条件"按钮，添加次要关键字，在次要关键字的"列"下拉列表框中选择"学号"选项，在"次序"下拉列表框中选择"升序"选项，单击"确定"按钮，如图 4-83 所示。

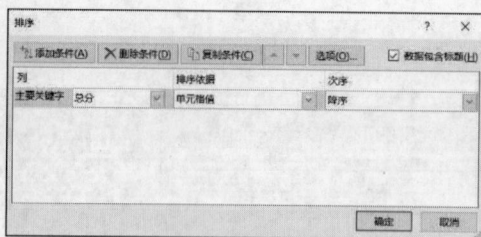

图 4-82　选择排序方式

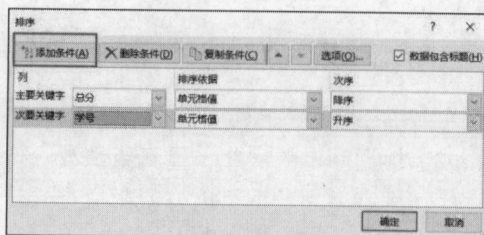

图 4-83　添加排序条件

（4）此时，系统将先按照总分进行降序排列，总分相同的数据将按照学号进行升序排列，排序后的结果如图 4-84 所示。

图 4-84　多条件排序后的结果

注意　排序时，如果要排除第一行的标题行，可在"排序"对话框中勾选"数据包含标题"复选框；如果数据表中没有标题，则不勾选"数据包含标题"复选框。

4.5.2　数据筛选

在 Excel 中，用户可以使用系统提供的筛选功能对数据表中的数据进行筛选。筛选是从多个数据中选择并显示符合特定条件数据的操作，筛选后的数据更加简洁。

1. 自动筛选

自动筛选就是根据用户设定的筛选条件，自动将表格中符合条件的数据显示出来，而将表格中的其他数据隐藏。

数据筛选

选择任意数据单元格，单击"数据"选项卡"排序与筛选"组中的"筛选"按钮，在表格的各个表头右侧将出现下拉按钮，单击需要筛选数据的表头右侧的下拉按钮，在弹出的筛选器中取消勾选"（全选）"复选框，然后勾选需要筛选的数据前的复选框，单击"确定"按钮完成筛选操作，如图 4-85 所示。

2. 自定义筛选

Excel 2016 可以对单元格中的数字、文本、颜色、日期或时间进行筛选。筛选时，用户还可以自定义筛选条件，筛选出符合条件的数据。

在"4.3 期末考试成绩表.xlsx"中，筛选出总分在 400 分以上的学生信息，可以通过设定筛选条件实现，具体操作为：进入工作表的筛选状态，单击需要筛选数据的表头右侧的下拉按钮，在弹出的筛选器中选择"数字筛选"子菜单，在其中选择"大于或等于"命令，在弹出的"自定义自动筛选方式"对话框的第二个组合框中输入 400，如图 4-86 所示，然后单击"确定"按钮，即可在工作表中按照筛选条件筛选出相应的数据。

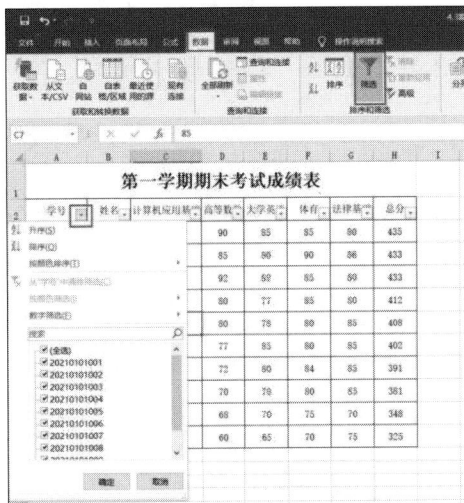

图 4-85　自动筛选

图 4-86　自定义筛选

3. 高级筛选

高级筛选以用户设定的条件对数据表中的数据进行筛选，可以筛选出同时满足两个或两个以上条件的数据。例如，筛选出"4.3 期末考试成绩表.xlsx"中各科目均在 75 分（不含 75 分）以上的学生信息，具体操作如下。

（1）选中 A2:H2 单元格数据，将其复制粘贴到 A14:H14 单元格中，同时在各科目下依次输入筛选条件">75"，如图 4-87 所示。

14	学号	姓名	计算机应用基础	高等数学	大学英语	体育	法律基础	总分
15			>75	>75	>75	>75	>75	

图 4-87　设置筛选条件

（2）单击"数据"选项卡"排序和筛选"组中的"高级"按钮，弹出"高级筛选"对话框，单击其中的"将筛选结果复制到其他位置"单选按钮，然后单击 3 个折叠按钮，使用鼠标指针分别在工作表中选择列表区域、条件区域和复制到的区域，如图 4-88 所示，单击"确定"按钮，系统将进行筛选。

图 4-88　"高级筛选"
对话框设置

4.5.3　合并计算

对 Excel 中的数据表进行数据管理，有时候需要将几张工作表上的数据合并到一起，这种情况下，可以应用 Excel 2016 中的合并计算功能。Excel 合并计算为数据处理带来了很大便利。Excel 中合并计算的使用方法与注意事项如下。

（1）打开"4.4 商品销售表.xlsx"，准备好需要参加合并计算的工作表，如城东店、城南店、销售合计，将城东店和城南店两张工作表中各商品销售额数据汇总到销售合计工作表中。选中存放合并计算结果的位置（本例为销售合计!A1:B5）。单击"数据"选项卡"数据工具"组中的"合并计算"按钮，如图 4-89 所示。

图 4-89　单击"合并计算"按钮

（2）在弹出的"合并计算"对话框中，依次设置函数项为"求和"，引用位置选择要参加引用的数据列（本例为城东店!$B$2:$C$18 和城南店!$B$2:$C$18），在"标签位置"选项组中勾选"首行""最左列"复选框，如图 4-90 所示。如果这里没有勾选，则计算后只有数据，没有首行的内容。

（3）设置完成后，单击"确定"按钮，结果如图 4-91 所示。

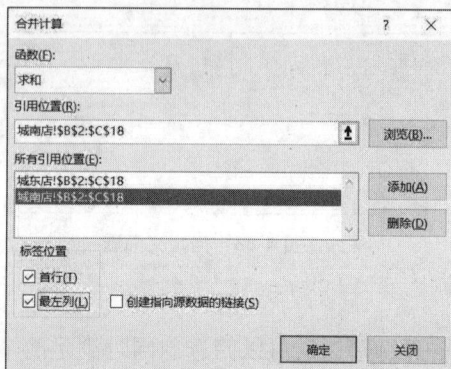

图 4-90　设置"合并计算"对话框

图 4-91　合并计算结果

> 应用合并计算可以快速将同类别的数据进行合并。进行合并的数据可以在不同的工作表中，只要数据具有相同标签即可。在进行合并运算时，表明数据类别的数据称为"标签"，其既可存在于进行合并的数据的最左列，也可存在于数据的第一行。

4.5.4　分类汇总

分类汇总是数据分析中的重要工具之一，使用该工具可以快速地根据用户设置的条件对数据表中的数据进行统计分析。

1. 创建分类汇总

分类汇总对不同的单元格数据进行小计、合计等计算，从而实现对数据的多样统计，汇总后的数据可以根据需要进行分级查看。下面以对"4.5 疫苗接种情况表.xlsx"中的数据进行分类汇总为例来介绍分类汇总的使用方法。

（1）打开"4.5 疫苗接种情况表.xlsx"，统计汇总接种意愿人数。选择单元格 D2，单击"数据"选项卡"排序和筛选"组中的"升序"按钮，Excel 将按照"接种意愿（是/否）"对表中记录进行升序排列。

（2）单击"数据"选项卡"分级显示"组中的"分类汇总"按钮，弹出"分类汇总"对话框，在其中进行相应的参数设置，单击"确定"按钮，如图 4-92 所示。

（3）创建分类汇总的结果如图 4-93 所示。

（4）单击工作表左侧的 按钮可以查看分级显示效果，如图 4-94 所示。

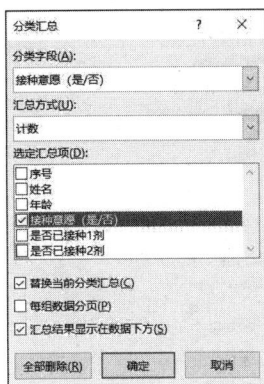

图 4-92 设置"分类汇总"对话框

图 4-93 分类汇总结果

图 4-94 分类汇总分级显示

注意 分类汇总的前提是先按照要分类汇总的字段进行排序。

2. 取消分类汇总

不再需要使用分类汇总时，可以将其取消。取消分类汇总的方法为：打开"分类汇总"对话框，单击"全部删除"按钮，如图 4-95 所示。取消分类汇总操作后，工作表将恢复到原来的显示效果。

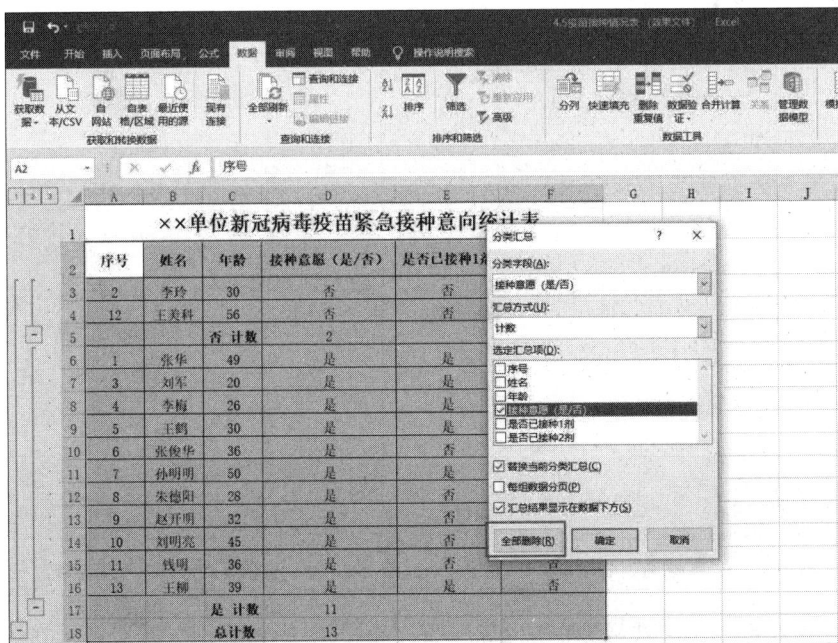

图 4-95 取消分类汇总

4.5.5 数据透视表

在对数据进行深入分析时，可以使用数据透视表或数据透视图。数据透视表是一种可以从源数据列表中快速提取并汇总大量数据的交互式表格。使用数据透视图表可以汇总、分析、浏览数据，以及呈现汇总数据，达到深入分析数值数据、从不同的角度查看数据并对相似数据的数值进行比较的目的。

1. 数据透视表的创建

（1）打开"4.6 教职工基本信息表.xlsx"，单击数据区域中的任意单元格。

（2）单击"插入"选项卡"表格"组中的"数据透视表"按钮，弹出"创建数据透视表"对话框，如图 4-96 所示。

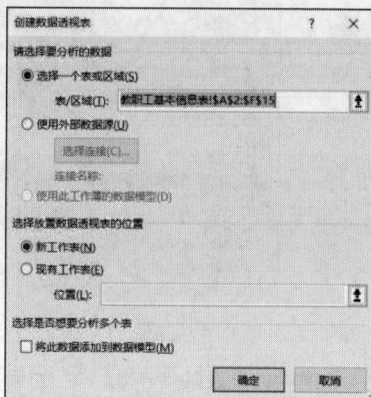

图 4-96 "创建数据透视表"对话框

> **注意** 在"创建数据透视表"对话框中要进行数据区域的选取、选择存放数据透视表的位置等设置。可利用其他工作簿文件创建数据透视表。

（3）单击"确定"按钮，弹出"数据透视表字段"对话框。该对话框用于对创建的数据图表进行布局设置，如图 4-97 所示。

（4）在"数据透视表字段"对话框中选择要添加到数据透视表的字段。可以通过勾选相应字段对应的复选框来进行选择，被选择的文本字段将被添加到数据透视表的"行"列表框中，数值字段则进行汇总计算，第一个选中的行标签字段作为第一个分类汇总字段，依次勾选"部门""性别""职称"复选框的效果如图 4-98（a）所示；依次勾选"性别""部门""职称"复选框的效果如图 4-98（b）所示。

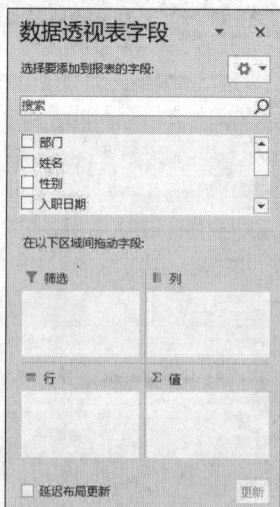

图 4-97 "数据透视表字段"对话框

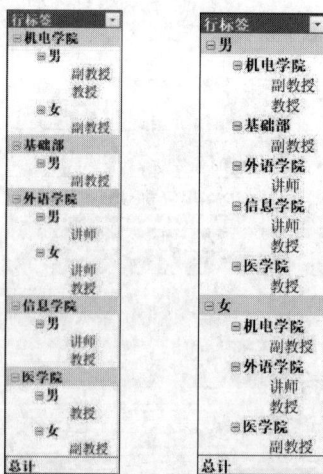

（a）　　　　（b）

图 4-98 勾选字段次序不同效果比较

（5）用鼠标右键单击"选择要添加到报表的字段"中的"性别"字段名，在弹出的快捷菜单中选择"添加到报表筛选"命令，将"性别"字段添加到报表筛选；依次将"部门"字段添加到"列"列表框中，将"职称"字段添加到"行"列表框中将"姓名"字段添加到"值"列表框中。单击"值"列表框中"姓名"右侧的下拉按钮，在展开的下拉列表中选择"值字段设置"选项，弹出"值字段设置"对话框，在"选择用于汇总所选字段数据的计算类型"列表框中选择"计数"选项，再单击"数字格式"按钮，在弹出的对话框中设置小数位为"0"。结果如图 4-99 所示。

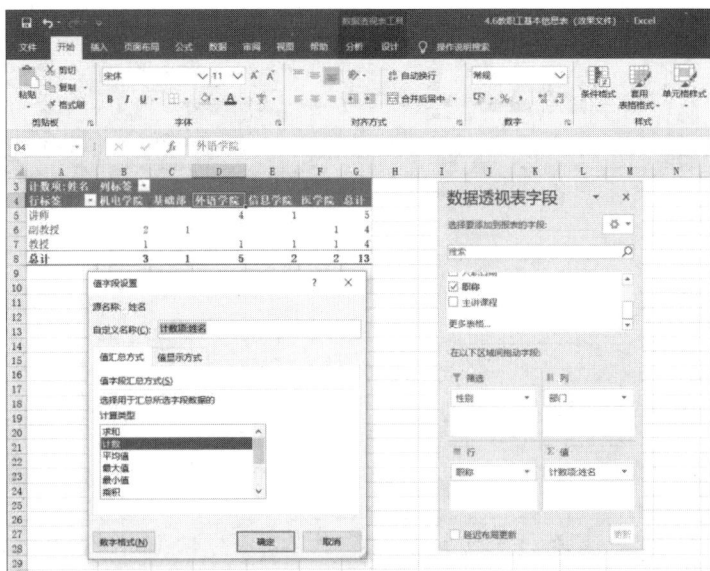

图 4-99　设置结果

> **注意**　可以用鼠标拖曳的方法，将字段放到指定位置，并且可将字段在任意位置之间移动。

2. 修改数据透视表

修改数据透视表包括更改汇总方式、添加（删除）筛选字段、调整数据透视表字段、删除字段等操作。

（1）当创建了数据透视表之后，数据透视表工具就被激活，可以在数据透视表工具"分析"选项卡中选择"显示"组中的"字段列表"命令调用"数据透视表字段"对话框，用户可在该对话框中根据创建数据透视表的过程进行相应修改。

（2）调整字段可以对其进行移动和删除操作，方法是在"数据透视表字段"对话框中选择已经添加到报表的字段，单击字段名称后的下拉按钮可以在下拉列表中选择进行删除、移动等操作。

3. 切片器的应用

Excel 2016 提供了切片器功能，丰富了数据透视表的查看方式，能实现对数据进行动态分割和筛选的操作。当使用常规的数据透视表筛选器来筛选多个项目时，筛选器仅指示筛选了多个项目，用户必须打开下拉列表才能找到有关筛选的详细信息。然而，切片器可以清晰地标记已应用的筛选器，并提供详细信息，以便用户能够轻松地了解显示在已筛选的数据透视表中的数据。

（1）插入切片器。插入切片器通常是在现有的数据透视表中进行的，并且在同一工作表中创建多个切片器后，切片器将和数据透视表一起显示在工作表中。插入切片器的具体操作如下。

① 在数据透视表工作表中，单击数据透视表中的任意一个单元格，激活数据透视表工具。

② 单击"分析"选项卡"筛选"组中的"插入切片器"按钮，弹出"插入切片器"对话框。

③ 在"插入切片器"对话框中，勾选需要创建切片器的一个或多个字段所对应的复选框。此时，工作表会显示相应的切片器，如图 4-100 所示。

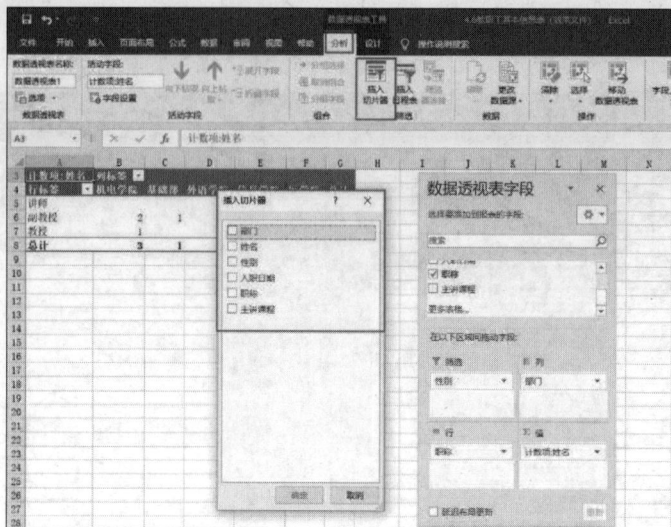

图 4-100　切片器使用

在图 4-101 中选择了"性别"与"职称"两个字段（或叫两个切片器），两个切片器是"与"的关系，也就是说，图中显示的是性别为"男"且职称为"讲师"的人员统计情况。单击切片器右上角的"清除筛选器"按钮，可取消筛选，显示全部内容。此外，还可以利用切片器工具更改切片器样式。

注意

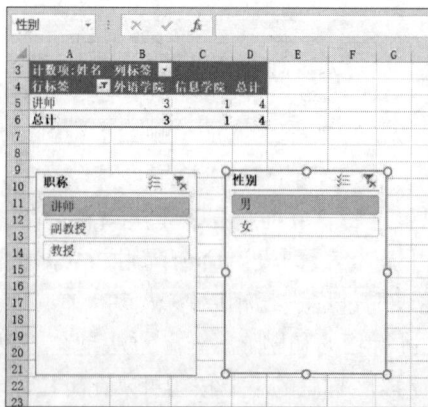

图 4-101　切片器筛选

（2）删除切片器。用鼠标右键单击需要删除的切片器，在弹出的快捷菜单中选择"删除"命令即可。

4. 使用数据透视图

对于汇总、分析、浏览和呈现汇总数据，数据透视表非常有用。数据透视图则有助于形象地呈现数据透视表中的汇总数据，以便用户轻松查看、比较。数据透视表和数据透视图都能帮助用户就企业中的关键数据做出明智决策。

数据透视图的创建、使用、修改方法与数据透视表类似，所不同的是在创建数据透视图的同时，Excel 会自动创建数据透视表，如图 4-102 所示。

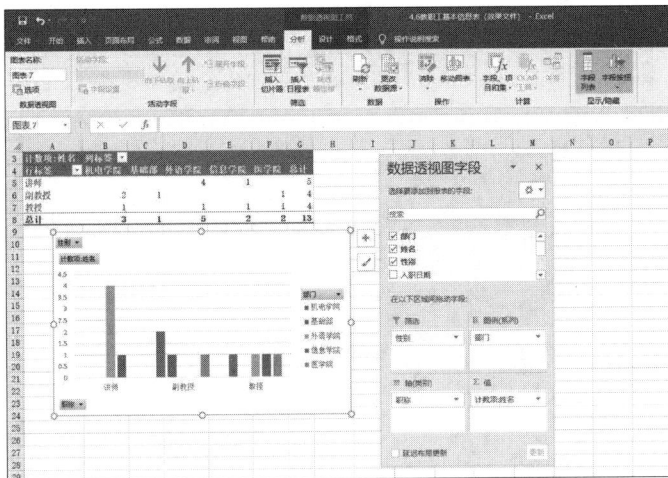

图 4-102　数据透视图示例

4.6　查看和打印工作表

4.6.1　拆分和冻结窗格

1. 拆分窗格

在对大型表格进行编辑时，由于屏幕所能查看的范围有限而无法实现数据的上下、左右对照，所以需要利用 Excel 提供的拆分功能，对表格进行"横向"或"纵向"分割，以便同时观察或编辑表格的不同部分。

如"4.7 图书销售订单记录.xlsx"文档，在订单记录较多的情况下，通过拆分窗格可以同时查看隔得较远的工作表数据。

（1）拆分工作表为上下区域。例如要从第 5 行开始将工作表拆分为上下两个窗格，可以选中第 5 行，在"视图"选项卡"窗口"组中单击"拆分"按钮，如图 4-103 所示。

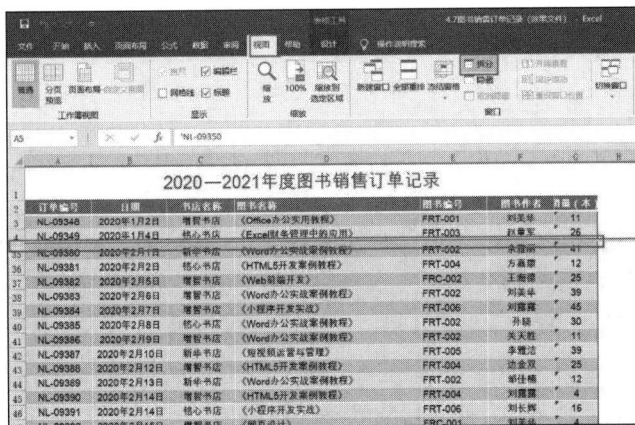

图 4-103　拆分工作表为上下区域

（2）拆分工作表为左右区域。例如要从 D 列开始将工作表拆分为左右两个窗格，可以选中 D 列，在"视图"选项卡"窗口"组中单击"拆分"按钮，将当前工作表拆分为左右两个窗格，如图 4-104 所示。

图 4-104　拆分工作表为左右区域

（3）拆分工作表为上下左右区域。选中某一个单元格，在"视图"选项卡"窗口"组中单击"拆分"按钮，即可将工作表拆分为上下左右 4 个窗格，如图 4-105 所示。

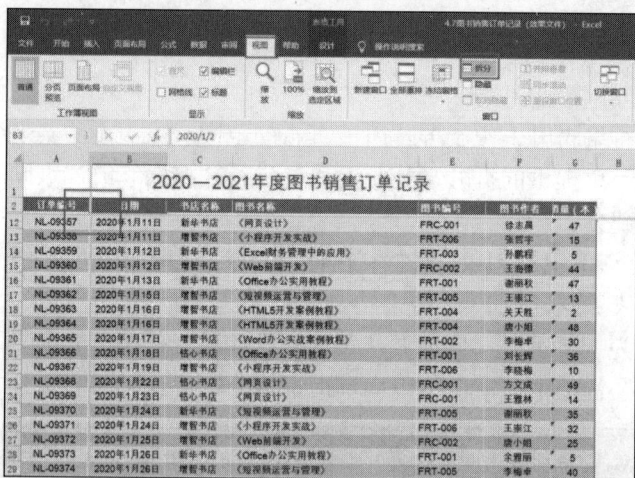

图 4-105　拆分工作表为上下左右区域

（4）拆分窗格后，单击某个窗格中的任意单元格，然后滚动鼠标滚轮，可以上下滚动该窗格中隐藏的数据，其他窗格不受影响。

（5）取消拆分。双击拆分条或单击"视图"选项卡"窗口"组中的"拆分"按钮，可以取消拆分。需要注意的是，若先前没对工作表进行拆分，则单击该按钮可在当前所选的行、列或单元格位置对工作表进行拆分。

2．冻结窗格

在查看大型报表时，往往因为行、列数太多，数据内容与行、列标题无法一一对照。此时，虽可通过拆分窗格来查看，但还是会常常出错。使用"冻结窗格"命令则可以解决此问题，从而大大地提高工作效率。

利用冻结窗格功能，可以保持工作表的某一部分数据在其他部分滚动时始终可见。例如，在查看过长的表格时保持首行可见，在查看过宽的表格时保持首列可见。

（1）冻结窗格。单击工作表中任意单元格，然后单击"视图"选项卡"窗口"组中的"冻结窗格"下拉按钮，在弹出的下拉菜单中选择"冻结拆分窗格"命令。此时，所选单元格以上行被冻结，当滚动鼠标滚轮或拖曳垂直滚动条向下查看工作表内容时，这些行始终显示。

（2）取消冻结窗格。单击工作表中的任意单元格，然后在"冻结窗格"下拉菜单中选择"取消冻结窗格"命令即可。

4.6.2 页面设置

在打印工作表之前还应对工作表的页面进行设置，包括页边距、纸张方向和纸张大小等。

（1）页边距：打印表格与纸张边界上、下、左、右的距离。

（2）纸张方向：表示打印纸张的方向，如横向或竖向。

（3）纸张大小：表示打印纸张的大小，常用的有 A4、A3、16K 等规格。纸张的大小也可用其长度和宽度表示。

以"4.7 图书销售订单记录.xlsx"文档为例，对其进行页面设置。

（1）打开"4.7 图书销售订单记录.xlsx"工作簿，在"页面布局"选项卡的"页面设置"组中单击"纸张方向"下拉按钮，在弹出的下拉菜单中将纸张方向设置为横向。

（2）在"页面布局"选项卡的"页面设置"组中单击"纸张大小"下拉按钮，在弹出的下拉菜单中将纸张大小设置为 A4。

（3）在"页面布局"选项卡的"页面设置"组中单击"页边距"下拉按钮，在弹出的下拉菜单中选择"自定义边距"命令，弹出"页面设置"对话框，单击"页边距"选项卡，根据需要设置纸张的页边距，如图 4-106 所示。

（4）在"页面布局"选项卡的"页面设置"组中单击右下角的对话框启动器按钮，弹出"页面设置"对话框，单击"页眉/页脚"选项卡，单击"自定义页眉"按钮，弹出"页眉"对话框，如图 4-107 所示，在中间位置输入"2020—2021 年度图书销售订单记录"，单击"确定"按钮。同样对页脚进行设置，插入页码。

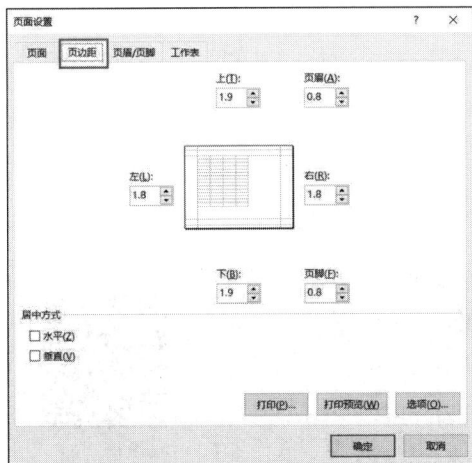

图 4-106 设置页边距

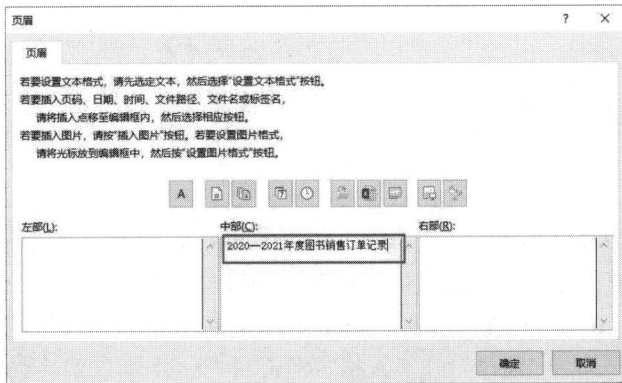

图 4-107 设置页眉

（5）在"页面布局"选项卡的"页面设置"组中单击"打印标题"按钮，弹出"页面设置"对话框，单击"工作表"选项卡，在"打印标题"选项组中将工作表第 2 行设置为顶端标题行，如图 4-108 所示。

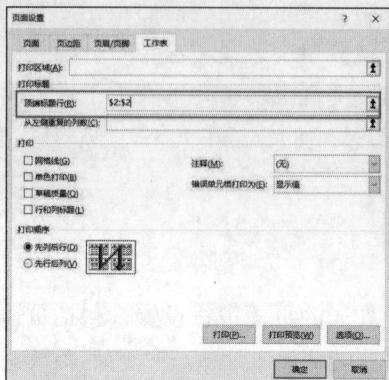

图 4-108　设置打印标题

4.6.3　设置分页符

在打印时，有时要强行分页。例如，在"4.7 图书销售订单记录.xlsx"的工作表中，有多个书店，要给每个书店做一个记录表，那么在打印设计时，不但要打印标题行，还要进行分页。分页符的插入方法如下。

（1）在工作表中，选取要分页的行，将光标定位在该行任意一个单元格中，单击"页面布局"选项卡"页面设置"组中的"分隔符"下拉按钮，在弹出的下拉菜单中选择"插入分页符"命令，则在选取行的上方出现和纸张边线一样的点虚线。

（2）删除分页符的方法：选取有分页标志的行中的任意一个单元格，单击"页面布局"选项卡"页面设置"中的"分隔符"下拉按钮，在弹出的下拉菜单中选择"删除分页符"命令。该下菜单中的"重设所有分页符"命令的功能是删除所有的分页符。

4.6.4　预览和打印工作表

打印预览可以观察整张工作表的打印效果，效果达到要求后，单击"文件"选项卡，选择"打印"选项，查看打印参数和打印效果界面并完成相应的参数设置后，便可单击"打印"按钮，打印当前工作表。

综合实训

小王是××公司财务部的一名员工工资绩效考核专员。他使用 Excel 编制了 2021 年 6 月员工工资表，如图 4-109 所示。小王经过对 Excel 的系统学习，能够充分利用 Excel 的公式、函数和数据分析功能快速计算出公司各部门所有员工的月度工资。请你根据下列要求和小王一起对该月工资进行整理和分析。

综合实训

（1）通过合并单元格，将表名"××公司 2021 年 6 月员工工资表"放于整张表的上端并居中，并调整字体、字号。

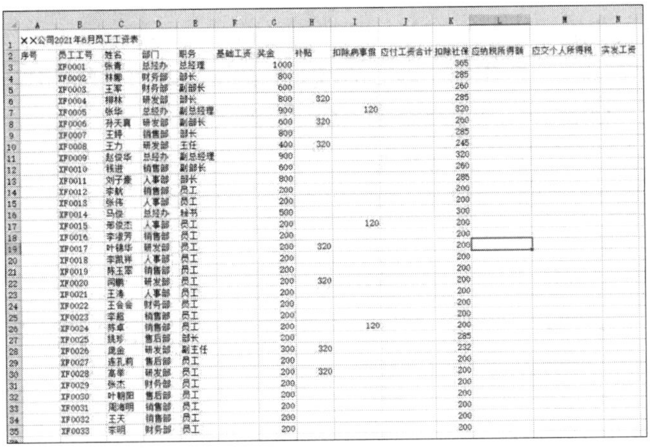

序号	员工工号	姓名	部门	职务	基础工资	奖金	补贴	扣除病事假	应付工资合计	扣除社保	应纳税所得额	应交个人所得税	实发工资
××公司2021年6月员工工资表													
	XF0001	张青	总经办	总经理		1000				365			
	XF0002	林娜	财务部	部长		800				285			
	XF0003	王军	财务部	副部长		600				260			
	XF0004	柳林	研发部	部长		800	320			285			
	XF0005	张华	总经办	副总经理		900		120		320			
	XF0006	孙天真	研发部	副部长		600	320			260			
	XF0007	王婷	销售部	部长		800				285			
	XF0008	王力	研发部	主任		400	320			245			
	XF0009	赵俊华	总经办	副总经理		900				320			
	XF0010	钱进	销售部	副部长		600				260			
	XF0011	刘子豪	人事部	部长		800				285			
	XF0012	李航	销售部	员工		200				200			
	XF0013	张伟	人事部	员工		200				200			
	XF0014	马俊	总经办	秘书		500				300			
	XF0015	邢俊杰	人事部	员工		200		120		200			
	XF0016	李垛芳	销售部	员工		200				200			
	XF0017	叶锦华	研发部	员工		200	320			200			
	XF0018	李凯祥	人事部	员工		200				200			
	XF0019	陈玉翠	销售部	员工		200				200			
	XF0020	闫鹏	研发部	员工		200	320			200			
	XF0021	王涛	人事部	员工		200				200			
	XF0022	王会会	财务部	员工		200				200			
	XF0023	李超	销售部	员工		200				200			
	XF0024	苏卓	销售部	员工		200		120		200			
	XF0025	姚珍	售后部	部长		200				285			
	XF0026	庞金	研发部	副主任		300	320			232			
	XF0027	连孔莉	售后部	员工		200				200			
	XF0028	高举	研发部	员工		200	320			200			
	XF0029	张杰	财务部	员工		200				200			
	XF0030	叶朝阳	售后部	员工		200				200			
	XF0031	周海明	销售部	员工		200				200			
	XF0032	王天	销售部	员工		200				200			
	XF0033	宋明	财务部	员工		200				200			

图 4-109　员工工资表

（2）在“序号”列中分别填入 1～33，将其数据格式设置为数值、保留 0 位小数、居中。

（3）将“基础工资”（含）往右各列设置为会计专用格式、保留两位小数、无货币符号。

（4）调整表格内容的字体、字号，并根据内容调整表格各列宽度、对齐方式，并为表格添加边框，使工作表更加美观，设置纸张大小为 A4、方向的横向，根据打印需要对工作表进行调整。若有多页，则要求每页都显示各列标题字段。

（5）根据“基本工资”表中的数据，利用 VLOOKUP()函数填写“2021 年 6 月”工作表中每位员工的基础工资。

（6）分别计算“应付工资合计”和“应纳税所得额”。应付工资合计=基础工资+奖金+补贴−扣除病事假，应纳税所得额=应付工资合计−扣除社保。

（7）参考工作表的“个人所得税”字段，利用 IF()函数计算“应交个人所得税”列的值。提示：应交个人所得税=应纳税所得额×对应税率−对应速算扣除数。

（8）利用公式计算“实发工资”列的值，公式为：实发工资=应付工资合计−扣除社保−应交个人所得税。

（9）复制工作表“2021 年 6 月”，将副本放置到原表的右侧，并命名为“分类汇总”。

（10）在“分类汇总”工作表中通过分类汇总功能求出各部门“应付工资合计”“实发工资”的和，每组数据不分页。

小王根据每位员工的月度考核情况，认真地在 Excel 中录入每位员工的工资明细，并根据要求对月工资进行了整理和分析。具体整理分析步骤如下。

（1）在“2021 年 6 月”工作表中，选中 A1:N1 单元格区域，单击“开始”选项卡的“对齐方式”组中的“合并后居中”按钮，同时根据工作表整体美观度，调整标题为“黑体”“22 磅”“加粗”，使表格更加美观。

（2）在 A3 单元格中输入“1”，按住【Ctrl】键向下填充至单元格 A35。选中“序号”列，单击鼠标右键，在弹出的快捷菜单中选择“设置单元格格式”命令，弹出“设置单元格格式”对话框，在“分类”列表框中选择“数值”选项，在右侧的“小数位数”数值框中输入“0”。在“设置单元格格式”对话框中切换至“对齐”选项卡，在“文本对齐方式”选项组中的“水平对齐”下拉列表框中选择“居中”选项，单击“确定”按钮关闭对话框。

（3）在“2021 年 6 月”工作表中选中 F:N 列，单击鼠标右键，在弹出的快捷菜单中选择“设置单元格格式”命令，弹出“设置单元格格式”对话框。在“分类”列表框中选择“会计专用”

选项，在"小数位数"数值框中输入"2"，在"货币符号"下拉列表框中选择"无"选项。

（4）在"2021年6月"工作表中，选中A2:N35单元格区域，在"开始"选项卡的"字体"组中设置字体为宋体、14磅，在"对齐方式"组中选择"居中对齐"命令；选中第2行到第35行，单击鼠标右键，在弹出的快捷菜单中选择"行高"命令，设置行高为22，选中第A列到第N列，单击"开始"选项卡"单元格"组中的"格式"下拉按钮，在弹出的下拉菜单中选择"自动调整列宽"命令；选中A2:N35单元格区域，单击"开始"选项卡"字体"组中的"边框"下拉按钮，在弹出的下拉菜单中选择"所有框线"命令；单击"页面布局"选项卡"页面设置"组中的"纸张大小"下拉按钮，在弹出的下拉菜单中选择"A4"命令，在"纸张方向"下拉菜单中选择"横向"命令，单击"工作表选项"组中的对话框启动器按钮，在弹出的对话框中设置顶端标题行为"$2:$2"。

（5）在"2021年6月"工作表F3单元格中输入"=VLOOKUP(E3,基本工资!$A$2:$B$9,2,FALSE)"，单击编辑栏上的"√"按钮，完成基础工资的计算，然后向下填充公式到单元格F35即可。

（6）在"2021年6月"工作表的J3单元格中输入"=F3+G3+H3-I3"，单击编辑栏上的"√"按钮，完成应付工资合计的计算，然后向下填充公式到单元格J35即可；以个税起征点5000为标准，在L3单元格中输入"=IF(J3-K3>5000,J3-K3-5000,0)"，单击编辑栏上的"√"按钮，完成应纳税所得额的计算，然后向下填充公式到单元格L35即可。

（7）在"2021年6月"工作表的M3单元格中输入"=IF(L3>80000,L3*0.45-个人所得税!$C$8,IF(L3>55000,L3*0.35-个人所得税!$C$7,IF(L3>35000,L3*0.3-个人所得税!$C$6,IF(L3>25000,L3*0.25-个人所得税!$C$5,IF(L3>12000,L3*0.2-个人所得税!$C$4,IF(L3>3000,L3*0.1-个人所得税!$C$3,IF(L3>0,L3*0.03,0)))))))"。然后单击编辑栏上的"√"按钮，完成应交个人所得税的填充，最后向下填充公式到单元格M35即可。

（8）在"2021年6月"工作表的F3单元格中输入"=J3-K3-M3"，单击编辑栏上的"√"按钮，完成"实发工资"的填充，然后向下填充公式到单元格F35即可。

（9）选中"2021年6月"工作表，单击鼠标右键，在弹出的快捷菜单中选择"移动或复制"命令。在"移动或复制工作表"对话框的"下列选定工作表之前"列表框中选择"移至最后"选项，勾选"建立副本"复选框，设置完成后，单击"确定"按钮。选中"2016年6月（2）"工作表，单击鼠标右键，在弹出的快捷菜单中选择"重命名"命令，将表名更改为"分类汇总"。

（10）在分类汇总工作表中按照部门进行升序排列，在"数据"选项卡下，打开"分类汇总"对话框，在"分类汇总"对话框中设置"分类字段"为"部门"，"汇总方式"为"求和"，勾选"选定汇总项"中的"应付工资合计"和"实发工资"复选框，同时勾选"每组数据分页"复选框，设置完成后单击"确定"按钮，完成分类汇总操作。

本章小结

在制作电子表格的软件中，Microsoft Office软件中的Excel组件是应用非常广泛的一种工具。它除了能处理和计算表格中的数据，还可以对数据进行各种分析操作。本章以Excel 2016为操作平台，详细讲解了Excel中工作簿、工作表及单元格的基本操作及工作表中数据的计算和分析方法。读者应重点掌握以下操作内容。

1. 表格的基础操作

表格的基础操作是制表的基础，必须熟练掌握才能为后边的统计分析打下良好基础。需要掌握的知识点包括以下几部分。

（1）选择操作对象：工作表、单元格、行、列等的快速选择。

（2）数据的输入与编辑：手动输入数据、序列填充，并自动以序列、数据有效性排序。

（3）美化工作表：设置单元格的字体、对齐方式、边框、底纹、数据格式、表格样式，使用条件格式控制显示，插入图形、图像美化表格。

2. 图表的应用

能根据需要创建不同类型的图表，同时能对图表进行编辑和修改。

3. 公式和函数的应用

能熟练应用公式和 SUM()、AVERAGE()、IF()等函数对数据进行统计。

4. 数据的分析与处理

能熟练使用排序、筛选、合并计算、分类汇总和数据透视表进行数据分析。

练习题

一、选择题

（1）默认情况下，Excel 2016 工作簿包含了（　　）张工作表。

    A. 1　　　　　　　B. 2　　　　　　　C. 3　　　　　　　D. 5

（2）在 Excel 2016 中，给当前单元格输入数值型数据时，默认对齐方式为（　　）。

    A. 居中　　　　　B. 左对齐　　　　C. 右对齐　　　　D. 随机

（3）在 Excel 2016 工作表单元格中，输入的下列（　　）表达式是错误的。

    A. =（15−A1）/3　　　　　　　　B. =A2/C1

    C. SUM（A2:A4）/2　　　　　　　D. =A2+A3+D4

（4）当向 Excel 2016 工作表单元格中输入公式时，使用单元格地址 D$2 引用第 D 列第 2 行单元格，则该单元格的引用称为（　　）。

    A. 交叉地址引用　B. 混合地址引用　C. 相对地址引用　D. 绝对地址引用

（5）在 Excel 2016 工作表中，不正确的单元格地址是（　　）。

    A. C$66　　　　　B. $C66　　　　　C. C6$6　　　　　D. $C$66

（6）在 Excel 2016 工作表中，在某单元格内输入数值 "123"，不正确的输入形式是（　　）。

    A. 123　　　　　　B. =123　　　　　C. +123　　　　　D. *123

（7）在 Excel 2016 工作表中，正确的 Excel 公式形式为（　　）。

    A. =B3*Sheet3!A2　　　　　　　B. =B3*Sheet3$A2

    C. =B3*Sheet3:A2　　　　　　　D. =B3*Sheet3%A2

（8）在 Excel 2016 工作表中，"B1,D2" 代表的单元格是（　　）。

    A. B1 和 D2　　　　　　　　　　B. B1,C2,D2

    C. B1,C1,D1,B2,C2,D2　　　　　D. B1,D1,B2,D2

（9）在 Excel 2016 工作簿中，有关移动和复制工作表的说法，正确的是（　　）。

    A. 工作表只能在所在工作簿内移动，不能复制

B. 工作表只能在所在工作簿内复制，不能移动

C. 工作表可以移动到其他工作簿内，不能复制到其他工作簿内

D. 工作表可以移动到其他工作簿内，也可以复制到其他工作簿内

（10）在 Excel 2016 工作表中，单元格区域 D2:E4 所包含的单元格个数是（　　　）。

A. 5　　　　　　　B. 6　　　　　　　C. 7　　　　　　　D. 8

（11）在 Excel 2016 工作表的某单元格内输入数字字符串"456"，正确的输入方式是（　　　）。

A. 456　　　　　　B. '456　　　　　　C. =456　　　　　D. "456"

（12）在 Excel 2016 工作表中，单元格 C4 中有公式"=A3+$C$5"，若把公式复制到 D7 中，则单元格 D7 中的公式为（　　　）。

A. =A7+$C$6　　　B. =A7+$C$5　　　C. =A3+$C$7　　　D. =B6+$C$5

（13）若在数值单元格中出现一连串的"###"符号，要正常显示则需要（　　　）。

A. 重新输入数据　　　　　　　　　　B. 调整单元格的宽度

C. 删除这些符号　　　　　　　　　　D. 删除该单元格

（14）假设 B1 单元格中为文字"100"，B2 单元格中为数字"3"，则 COUNT(B1:B2)等于（　　　）。

A. 103　　　　　　B. 100　　　　　　C. 3　　　　　　　D. 1

（15）为了区别"数字"与"数字字符串"数据，Excel 要求在输入项前添加（　　　）符号来确认。

A. "　　　　　　　B. '　　　　　　　C. #　　　　　　　D. @

（16）在同一个工作簿中区分不同工作表的单元格，要在地址前面增加（　　　）来标识。

A. 单元格地址　　B. 公式　　　　　C. 工作表名称　　D. 工作簿名称

（17）准备在一个单元格内输入一个公式，应先输入（　　　）先导符号。

A. $　　　　　　　B. >　　　　　　　C. <　　　　　　　D. =

（18）在 Excel 2016 中，如果要在同一行或同一列的连续单元格中使用相同的计算公式，可以先在第一个单元格中输入公式，然后用鼠标指针拖曳单元格的（　　　）来实现公式的复制。

A. 列标　　　　　B. 行标　　　　　C. 填充柄　　　　D. 框

（19）在 Excel 2016 中，如果单元格 A5 的值是单元格 A1、A2、A3、A4 的平均值，则 A5 中不正确的输入公式为（　　　）。

A. =AVERAGE(A1:A4)　　　　　　　B. =AVERAGE(A1,A2,A3,A4)

C. =(A1+A2+A3+A4)/4　　　　　　　D. =AVERAGE(A1+A2+A3+A4)

（20）在单元格中输入公式时，单击编辑栏上的"√"按钮表示执行（　　　）操作。

A. 拼写检查　　　B. 函数向导　　　C. 确认　　　　　D. 取消

二、操作题

小刘是一位中学教师，在教务处负责高二年级学生的成绩管理。由于学校地处偏远地区，缺乏必要的教学设施，只有一台配置不太高的计算机可以使用。他在这台计算机中安装了 Microsoft Office，决定通过 Excel 来管理学生成绩，以弥补学校缺少数据库管理系统的不足。现在，第一学期期末考试刚刚结束，小刘将高二年级 3 个班的成绩均录入了文件名为"学生成绩单.xlsx"的 Excel 工作簿文档中，如图 4-110 所示。

请根据下列要求，帮助小刘老师对该成绩单进行整理和分析。

	A	B	C	D	E	F	G	H	I	J	K
1	学号	姓名	语文	数学	英语	生物	地理	历史	政治	总分	平均分
2	220305	李宏伟	95.5	89	94	92	91	86	86		
3	220203	程方	93	99	92	86	86	73	92		
4	220104	付金龙	102	116	113	78	88	86	73		
5	220301	李俊龙	99	98	101	95	91	95	78		
6	220306	马萧萧	101	94	99	90	87	95	93		
7	220206	张峻宁	100.5	103	104	88	89	78	90		
8	220302	李娜娜	78	95	94	82	90	93	84		
9	220204	刘康锋	95.5	92	96	84	95	91	92		
10	220201	刘鹏举	93.5	107	96	100	93	92	93		
11	220304	闫军	95	97	102	93	95	92	88		
12	220103	张华	95	85	99	98	92	92	88		
13	220105	苏宇航	88	98	101	89	73	95	91		
14	220202	孙玉敏	86	107	89	88	92	88	89		
15	220205	孙桓	103.5	105	105	93	93	90	86		
16	220102	李娟	110	95	98	99	93	93	92		
17	220303	闫朝霞	84	100	97	87	78	89	93		
18	220101	张亮莹	97.5	106	108	98	99	99	96		
19	220106	李明	90	111	116	72	95	93	95		

图 4-110 学生成绩单源数据

（1）对工作表"第一学期期末成绩"中的数据列表进行格式化操作：将"学号"列设为文本，将所有成绩列设为保留两位小数的数值；适当加大行高和列宽，改变字体、字号，设置对齐方式，增加适当的边框和底纹，使工作表更加美观。

（2）利用"条件格式"功能进行下列设置：将语文、数学、英语等 3 科中不低于 110 分的成绩所在的单元格以一种颜色填充，其他 4 科中高于 95 分的成绩以另一种颜色标出，所用颜色深浅以不遮挡数据为宜。

（3）利用 SUM() 和 AVERAGE() 函数计算每一个学生的总分及平均成绩。

（4）复制工作表"第一学期期末成绩"，将副本放到原表之后；改变副本表标签的颜色，并重新命名，新表名需包含"分类汇总"字样。

（5）通过分类汇总功能求出每个班各科的平均成绩，并将每组结果分页显示。

（6）以分类汇总结果为基础，创建一个簇状柱形图，对每个班各科平均成绩进行比较，并将该图表放置在一个名为"柱状分析图"的新工作表中。

（7）保存"学生成绩单.xlsx"文档。

【价值引领】
- 利用现代化科技手段来提升学习和工作效率，培养学生在实践中掌握知识理论的能力。
- 通过学习数据输入和编辑，培养学生实事求是的作风。
- 通过学习 Excel 数据分析和统计，培养学生严谨细致的职业素养。

05 第5章 使用PowerPoint 2016 制作演示文稿

【学习目标】
- 了解 PowerPoint 2016 的工作界面。
- 掌握演示文稿和幻灯片的基本操作方法。
- 熟练掌握 PowerPoint 2016 中常用对象的插入方法。
- 掌握幻灯片版式、主题及背景的设置方法。
- 熟练掌握幻灯片母版的应用方法。
- 熟练掌握幻灯片切换效果和动画效果的设置方法。
- 掌握演示文稿的放映和打印方法。

【引例】制作爱国教育主题班会演示文稿

班长小王计划近期在班内召开一次爱国教育主题班会，培养同学们的爱国情操。为了让同学们学有所得，小王决定利用 PowerPoint 2016 制作一份演示文稿进行宣传教育。制作演示文稿时，如何将文字、图片、视频等结合在一起，使内容不显得枯燥是最难的部分。在快速地学习和掌握 PowerPoint 2016 的编辑、对象的插入、演示文稿的美化、动画效果的设置及演示文稿的放映等功能后，小王为这次爱国教育主题班会制作出了一份精美的演示文稿。

5.1 PowerPoint 2016 使用基础

PowerPoint 2016 简称 PPT，是微软公司的办公软件 Microsoft Office 的组件之一，是一款演示文稿软件。演示文稿软件可以把静态文件制作成动态文件用于浏览，把复杂的问题变得通俗易懂，使之更生动，给人留下更为深刻的印象。演示文稿正成为人们工作、生活的重要组成部分，主要应用在工作汇报、企业宣传、产品推介、婚礼庆典、项目竞标、管理咨询等方面。

5.1.1 PowerPoint 2016 的启动和退出

1. PowerPoint 2016 的启动

在 Windows 10 系统中，可用以下方法启动 PowerPoint 2016。

（1）选择"开始"→"所有程序"→"PowerPoint"命令，在打开的窗口中选择"空白演示文稿"选项。

（2）通过已经建立的演示文稿启动 PowerPoint 2016：通过资源管理器或"此电脑"窗口找到所需要的演示文稿，双击对应文档图标。这是用户经常使用的方法。

（3）使用新建 Office 文档命令启动：用鼠标右键单击资源管理器窗口空白处，在弹出的快捷菜单中选择"新建"→"Microsoft PowerPoint 演示文稿"命令，此时会产生一个名为"新建 Microsoft PowerPoint 演示文稿.pptx"的演示文稿，双击将其打开。

（4）如果桌面上有 Microsoft PowerPoint 2016 的快捷方式，可直接双击快捷方式图标启动。

2．PowerPoint 2016 的退出

完成演示文稿的编辑后，要退出 PowerPoint 2016，可按照关闭窗口的方法直接退出。另外，也可以使用以下方法退出。

（1）按【Alt】+【F4】组合键。

（2）鼠标右键单击标题栏，在弹出的快捷菜单中选择"关闭"命令。

（3）切换到"文件"选项卡，选择"关闭"命令。

5.1.2　认识 PowerPoint 2016 的工作界面

PowerPoint 能够制作出集文字、图形、图像、声音、动画及视频等多媒体元素于一体的演示文稿，被广泛应用于课堂教学、学术报告、产品展示、教育讲座等各种信息传播活动中。利用 PowerPoint，用户不仅可以创建演示文稿，还可以在互联网上召开面对面会议、远程会议或在网上给观众展示演示文稿。

在启动 PowerPoint 2016 并创建空白演示文稿后，则进入 PowerPoint 2016 的工作界面，如图 5-1 所示。PowerPoint 2016 的工作界面和 Word 2016、Excel 2016 的工作界面相似，主要由标题栏、快速访问工具栏、功能选项卡、"幻灯片视图"窗格、"幻灯片编辑"窗格、状态栏、"备注"窗格、视图栏等区域组成。

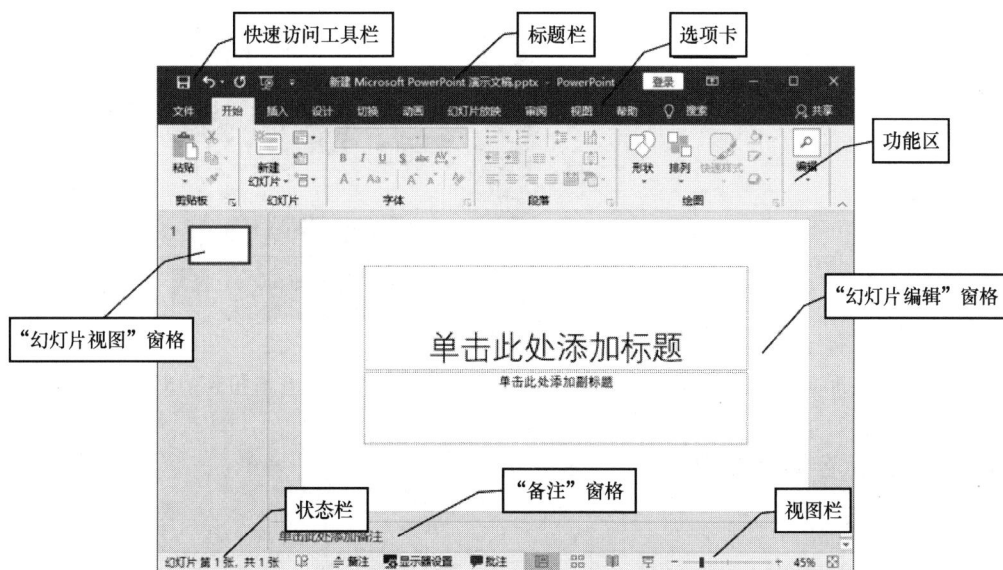

图 5-1　PowerPoint 2016 的工作界面

1. "幻灯片视图"窗格

普通视图模式下,"幻灯片视图"窗格显示每张幻灯片的缩略图。在设计与制作幻灯片时,每张幻灯片左侧都有序号和动画播放按钮,可以直接拖曳幻灯片来调整幻灯片的顺序。当选中某张幻灯片的缩略图时,在"幻灯片编辑"窗格中会出现对应幻灯片,以便用户对其进行编辑,或为其设置动画效果等。

2. "幻灯片编辑"窗格

"幻灯片编辑"窗格是用来编辑和浏览幻灯片的窗格,便于用户查看每张幻灯片的整体效果。

3. "备注"窗格

每张幻灯片都有对应的备注区,用于保存幻灯片的备注文本信息。备注的文本在幻灯片放映时不会显示,但是可以打印出来,也可以在放映时选择使用演示者视图进行显示。

5.1.3 创建演示文稿

用户启动 PowerPoint 2016 后,还可以用以下两种方式创建新的演示文稿。

1. 新建空白演示文稿

新建空白演示文稿的方法有以下 3 种。

(1)选择"文件"→"新建"→"空白演示文稿"选项,即可新建一个空白演示文稿,如图 5-2 所示。

(2)单击"自定义快速访问工具栏"下拉按钮,在下拉菜单中选择"新建"命令,将"新建"按钮添加到快速访问工具栏,单击"新建"按钮即可新建一个空白演示文稿。

(3)按【Ctrl】+【N】组合键可新建一个空白演示文稿。

2. 根据主题和模板创建

选择"文件"→"新建"命令,在右侧窗格中选择需要的主题和模板,单击"创建"按钮,即可创建一个新的演示文稿,如图 5-3 所示。

图 5-2　新建空白演示文稿

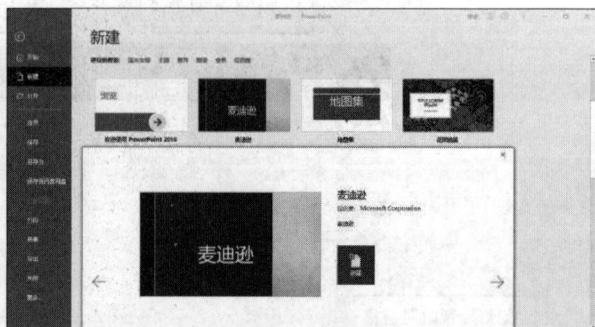

图 5-3　根据主题和模板创建演示文稿

5.1.4 打开和保存演示文稿

1. 打开演示文稿

打开演示文稿的常用方法如下。

(1)选择"文件"→"打开"命令,在"打开"界面中选择要打开的演示文稿。

（2）单击快速访问工具栏中的"打开"按钮，在"打开"界面中选择要打开的演示文稿。

（3）按【Ctrl】+【O】组合键，在"打开"界面中选择要打开的演示文稿。

（4）在创建完成的演示文稿图标上双击即可打开对应演示文稿。

2. 保存演示文稿

保存演示文稿的常用方法如下。

（1）选择"文件"→"保存"命令。

（2）单击快速访问工具栏中的"保存"按钮。

（3）按【Ctrl】+【S】组合键。

当演示文稿第一次被保存时，会跳转至"另存为"页面，选择"浏览"命令，在弹出的"另存为"对话框中选择要存放的目录位置，在对话框的"文件名"文本框中输入演示文稿的名称，单击"保存"按钮即可，如图 5-4 所示。

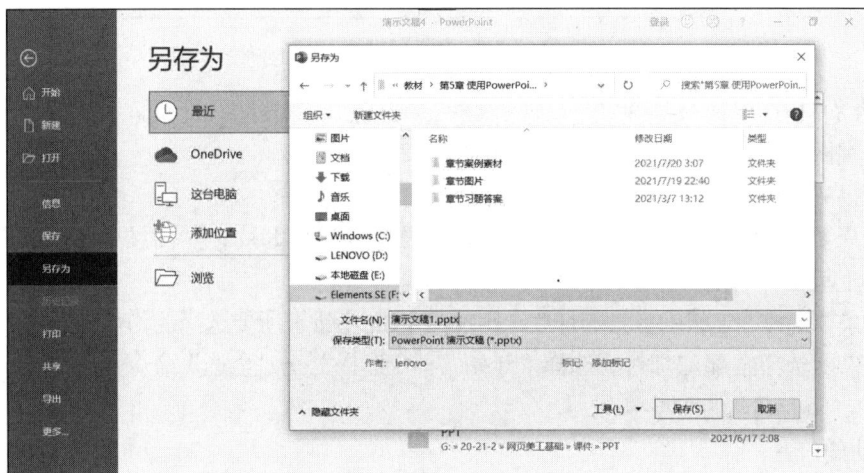

图 5-4 保存演示文稿

若想改变该文稿的保存目录，选择"文件"→"另存为"→"浏览"命令，在弹出的"另存为"对话框中选择要存放的目录位置，在对话框的"文件名"文本框中输入演示文稿的名称，单击"保存"按钮即可。

5.1.5 编辑演示文稿

幻灯片是指演示文稿中的单个页面，一个完整的演示文稿通常由多张幻灯片组成，在演示文稿的制作过程中需要对幻灯片进行插入、复制、移动、删除等操作。

1. 插入幻灯片

插入幻灯片的方法有以下 4 种。

（1）选中要插入幻灯片位置之前的那张幻灯片，单击"开始"选项卡，在"幻灯片"组中单击"新建幻灯片"下拉按钮，在下拉菜单中选择相应主题和版式即可，如图 5-5 所示。

（2）选中要插入幻灯片位置之前的那张幻灯片，单击鼠标右键，左弹出的快捷菜单中选择"新建幻灯片"命令即可。

（3）选中要插入幻灯片位置之前的那张幻灯片，按【Enter】键即可。

（4）选中要插入幻灯片位置之前的那张幻灯片，单击"插入"选项卡，在"幻灯片"组中单击"新建幻灯片"下拉按钮，在下拉菜单中选择相应主题和版式即可。

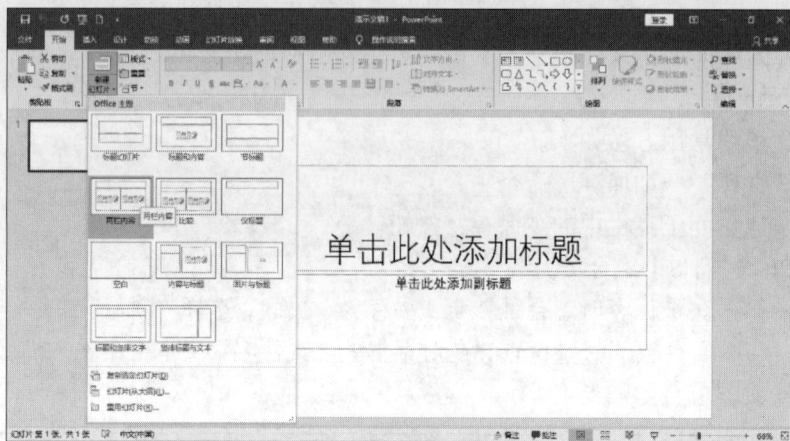

图 5-5　插入幻灯片

2. 选择幻灯片

在普通视图中选择幻灯片的方法有以下 4 种。

（1）如果只选择一张幻灯片，那么单击对应幻灯片即可。

（2）如果要选择连续的多张幻灯片，则先单击第一张幻灯片，然后按住【Shift】键在最后一张幻灯片上单击即可。

（3）如果要选择不连续的多张幻灯片，则按住【Ctrl】键在所要选择的幻灯片上依次单击即可。

（4）如果要选择全部幻灯片，选择"开始"→"选择"→"全选"命令或者按【Ctrl】+【A】组合键即可。

3. 移动幻灯片

在编辑幻灯片时，用户可以在演示文稿内移动幻灯片，也可以在不同的演示文稿间移动幻灯片。

（1）在演示文稿内移动幻灯片

① 选择需要移动的幻灯片，按住鼠标左键拖曳至目标位置即可。

② 选择需要移动的幻灯片，选择"开始"→"剪切"命令或者按【Ctrl】+【X】组合键，然后选择目标位置，选择"开始"→"粘贴"命令或者按【Ctrl】+【V】组合键即可。

（2）在不同的演示文稿间移动幻灯片

打开幻灯片所在的演示文稿和目标演示文稿，选择"视图"→"全部重排"命令，选择需要移动的幻灯片，按住鼠标左键拖曳至另一个演示文稿中的目标位置即可。需要注意的是，通过全部重排命令移动幻灯片，不会改变幻灯片所在的演示文稿的内容。

4. 复制幻灯片

复制幻灯片的方法有以下两种。

（1）选择需要复制的幻灯片，按住【Ctrl】键并拖曳至目标位置即可。

（2）选择需要复制的幻灯片，选择"开始"→"复制"命令或者按【Ctrl】+【C】组合键，然后选择目标位置，选择"开始"→"粘贴"命令或者按【Ctrl】+【V】组合键即可。

5. 删除幻灯片

删除幻灯片的方法有以下两种。

移动幻灯片

（1）选择需要删除的幻灯片，按【Delete】键删除即可。

（2）选择需要删除的幻灯片，单击鼠标右键，在弹出的快捷菜单中选择"删除幻灯片"命令即可。

5.1.6　输入和编辑文本

1.　输入文本

与在 Word 2016 中输入文本不同，用户在幻灯片中输入文本通过占位符、文本框或"大纲"窗格完成。

（1）通过占位符输入文本。创建幻灯片后，在"幻灯片编辑"窗格中就能看到"占位符"，它是带有虚线标记的边框，单击占位符即可进行文本输入，如图 5-6 所示。

输入文本

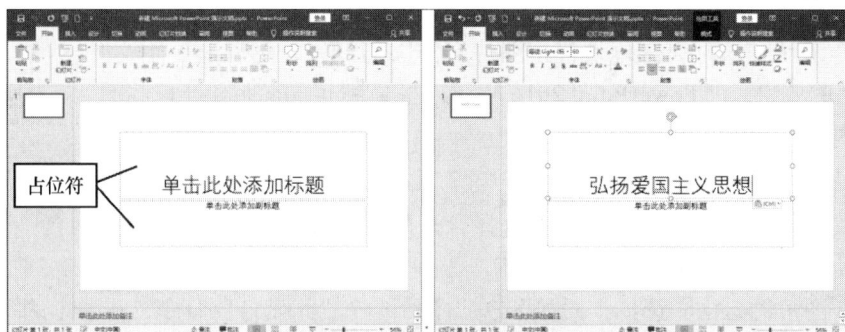

图 5-6　通过占位符输入文本

（2）通过文本框输入文本。选择"插入"→"文本框"→"绘制横排文本框"或"竖排文本框"命令，在幻灯片空白处按住鼠标左键拖曳绘制文本框，绘制完成后即可在文本框中输入文本。

（3）通过"大纲"窗格输入文本。选择"视图"→"大纲视图"命令，在幻灯片缩略图右侧单击定位文本插入点即可输入文本，如图 5-7 所示。

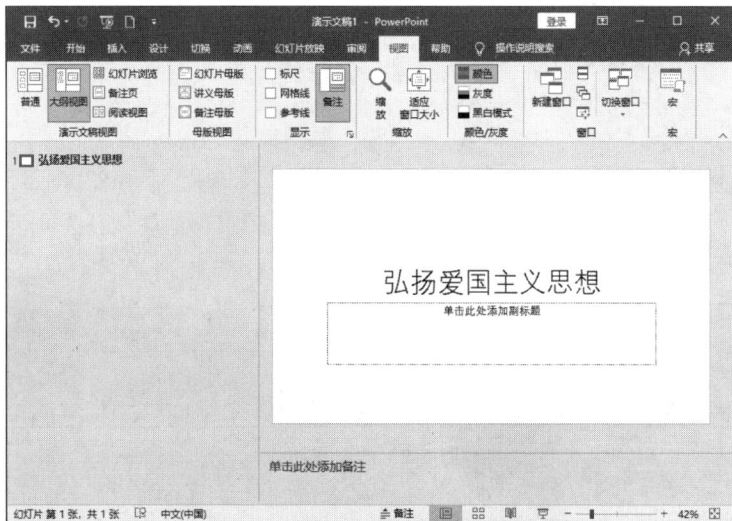

图 5-7　通过"大纲视图"窗格输入文本

在输入文本时需注意：输入标题文本后，按【Ctrl】+【Enter】组合键，将切换到下一级标题或正文内容，按【Tab】键，可将文本降级；按【Shift】+【Tab】组合键，则可将文本升级；在输入同一级内容时，按【Shift】+【Enter】组合键可以换行。

2. 编辑文本

与在 Word 2016 中编辑文本相同，除了可以对幻灯片中的文本执行选择、修改、移动和复制等操作，还可以通过"字体"组和"字体"对话框来设置文本的字体、字号、颜色及特殊效果等格式，使其更加美观。

5.2 插入对象

5.2.1 插入图片

用户制作演示文稿时，合理地使用图片来修饰幻灯片，可以起到图文并茂、美化作品的效果。在 PowerPoint 2016 中可以插入精美的图片、屏幕截图、PowerPoint 内置的形状和 SmartArt 图形。

1. 插入图片

在演示文稿制作过程中，用户可以选择合适的图片插入幻灯片，并对图片的大小、位置、样式等进行调整。

（1）插入图片的方法：选择"插入"→"图片"→"此设备"命令，在弹出的"插入图片"对话框中选择目标图片，单击"插入"按钮或者双击目标图片即可完成插入，如图 5-8 所示。

（2）图片格式的设置：插入图片后，选中图片，在图片工具"格式"选项卡下，可对图片的大小、样式等进行调整。图片格式的设置方法与 Word 2016 的相似。

图 5-8　插入图片

2. 插入屏幕截图

屏幕截图功能可以抓取屏幕当前的状态，生成图片后可将图片粘贴到幻灯片中。在工作、学习中，这是一个非常实用的功能。

插入屏幕截图的方法：选择"插入"→"屏幕截图"→"屏幕剪辑"命令，待屏幕变白后按住鼠标左键拖曳选择需要截屏的区域即可，如图 5-9 所示。

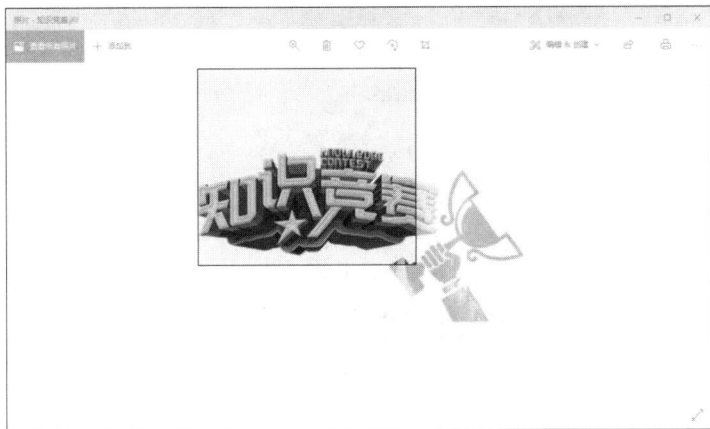

图 5-9　插入屏幕截图

在插入屏幕截图时需要注意：要截取的区域所在的窗口必须位于当前演示文稿窗口的下一层，如图 5-10 所示。

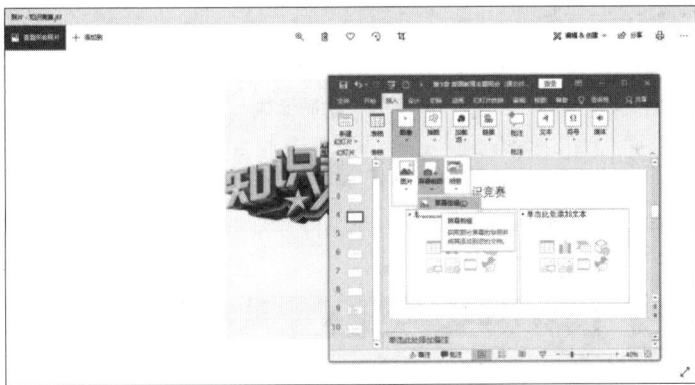

图 5-10　窗口顺序

3. 插入形状

在编辑幻灯片时，可以通过插入形状来美化幻灯片。

插入形状的步骤如下。

（1）选择形状。单击"插入"→"形状"按钮，在展开的下拉菜单中选择要插入的形状，例如"卷形：水平"，如图 5-11 所示。

（2）绘制形状。按住鼠标左键并拖曳，在幻灯片上绘制"卷形：水平"，如图 5-12 所示。

（3）设置形状格式。选中绘制的形状，在"格式"选项卡中对形状的大小、样式进行调整。

4. 插入 SmartArt 图形

SmartArt 图形是信息和观点的视觉表示形式。可以通过从多种不同布局中进行选择来创建 SmartArt 图形，从而快速、轻松、有效地传达信息。

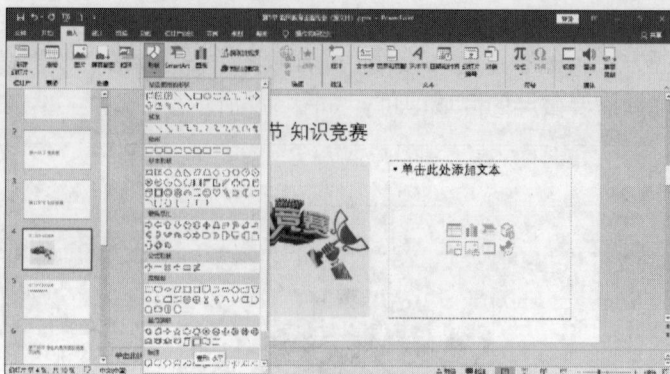

图 5-11　选择形状

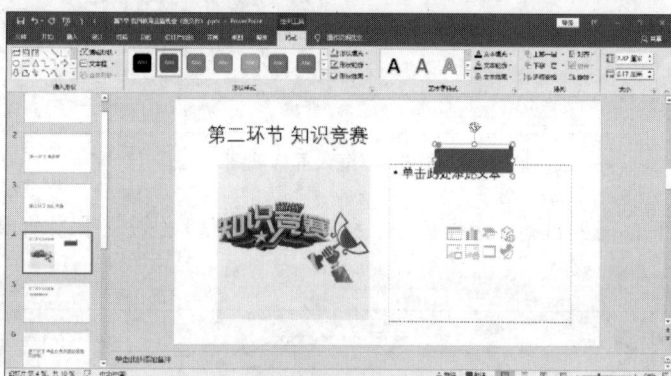

图 5-12　绘制形状

插入 SmartArt 图形的方法：单击"插入"→"SmartArt 图形"按钮，在弹出的"选择 SmartArt 图形"对话框中，选择"列表"→"水平项目符号列表"选项，单击"确定"按钮，即可插入 SmartArt 图形，如图 5-13 所示。

图 5-13　插入 SmartArt 图形

插入 SmartArt 图形后，即可对图形的大小、样式等进行设置，方法与 Word 2016 类似。

5.2.2　插入表格和图表

在制作演示文稿时，通常需要对数据信息进行展示，为了使信息更简洁、更直观，可以通过插入表格和图表来实现。

1. 插入表格

插入表格的步骤如下。

（1）选择"插入"→"表格"→"插入表格"命令，在弹出的对话框中输入合适的行、列数，单击"确定"按钮即可完成插入，如图 5-14 所示。

（2）在表格中输入信息，如图 5-15 所示。文字设置与 Word 2016 文字设置相似。

插入表格

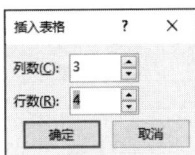

图 5-14　输入行、列数

序号	诗歌	朗诵者姓名
1	《我骄傲，我是中国人！》	张三
2	《祖国，我爱你》	李四
3	《祖国啊我亲爱的祖国》	王五

图 5-15　在表格中输入信息

（3）应用表格样式。选中插入的表格，在表格工具"设计"选项卡的"表格样式"组中单击"其他"按钮，在展开的下拉菜单中选择合适的样式，例如"浅色样式 2-强调 2"，如图 5-16 所示。

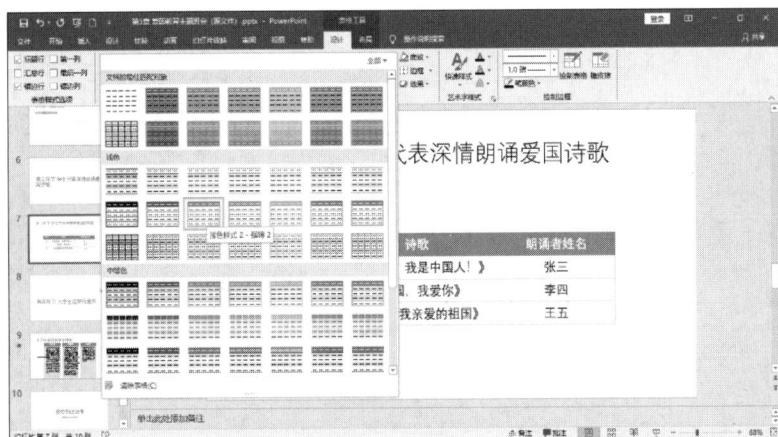

图 5-16　表格样式设置

（4）调整表格大小。将鼠标指针移至表格任意一角的顶点或任意一条边的中点上，当鼠标指针变成双向箭头形状时，按住鼠标左键并拖曳，调整表格至合适大小。

（5）移动表格位置。将鼠标指针移至表格任意一条边线上，当鼠标指针变成四向箭头时，按住鼠标左键并拖曳，移动表格位置。

（6）设置表格中文本的对齐方式。选中插入的表格，单击"表格工具"→"布局"→"居中"或"垂直居中"按钮，如图 5-17 所示，可将表格中的文本设置为按水平方向居中或按垂直方向居中显示。

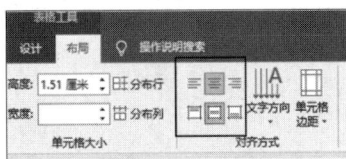

图 5-17　设置表格中文本的对齐方式

2. 插入图表

在制作演示文稿的过程中，有时需要运用图表来展示数据。插入图表的步骤如下。

（1）单击"插入"→"图表"按钮，在弹出的"插入图表"对话框中选

插入图表

择"柱形图"→"簇状柱形图",单击"确定"按钮,如图 5-18 所示。

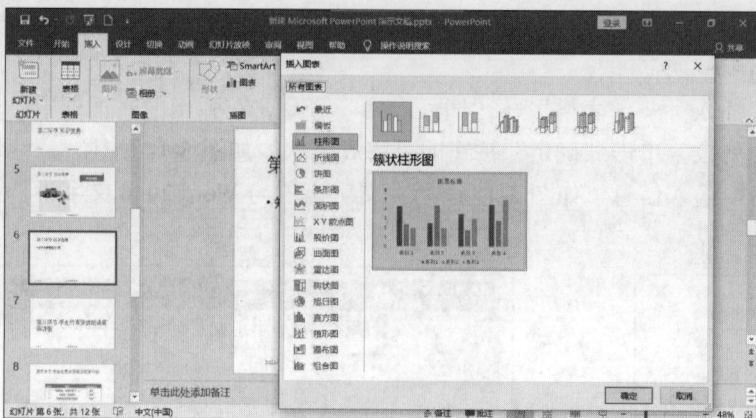

图 5-18　插入图表

（2）图表数据的编辑。在演示文稿中插入图表后,可以通过编辑 Excel 工作表中的数据（数据源）实现对图表数据的更改,如图 5-19 所示。数据源编辑完成后,关闭数据源表格即可。

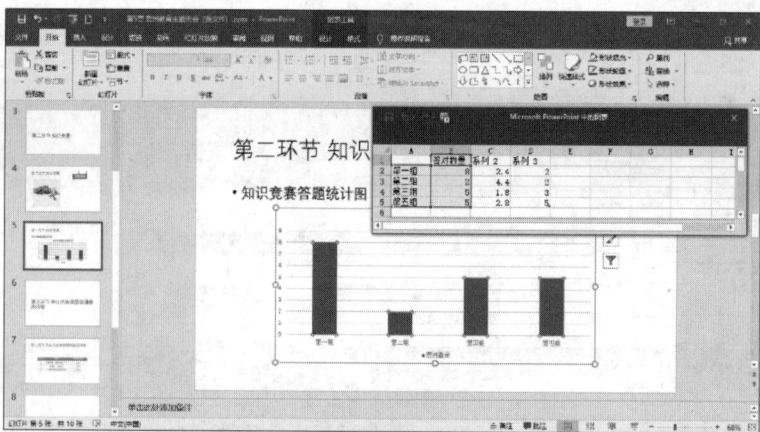

图 5-19　编辑数据源

（3）设置图表的样式。在图表工具"设计"选项卡的"图表样式"组中可以对图表的样式进行设置,如图 5-20 所示。

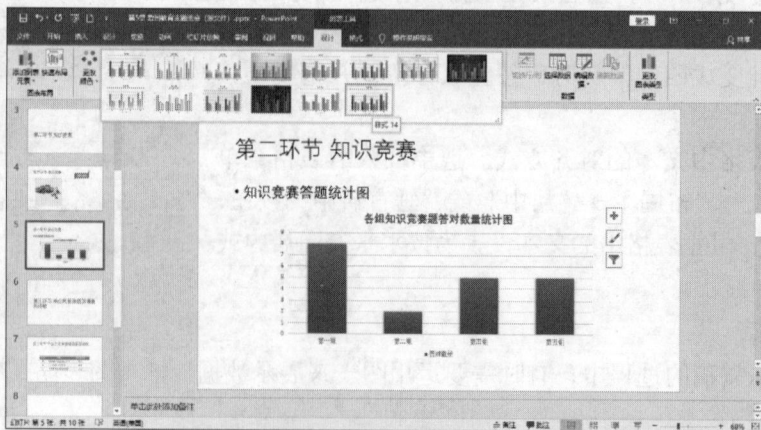

图 5-20　设置图表样式

（4）设置图表布局方式。在 PowerPoint 2016 中，用户可以根据需要自定义图表中的元素，如设置图表标题、网格线、图例、数据标签等。以为图表添加数据标签为例，选中图表后展开"图表工具"→"设计"→"添加图表元素"→"数据标签"子菜单，在其中选择数据标签的位置，如"数据标签外"，即可将数据标签添加到图表上，如图 5-21 所示。

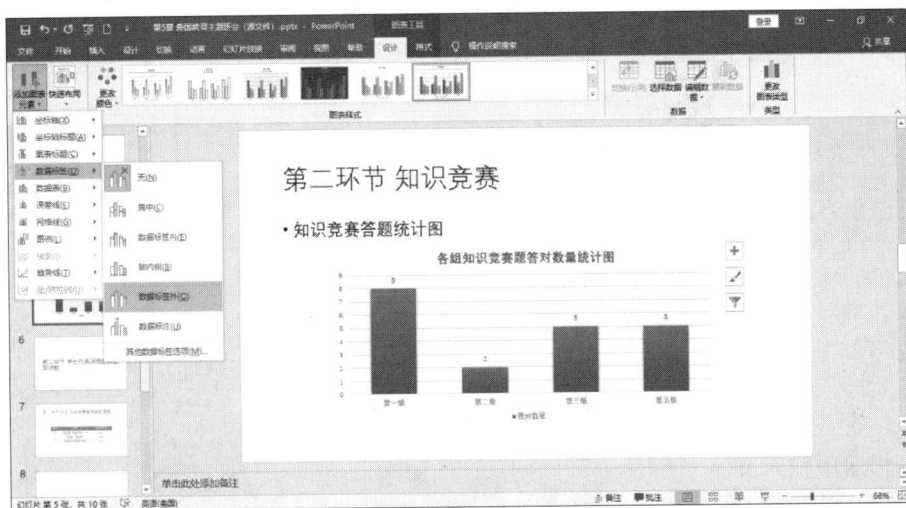

图 5-21　图表布局

5.2.3　插入电子相册

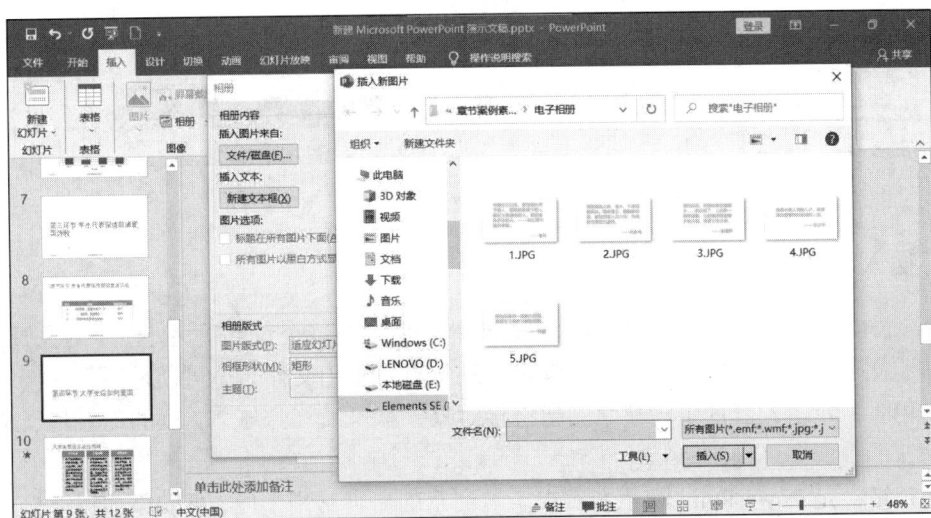

在 PowerPoint 2016 中可以插入电子相册，通过丰富多彩的主题和相框，使相册美观又富有个性。

1. 创建电子相册

（1）选择"插入"→"相册"→"新建相册"命令，在弹出的"相册"对话框中，单击"文件/磁盘"按钮，打开"插入新图片"对话框，在对话框中选择多张图片，单击"插入"按钮即可将选中的图片插入相册中，如图 5-22 所示。

插入电子相册

图 5-22　插入图片

（2）在"图片版式"下拉列表框中可以选择"1张图片（带标题）"选项；单击"主题"文本框后的"浏览"按钮，在弹出的"主题"对话框中选择一种主题，单击"选择"按钮可返回"相册"对话框，单击"创建"按钮即可创建电子相册，如图5-23所示。

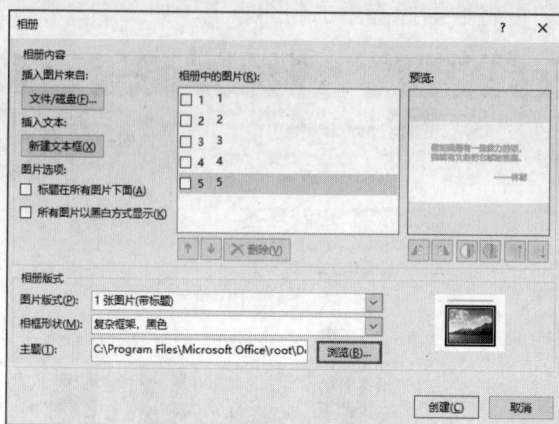

图 5-23　创建电子相册

2. 在相册中输入文字

创建完成的电子相册会以一个新的演示文稿的形式打开。选择幻灯片，在标题占位符上输入新的标题即可，如图5-24所示。

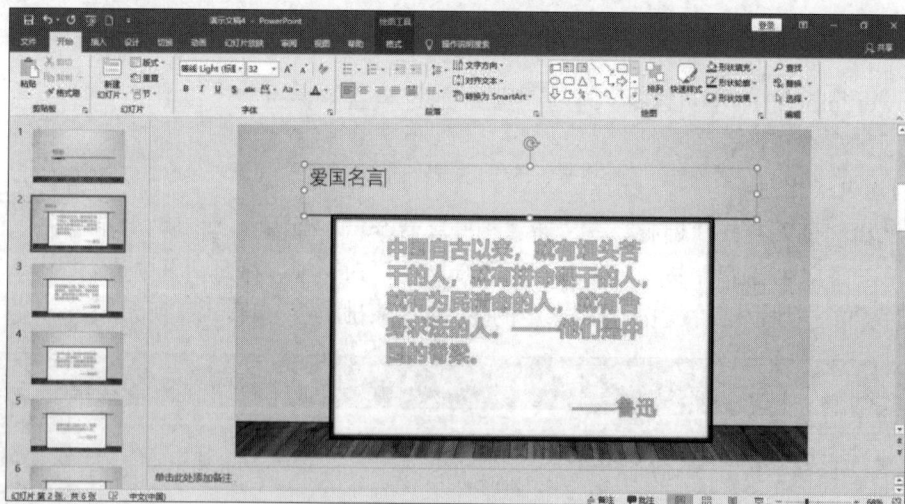

图 5-24　输入文字

5.2.4　插入超链接

在 PowerPoint 2016 中，超链接可以将幻灯片页面中的某个对象跟另外一个对象建立关联，可以是演示文稿中的其他幻灯片，也可以是本地计算机里的文件，还可以是网页链接等。在放映演示文稿时，单击幻灯片中已建立的超链接对象，就可以打开与之关联的幻灯片、文件或网页链接。

插入超链接是 PowerPoint 演示文稿中实现交互的一种常用手段，可以添加超链接的对象有文本、图形、图像等。

1. 为文本添加超链接

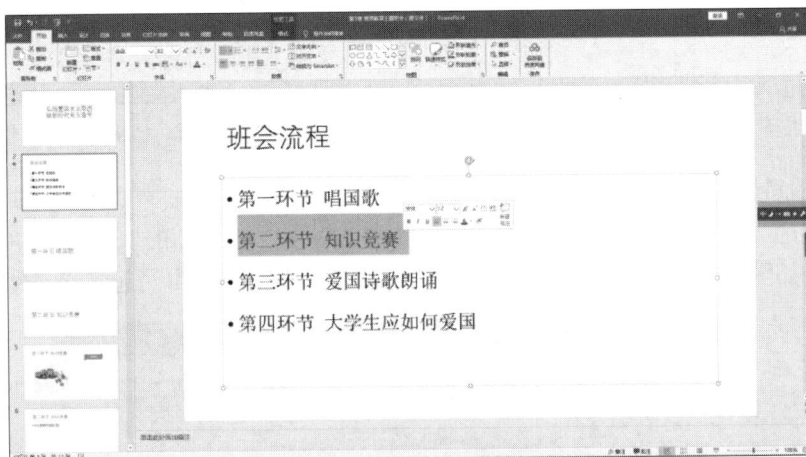

（1）链接到当前演示文稿中的幻灯片。打开幻灯片，选择需要添加超链接的文字，如图 5-25 所示。单击"插入"→"链接"按钮，在弹出的"插入超链接"对话框中，单击"本文档中的位置"按钮，然后在右侧列表框中选中"4.第二环节　知识竞赛"，单击"确定"按钮即可，如图 5-26 所示。

图 5-25　为文本添加超链接

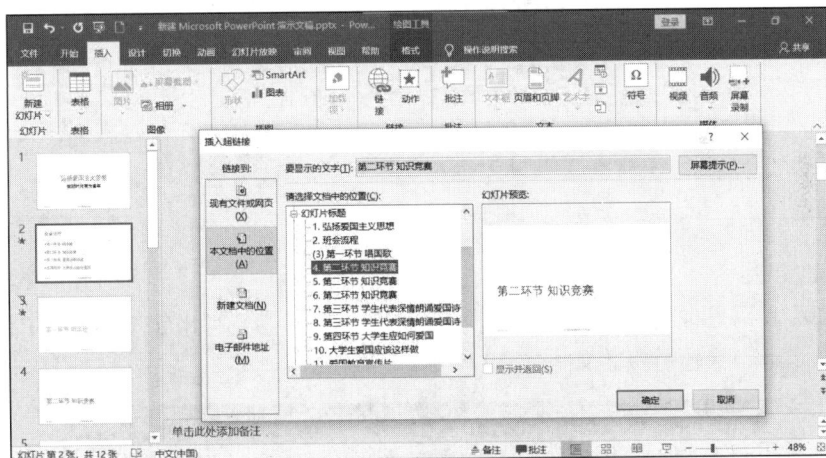

图 5-26　"插入超链接"对话框

（2）链接到外部文件。打开幻灯片，选择需要添加超链接的文本，单击"插入"→"链接"按钮，在弹出的"插入超链接"对话框中，单击"现有文件或网页"按钮，然后在右侧的列表框中选择素材文件"爱国诗歌.pptx"，单击"确定"按钮，即可为选定的文字创建超链接，如图 5-27 所示。

（3）链接到新建文档。打开幻灯片，选择需要添加超链接的文本，单击"插入"→"链接"按钮，在弹出的"插入超链接"对话框中，单击"新建文档"按钮，在"新建文档名称"文本框中输入"大学生爱国应当这样做.docx"，在"何时编辑"选项组中单击"开始编辑新文档"单选按钮，单击"确定"按钮，如图 5-28 所示，即可创建一个链接到新的 Word 文档的超链接，用户可以在新建的文档中进行编辑。

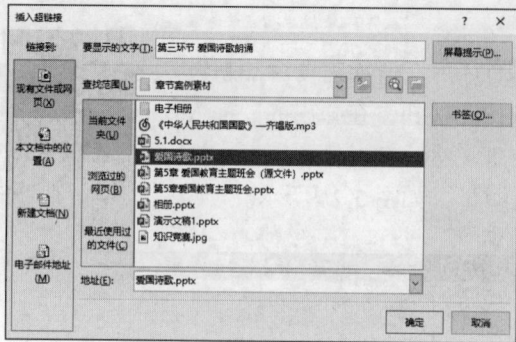

图 5-27　链接到外部文件

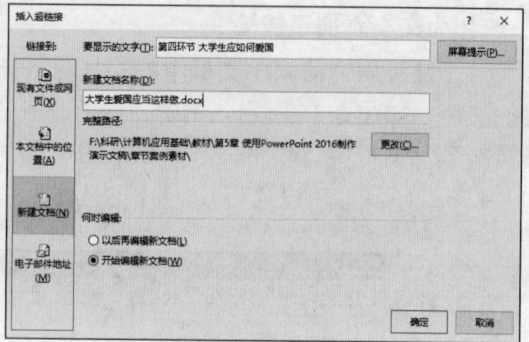

图 5-28　链接到新建文档

2. 编辑超链接

打开幻灯片，用鼠标右键单击需要修改超链接的对象，在弹出的快捷菜单中选择"编辑超链接"命令，如图 5-29 所示。在弹出的"编辑超链接"对话框中可对超链接进行重新编辑。

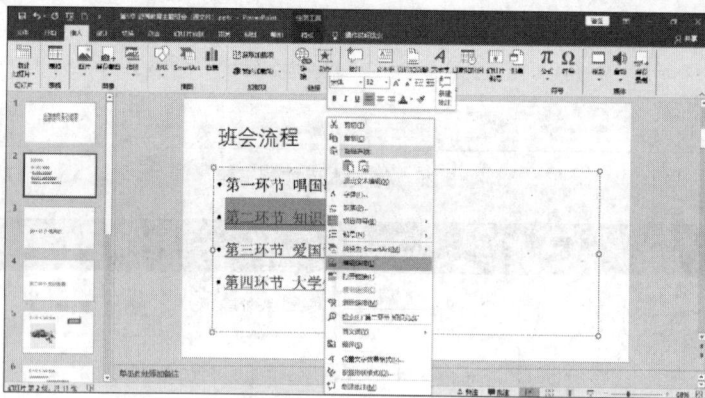

图 5-29　编辑超链接

3. 删除超链接

打开幻灯片，用鼠标右键单击需要删除超链接的对象，在弹出的快捷菜单中选择"删除超链接"命令，即可删除超链接，如图 5-30 所示。

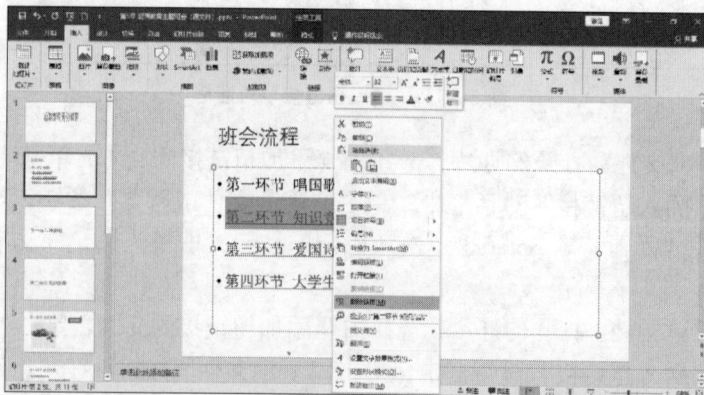

图 5-30　删除超链接（1）

除此之外，还可以通过单击"插入"→"链接"按钮，在弹出的"编辑超链接"对话框中，单击"删除链接"按钮，删除超链接，如图 5-31 所示。

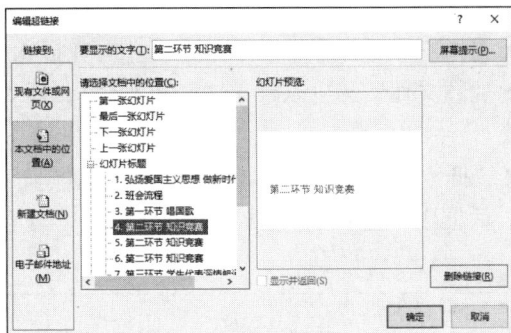

图 5-31　删除超链接（2）

5.2.5　插入页眉和页脚

在 PowerPoint 2016 中，幻灯片也可以插入页眉和页脚。单击"插入"→"页眉和页脚"按钮，在弹出的"页眉和页脚"对话框中，勾选"日期和时间""幻灯片编号"和"页脚"复选框，并在"页脚"下方的文本框中输入"爱国教育主题班会"，单击"全部应用"按钮，如图 5-32 所示。此时所有幻灯片中都会显示页脚，如图 5-33 所示。

图 5-32　"页眉和页脚"对话框

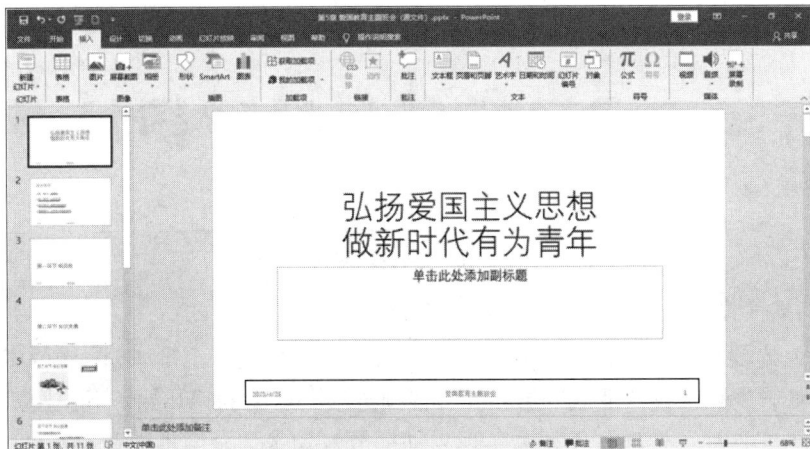

图 5-33　显示页脚

5.2.6 插入视频

在 PowerPoint 2016 中，可以在演示文稿中插入视频文件。在插入视频时，既可以插入计算机中保存的视频文件，又可以插入"联机视频"，插入视频后还可以对视频进行相关设置。

插入视频的方法：选择"插入"→"视频"→"PC 上的视频"命令，在弹出的"插入视频文件"对话框中，选择需要插入的视频后，单击"插入"按钮即可，如图 5-34 所示。

插入视频

图 5-34　插入视频文件

1. 设置视频效果

为了使插入的视频满足放映效果，用户可以通过"格式"选项卡对视频的亮度、样式等进行设置。例如在"视频样式"组中选择"发光圆角矩形"样式，如图 5-35 所示。

图 5-35　设置视频效果

2. 视频的播放设置

为了使插入的视频满足放映效果，用户还可以通过"播放"选项卡对视频的播放效果进行设置。例如，单击视频工具"播放"选项卡"视频选项"组中的"开始"下拉按钮，在"开始"下拉列表里选择"自动"选项，使视频实现自动播放，勾选"全屏播放"复选框，使视频实现全屏播放，如图 5-36 所示。

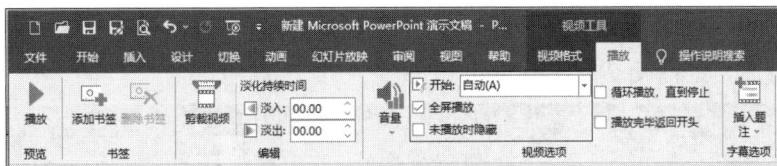

图 5-36　视频的播放设置

5.2.7　插入音频

在 PowerPoint 2016 中，除了可以插入视频文件外，还可以插入音频文件，以丰富演示文稿的内容，增强感染力。在演示文稿中，可以插入外部文件中的音频，也可以插入录制音频。

1. 插入外部文件中的音频

PowerPoint 2016 支持多种格式的音频文件，如 MP3、WAV、WMA、AIF、MID 等。插入外部音频文件的操作步骤如下。

（1）选择"插入"→"音频"→"PC 上的音频"命令，在弹出的"插入音频"对话框中，选择需要插入的音频对象，单击"插入"按钮即可，如图 5-37 所示。

（2）裁剪音频。PowerPoint 2016 提供了裁剪音频的功能，可以对插入的音频文件根据播放需要进行裁剪，并设置淡入淡出的效果。

① 选定插入的音频，选择"音频工具"→"播放"→"剪裁音频"命令，在弹出的"剪裁音频"对话框中，通过拖曳两端的时间控制柄调整音频文件的开始时间和结束时间，单击"确定"按钮，如图 5-38 所示，即可完成对音频文件的剪裁。

图 5-37　插入音频

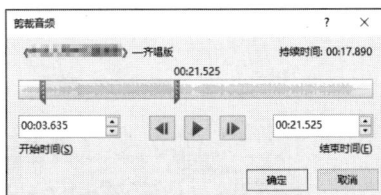

图 5-38　裁剪音频

② 在"淡化持续时间"栏"渐强"和"渐弱"右侧的数值框中设置音频的淡入淡出效果，如图 5-39 所示。

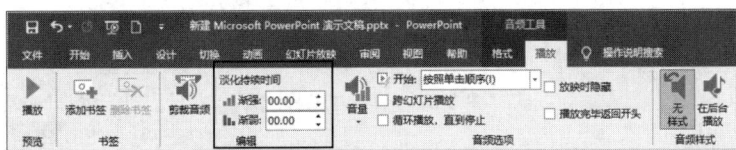

图 5-39　音频的淡入淡出设置

（3）设置音频的播放。为了使音频达到最佳播放效果，用户还可以对音频的播放选项进行

设置。单击"播放"选项卡，在"音频选项"组中对音频的音量大小、是否循环播放、放映时是否隐藏音频图标等进行设置，如图 5-40 所示。

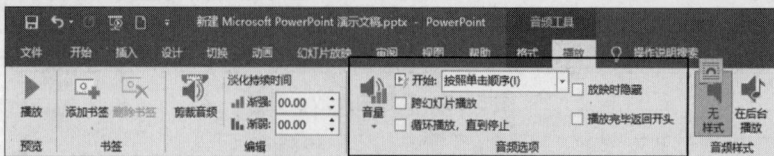

图 5-40　设置音频选项

2．插入录制音频

选择"插入"→"音频"→"录制音频"命令，在弹出的"录制声音"对话框的"名称"文本中输入音频的文件名，单击"录制"按钮进行录制，单击"停止"按钮可停止录制，单击"播放"按钮可以播放录制的音频，单击"确定"按钮即可插入录制的音频，如图 5-41 所示。

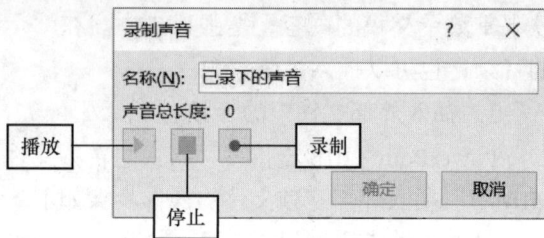

图 5-41　插入录制音频

5.3　美化演示文稿

5.3.1　主题的应用

为了使制作的演示文稿更加美观，PowerPoint 2016 提供了丰富的主题样式。用户可以根据不同的需求进行选择，还可以对创建的主题样式进行修改，以达到满意的效果。

主题的应用

1．设置主题样式

单击"设计"选项卡，在"主题"组中选择需要的样式，如"基础"，效果如图 5-42 所示。

图 5-42　设置主题样式

2．设置主题变体

（1）设置好主题样式后，如果用户对样式的外观不满意，可以更改主题外观。单击"设计"选项卡，在"变体"组中选择合适的外观即可，如图 5-43 所示。

图 5-43　设置主题外观

（2）设置好主题样式后，如果用户对样式的颜色不满意，可以更改主题颜色、字体、效果及背景样式。单击"设计"选项卡，单击"变体"组中的"其他"按钮，在下拉菜单中进行颜色、字体及效果的设置，效果如图 5-44 所示。

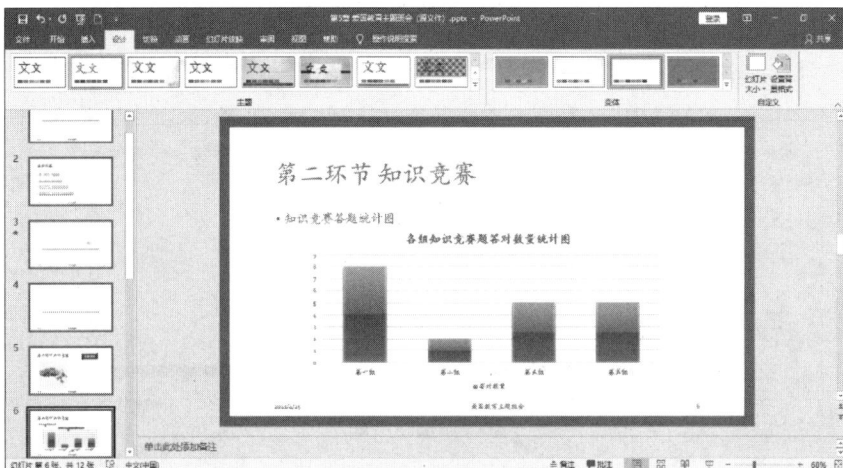

图 5-44　设置主题变体

5.3.2　母版的应用

使用母版可以使整个演示文稿具有统一的样式，可减少重复性工作，提高工作效率。

1. 创建母版

在 PowerPoint 2016 中，母版分为 3 类：幻灯片母版、讲义母版和备注母版。现以幻灯片母版为例创建母版。单击"视图"→"幻灯片母版"按钮，演示文稿会自动切换到幻灯片母版视图，如图 5-45 所示。

母版的应用

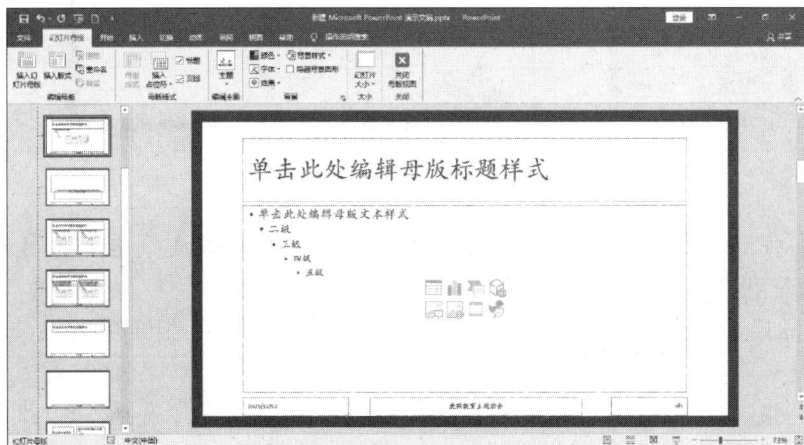

图 5-45　幻灯片母版视图

2. 编辑母版

在幻灯片母版视图下，可以对母版进行添加、删除和重命名操作。

（1）在当前幻灯片母版中添加一张新的版式

① 单击"幻灯片母版"→"插入版式"按钮，可以在当前幻灯片母版中添加一张自定义版式，如图 5-46 所示。

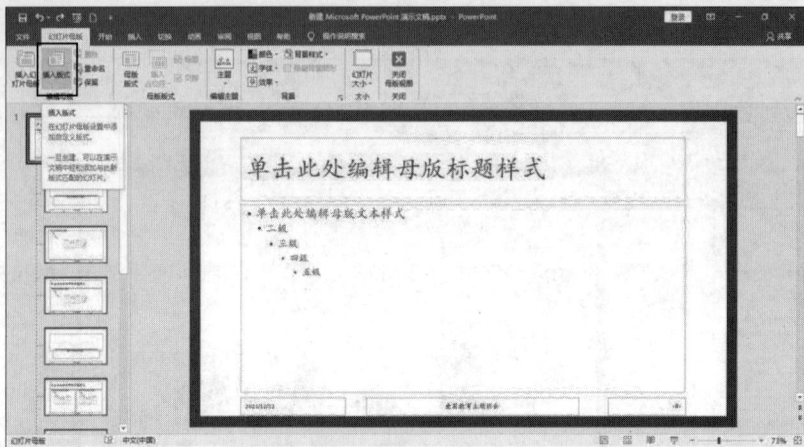

图 5-46　添加新版式（1）

② 选择一张幻灯片版式，单击鼠标右键，在弹出的快捷菜单中选择"插入版式"命令，即可在当前幻灯片母版中添加一张自定义版式，如图 5-47 所示。

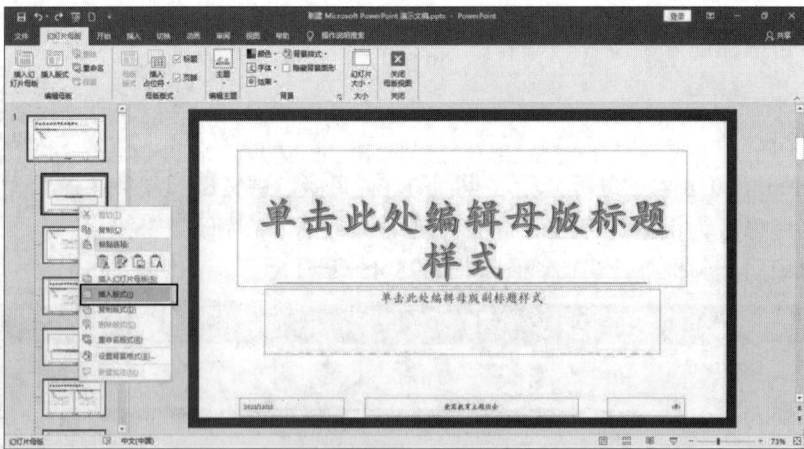

图 5-47　添加新版式（2）

③ 选择一张幻灯片版式，按【Enter】键可在当前幻灯片母版中添加一张自定义版式。

（2）添加一组新的幻灯片母版

① 单击"幻灯片母版"→"插入幻灯片母版"按钮，可以添加一组新的幻灯片母版，如图 5-48 所示。

② 选择一张幻灯片版式，单击鼠标右键，在弹出的快捷菜单中选择"插入幻灯片母版"命令，可以添加一组新的幻灯片母版，如图 5-49 所示。

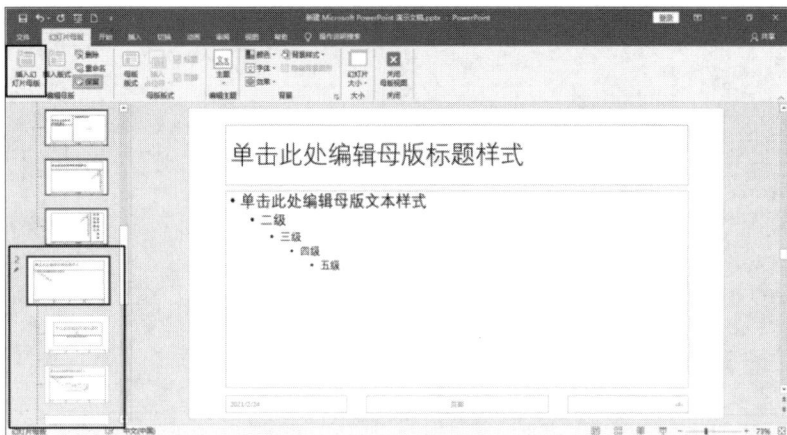

图 5-48　添加幻灯片母版（1）

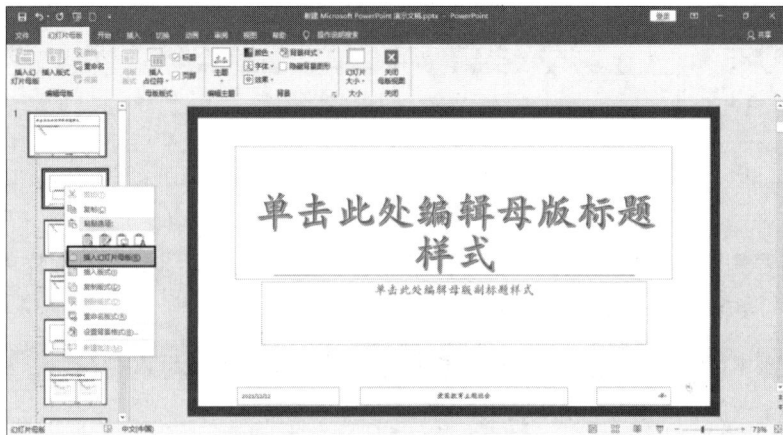

图 5-49　添加幻灯片母版（2）

（3）删除幻灯片母版

① 选择需要删除的幻灯片母版，单击"幻灯片母版"→"删除"按钮，可将幻灯片母版删除，如图 5-50 所示。

图 5-50　删除幻灯片母版（1）

② 选择需要删除的幻灯片母版，单击鼠标右键，在弹出的快捷菜单中选择"删除母版"命令，可将幻灯片母版删除，如图 5-51 所示。

③ 选择需要删除的幻灯片母版，按【Delete】键，可将幻灯片母版删除。

（4）删除当前幻灯片版式

① 选择需要删除的幻灯片版式，单击"幻灯片母版"→"删除"按钮，可将幻灯片版式删除，如图 5-52 所示。

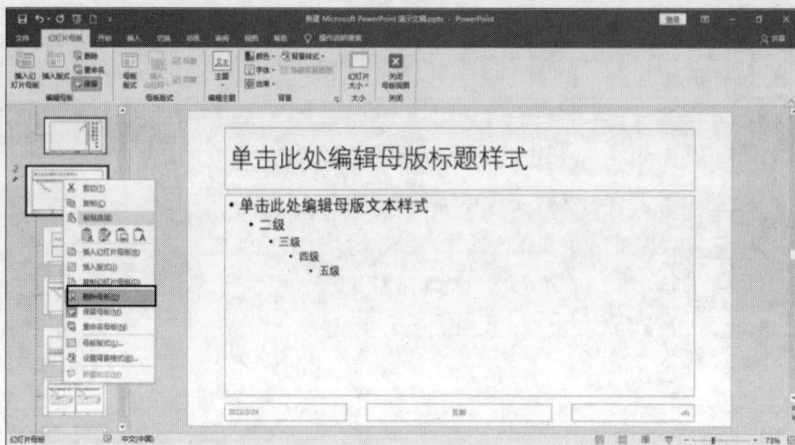

图 5-51　删除幻灯片母版（2）

图 5-52　删除幻灯片版式（1）

②　选择需要删除的幻灯片版式，单击鼠标右键，在弹出的快捷菜单中选择"删除版式"命令，可将幻灯片版式删除，如图 5-53 所示。

图 5-53　删除幻灯片版式（2）

③　选择需要删除的幻灯片版式，按【Delete】键，可将幻灯片版式删除。

删除当前幻灯片版式时需要注意：被当前演示文稿占用的幻灯片母版和版式不能执行删除操作，"删除版式"按钮不可用，如图 5-54 所示。

（5）重命名幻灯片母版

单击"幻灯片母版"→"重命名"按钮，可重命名幻灯片母版，如图 5-55 所示。

幻灯片母版编辑完成后，单击"幻灯片母版"→"关闭母版视图"按钮，可将母版视图关闭。在插入新的幻灯片母版后，关闭母版视图，单击"开始"→"版式"下拉按钮，在弹出的下拉菜单中可以看到新增的"自定义设计方案"组，如图 5-56 所示。

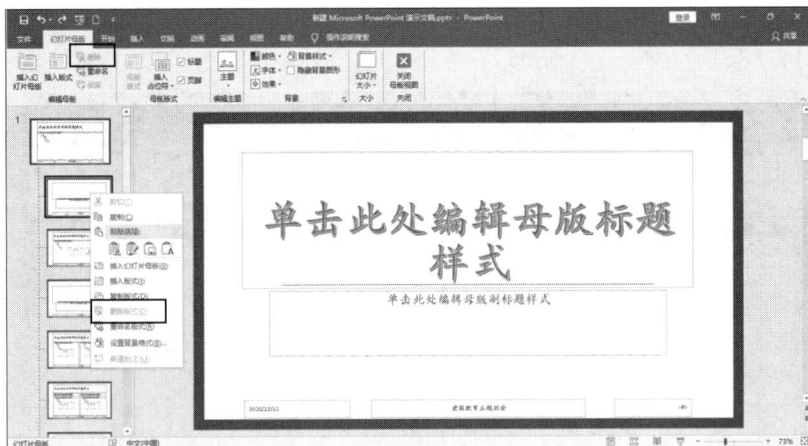

图 5-54　"删除版式"按钮不可用　　　　图 5-55　重命名幻灯片母版

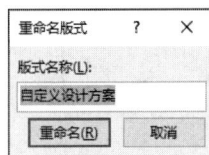

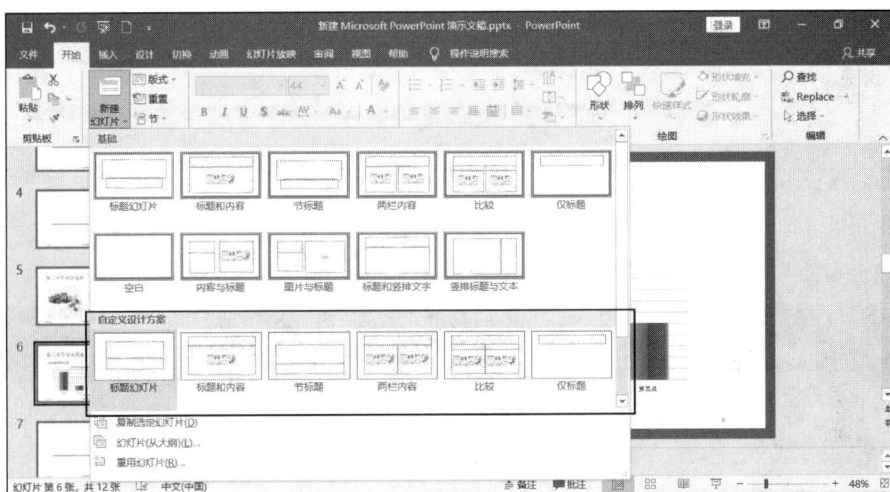

图 5-56　"自定义设计方案"组

3. 编辑幻灯片母版版式

（1）在母版的编辑状态下，单击"幻灯片母版"→"插入占位符"下拉按钮，在其下拉列表中选择需要插入的对象，在幻灯片母版的目标位置按住鼠标左键并拖曳至合适大小即可插入占位符，如图 5-57 所示。关闭母版视图后，该幻灯片版式中将新增插入的占位符。

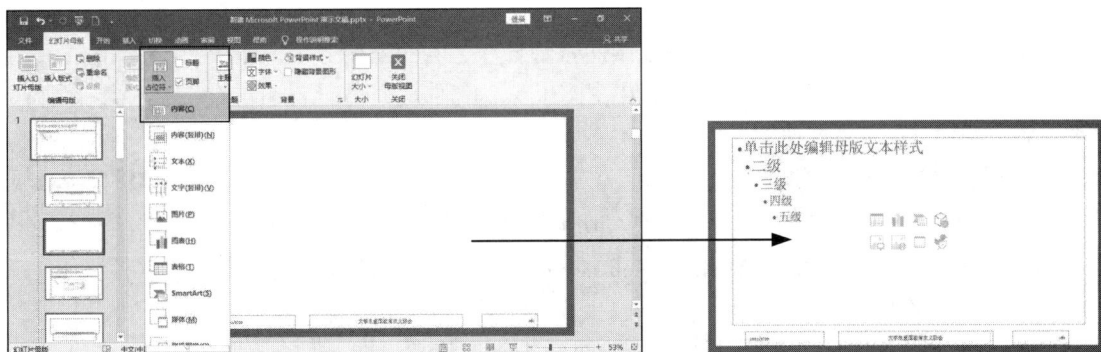

图 5-57　插入占位符

（2）在母版的编辑状态下，选中占位符，单击"绘图工具"→"格式"选项卡，可对占位符的格式进行编辑，如图 5-58 所示。

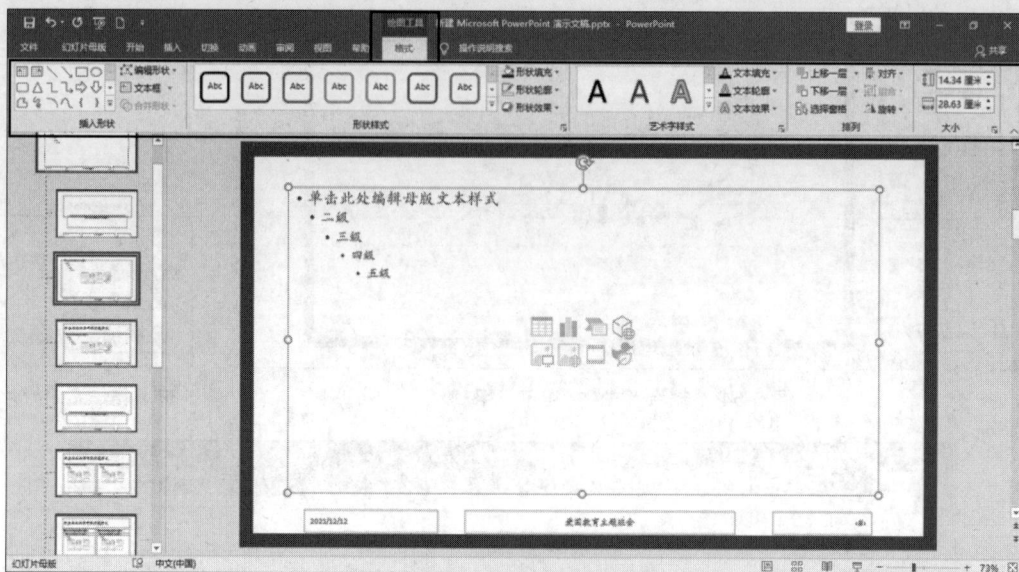

图 5-58　编辑占位符格式

（3）在母版的编辑状态下，通过"编辑主题"和"背景"组的选项，可对母版的主题、样式、字体等进行编辑，如图 5-59 所示。

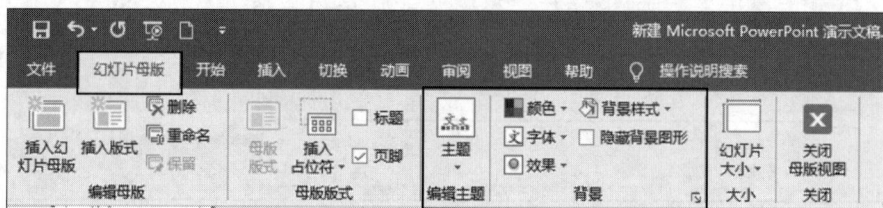

图 5-59　编辑幻灯片母版主题

5.4　演示文稿的动画效果设置

5.4.1　设置幻灯片切换效果

幻灯片的切换效果指幻灯片放映时连续两张幻灯片之间的衔接效果，即从一张幻灯片切换到另一张幻灯片的过渡效果。用户可以为每张幻灯片设置不同的切换方式、切换时的声音和速度。

1. 添加幻灯片切换效果

选择需要设置切换效果的幻灯片，在"切换"选项卡"切换到此幻灯片"组中选择切换效果，如"推入"，如图 5-60 所示，同时在"幻灯片编辑"窗格可以预览刚刚设置的幻灯片切换效果。

设置幻灯片切换效果

"推入"切换方式默认从底部推入，用户可根据需要设置"推入"的效果选项，单击"切换"选项卡"切换到此幻灯片"选项组中的"效果选项"下拉按钮，在下拉列表中选择"自左侧"

选项，在"幻灯片编辑"窗格可以预览刚刚设置的幻灯片切换效果，如图 5-61 所示。

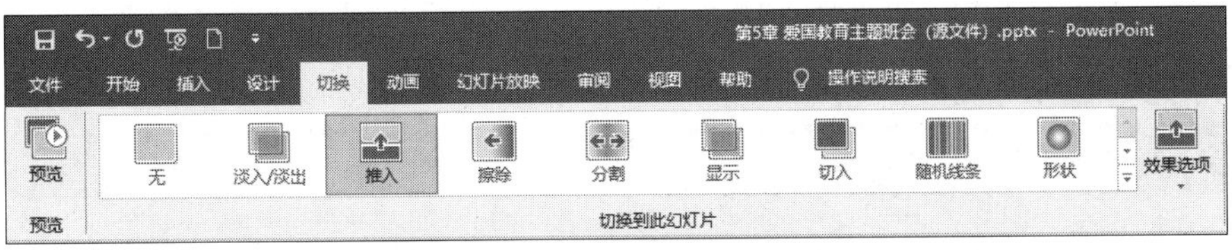

图 5-60　幻灯片切换效果

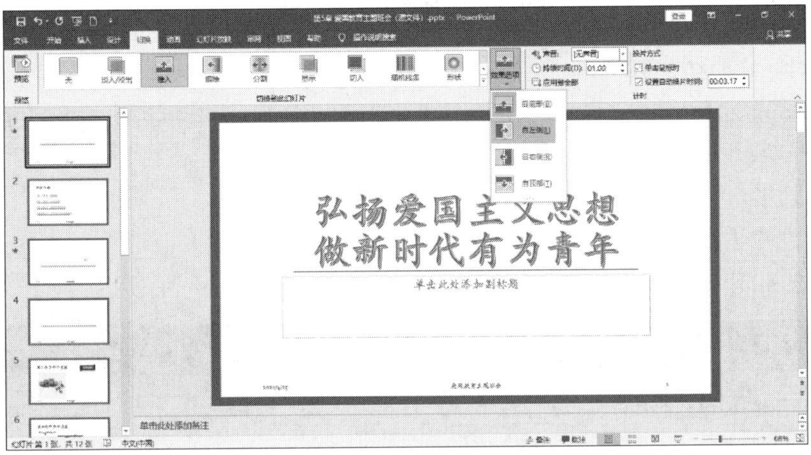

图 5-61　设置效果选项

2．设置幻灯片切换声音效果

为幻灯片添加切换音效可以让切换的动画效果更加生动。

选择需要设置切换音效的幻灯片，单击"切换"选项卡"计时"选项组中的"声音"下拉按钮，在下拉列表中，选择相应音效，例如"单击"，如图 5-62 所示。放映演示文稿，在切换到设置切换声音效果的幻灯片时，系统会播放幻灯片的切换音效。

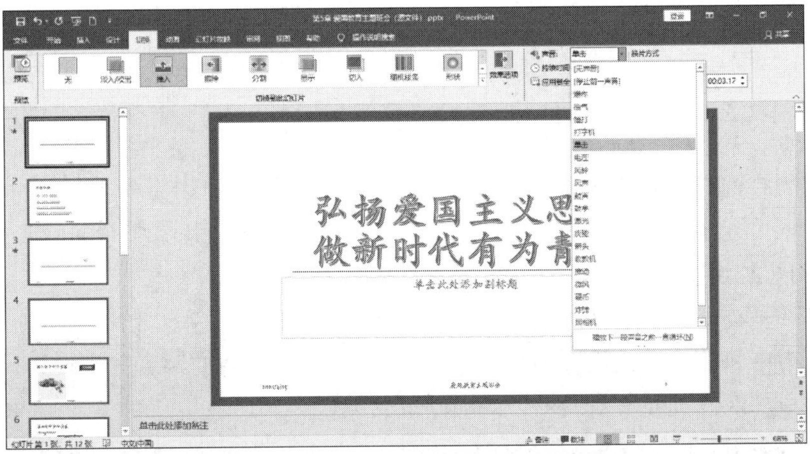

图 5-62　幻灯片切换音效

3．设置幻灯片切换速度

在 PowerPoint 2016 中，不同的切换方式，切换效果的持续时间是不一样的，在编辑演示文稿时，可以根据不同的需要设置幻灯片的切换速度。

选中需要设置切换效果持续时间的幻灯片，单击"切换"选项卡，在"计时"组中的"持续时间"数值框中调整幻灯片的切换速度为"01.50"，如图 5-63 所示。放映演示文稿，可以发现，在切换到对应幻灯片时，幻灯片的切换速度已经被改变。

图 5-63　设置幻灯片切换速度

4. 设置幻灯片的切换方式

在 PowerPoint 2016 中，幻灯片的切换方式分为手动切换和自动切换两种，用户可以根据实际工作需要，灵活地控制幻灯片之间的切换方式。

（1）手动切换

选择需要设置手动切换的幻灯片，单击"切换"选项卡，在"计时"组中勾选"单击鼠标时"复选框即可，如图 5-64 所示。

图 5-64　手动切换幻灯片

（2）自动切换

选择需要设置自动切换的幻灯片，单击"切换"选项卡，在"计时"组中勾选"设置自动换片时间"复选框，并在"设置自动换片时间"数值框中，设置自动换片时间，如"00:01.50"，如图 5-65 所示。放映演示文稿，可以发现，在切换到对应幻灯片时，1.5s 后自动切换至下一张幻灯片。

图 5-65　自动切换幻灯片

如果要让所有幻灯片的切换、效果和计时方式一致，可在"切换"选项卡的"计时"组中单击"应用到全部"按钮，将幻灯片的切换、效果和计时方式应用到整个演示文稿。

5. 删除幻灯片切换效果

如果幻灯片不需要设置切换效果，可以将切换效果删除。单击"切换"选项卡，在"切换到此幻灯片"组中将切换方式设置为"无"；在"计时"组中将"声音"设置为"无声音"，取消勾选"设置自动换片时间"复选框，如图 5-66 所示。

图 5-66　删除幻灯片切换效果

5.4.2　设置动画效果

为幻灯片添加动画效果可以使幻灯片中的对象运动起来，起到强调的作用，同时也是创建对象出场、强调和退场效果的有效手段。在 PowerPoint 2016 中，幻灯片中的任意一个对象都可以添加动画效果。

1．为对象添加动画效果

PowerPoint 2016 为用户提供了大量的动画效果，包括进入、强调、退出和其他动作路径 4 类。"进入"效果类动画是指在幻灯片放映时，对象进入放映界面的动画效果；"强调效果"类动画是指在演示过程中需要强调对象时的动画效果；"退出"效果类动画是指在幻灯片放映过程中对象退出放映窗口的动画效果；"其他动作路径"类动画是指对象按照用户自定义的路径轨迹运动的动画效果，如图 5-67 所示。

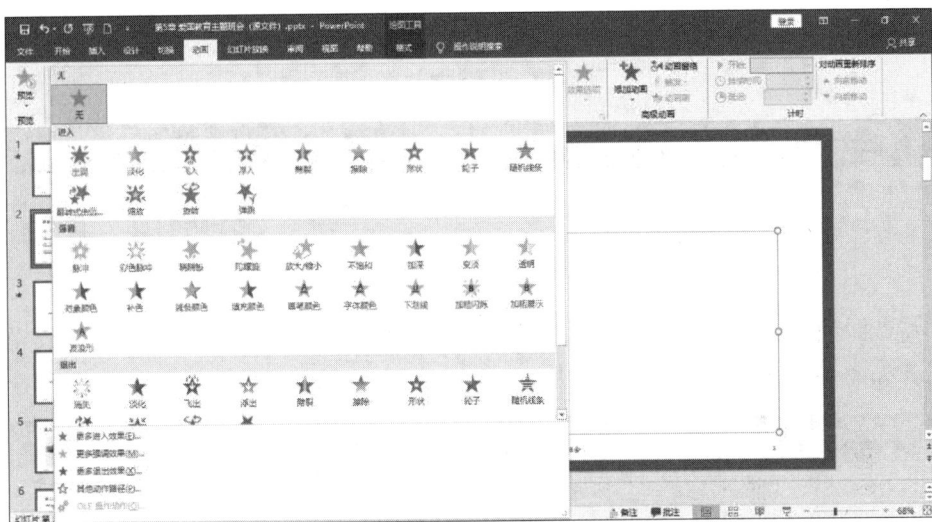

图 5-67　动画效果

添加动画效果的步骤如下。

（1）添加动画。选择需要设置动画效果的对象，单击"动画"选项卡，在"动画"组中选择动画效果，如"飞入"，如图 5-68 所示。在"幻灯片编辑"窗格可以预览刚刚设置的动画效果。

图 5-68　设置动画效果

（2）设置效果选项。单击"动画"选项卡，在"动画"组中单击"效果选项"下拉按钮，在下拉列表中选择"飞入"的方向和序列，如"方向"→"自左上部"，如图 5-69 所示。在"幻灯片编辑"窗格可以预览刚刚设置的动画效果。

（3）设置动画计时。单击"动画"选项卡，在"计时"组中单击"开始"下拉按钮，在下拉列表中选择动画开始方式。"单击时"表示单击鼠标时播放动画；"与上一动画同时"表示当前对象动画与上一个对象动画同时开始播放；"上一动画之后"表示当前对象动画会在上一个对象动画播放完成后开始播放，如图 5-70 所示。

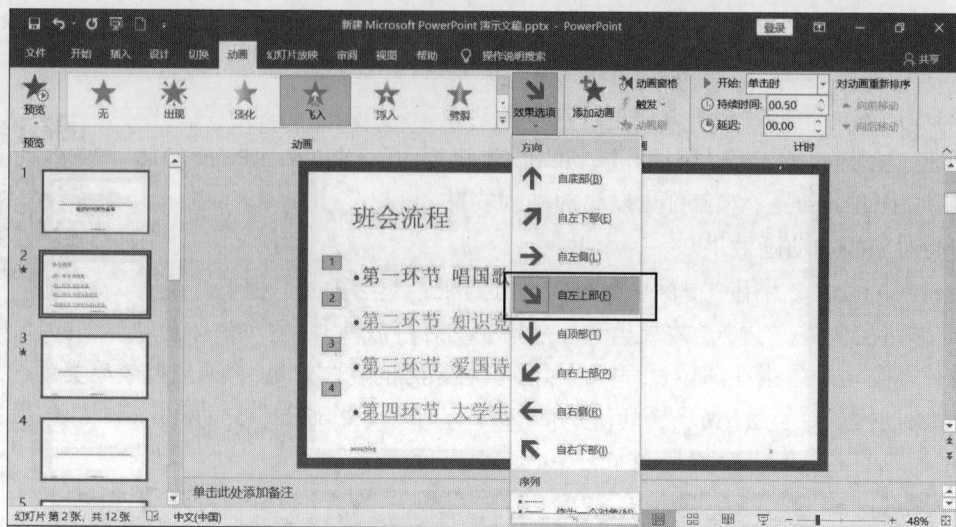

图 5-69　设置动画效果选项

图 5-70　动画开始方式

在"持续时间"数值框中输入时间值可以设置动画的持续时间，时间的长短决定了动画的播放时长，如图 5-71 所示。

图 5-71　动画持续时间

2. 为对象添加多个动画效果

在 PowerPoint 2016 中，可以为一个对象添加多个动画效果。

选择需要继续设置动画效果的对象，单击"动画"选项卡，在"高级动画"组中单击"添加动画"下拉按钮，在下拉菜单中选择需要添加的动画效果，如"强调"→"加深"，即可为选中对象添加第二个动画效果，如图 5-72 所示。

3. 使用动画窗格管理动画效果

在 PowerPoint 2016 中，为幻灯片中的对象添加动画效果后，可以使用"动画窗格"对幻灯片中对象的动画效果进行管理。

单击"动画"选项卡，在"高级动画"组中单击"动画窗格"按钮，打开"动画窗格"。"动画窗格"中会按照动画设置的先后顺序显示当前幻灯片中的所有动画效果，单击窗格中的"播放"按钮将播放幻灯片中的动画，如图 5-73 所示。在"动画窗格"中上下拖曳动画选项或单击"动画窗格"右上角的调整顺序按钮，可以改变动画播放的顺序。每条动画左侧的数字代表动画的播放顺序，右侧的彩色矩形条表示动画持续时间长度，可通过鼠标左右拖曳改变，如图 5-74 所示。用鼠标右键单击动画选项，在弹出的快捷菜单中选择"删除"命令，可删除所选动画选项，如图 5-75 所示。

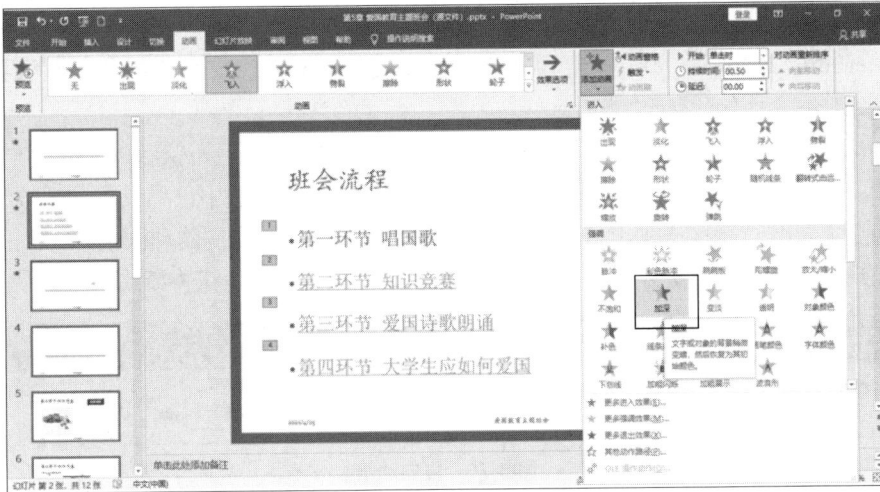

图 5-72 添加多个动画效果

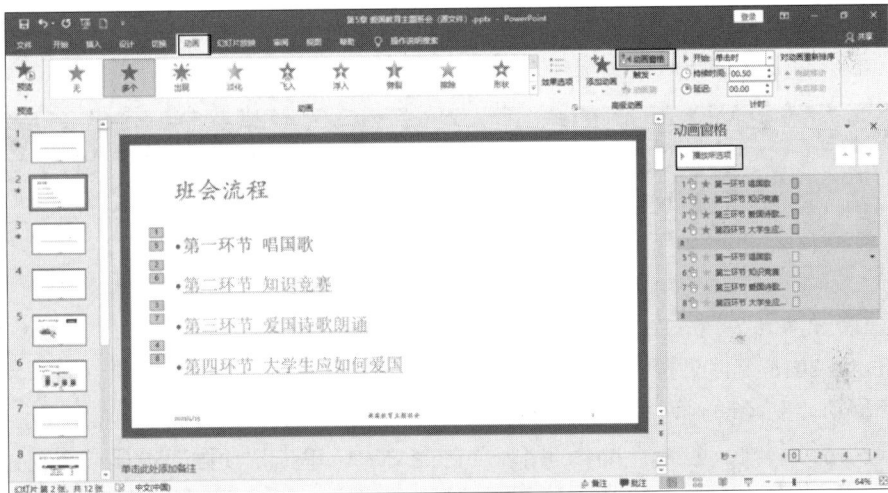

图 5-73 动画窗格

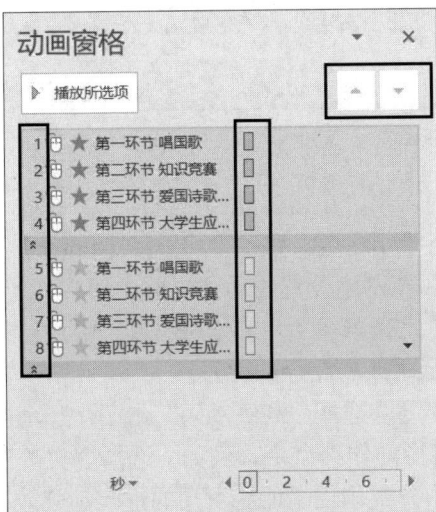

图 5-74 调整动画顺序（1）

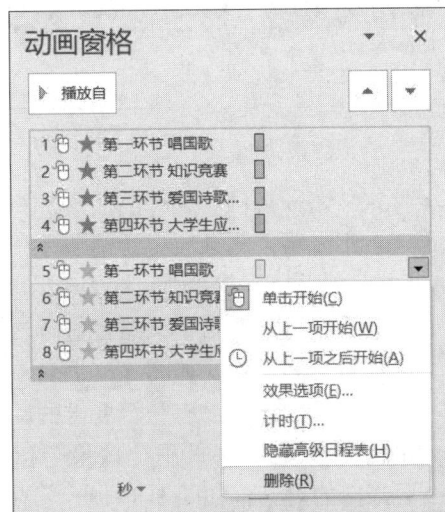

图 5-75 删除动画

4. 复制动画效果

在 PowerPoint 2016 中，如果需要为某个对象添加与已有对象完全相同的动画效果，可以用"动画刷"来实现。

（1）在幻灯片中选择已添加动画效果的对象，在"动画"选项卡"高级动画"组中单击"动画刷"按钮，如图 5-76 所示。动画刷的使用方式与格式刷类似，选中已经设置动画效果的对象，单击"动画刷"按钮后，在幻灯片中的某一个对象上单击即可应用复制的动画效果；双击"动画刷"按钮，可在多个对象上应用复制的动画效果，再次单击"动画刷"按钮将释放动画效果。

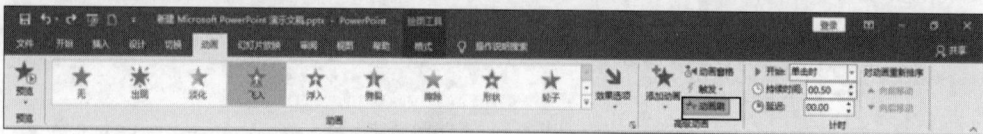

图 5-76 复制动画

（2）为对象添加动画效果后，对象上将出现带有编号的动画图标，编号表示动画播放的先后顺序。单击动画编号，在"动画"选项卡"计时"组中单击"向前移动"或"向后移动"按钮，可以对动画的播放顺序进行调整，如图 5-77 所示。

图 5-77 调整动画顺序（2）

5. 创建路径动画

PowerPoint 2016 提供了预设路径动画，用户也可以创建自定义路径动画，使对象按照用户指定的路径移动。路径动画为用户创建个性化、复杂化的动画效果提供了可能。

（1）预设路径动画。选择需要添加路径动画的对象，单击"动画"选项卡，在"动画"组中选择"弧形"选项，如图 5-78 所示。在"幻灯片编辑"窗格可以预览刚刚设置的动画效果。

图 5-78 动作路径

（2）自定义路径动画。选择需要添加路径动画的对象，单击"动画"选项卡，在"动画"组中选择"自定义路径"选项，通过鼠标在幻灯片上绘制自定义路径即可，按【Enter】键结束绘制，如图 5-79 所示。在"幻灯片编辑"窗格可以预览刚刚设置的动画效果。

绘制完成后，可以对自定义路径进行设置。在自定义路径上单击鼠标右键，可对路径进行编辑、关闭和反转等操作，如图 5-80 所示。拖曳路径可改变路径的位置。

如果在"动画"组中没有符合要求的动画效果，可以选择"高级动画"组"添加动画"下拉菜单中的"更多进入/强调/退出效果"和"其他路径动作"命令。例如，选择"更改进入效果"命令后弹出的对话框如图 5-81 所示，在对话框中分类列出了所有可用的进入动画效果，选择动画效果后，单击"确定"按钮即可。

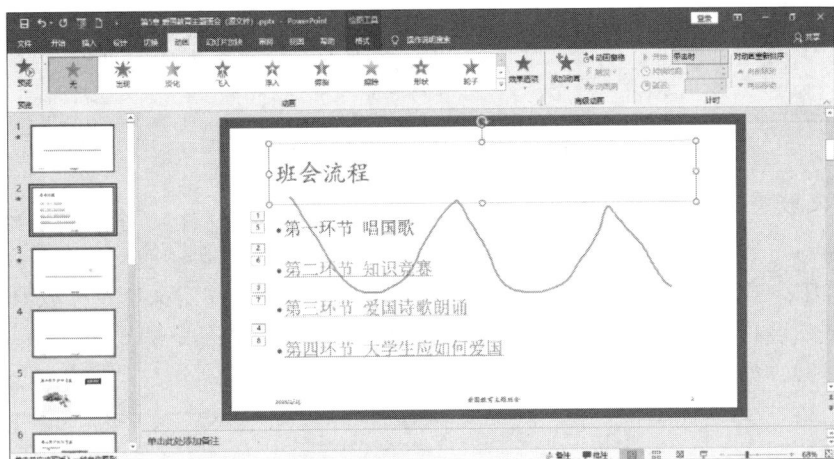

图 5-79　自定义路径

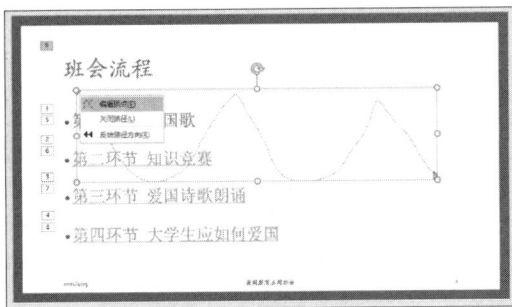

图 5-80　编辑自定义路径

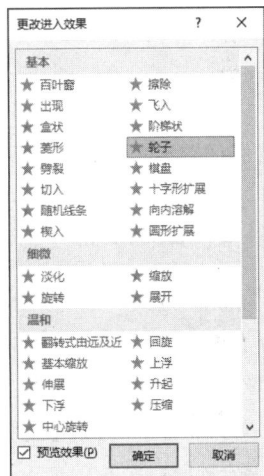

图 5-81　更多进入效果

5.5　演示文稿的放映

5.5.1　开始放映幻灯片

演示文稿的放映

1. 从头开始放映

单击"幻灯片放映"→"从头开始"按钮，如图 5-82 所示，演示文稿将从第一张幻灯片开始放映。

图 5-82　从头开始放映幻灯片

2. 从当前幻灯片开始放映

单击"幻灯片放映"→"从当前幻灯片开始"按钮，如图 5-83 所示，演示文稿将从当前幻灯片开始放映。

图 5-83　从当前幻灯片开始放映

3. 自定义放映

选择"幻灯片放映"→"自定义幻灯片放映"→"自定义放映"命令，在弹出的"自定义放映"对话框中，单击"新建"按钮，如图 5-84 所示。在弹出的"定义自定义放映"对话框中，设置幻灯片放映名称，勾选需要放映的幻灯片，单击"添加"按钮，再单击"确定"按钮即可完成自定义设置，如图 5-85 所示。

图 5-84　"自定义放映"对话框

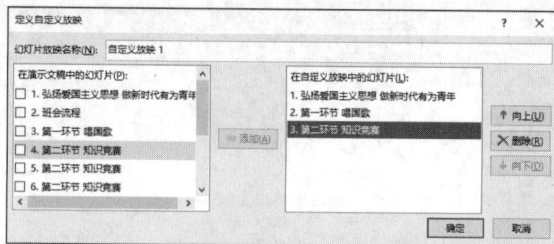

图 5-85　"定义自定义放映"对话框

5.5.2　幻灯片放映设置

1. 设置放映方式

幻灯片的放映类型有演讲者放映、观众自行浏览和在展台浏览 3 种。

单击"幻灯片放映"选项卡，在"设置"组中单击"设置幻灯片放映"按钮，在弹出的"设置放映方式"对话框中，可设置放映类型、放映选项、放映幻灯片、推进幻灯片，如图 5-86 所示。

2. 隐藏幻灯片

对于不需要放映的幻灯片，可以设置其为隐藏。

选择需要隐藏的幻灯片，单击"幻灯片放映"→"隐藏幻灯片"按钮，即可将幻灯片隐藏，被隐藏的幻灯片的编号会被划掉，表示该幻灯片不会被播放，如图 5-87 所示。

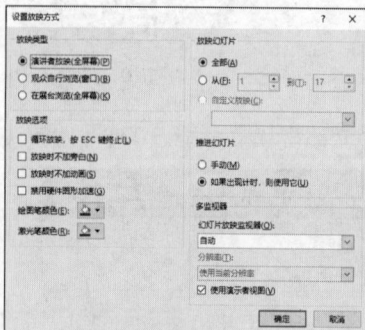

图 5-86　"设置放映方式"对话框

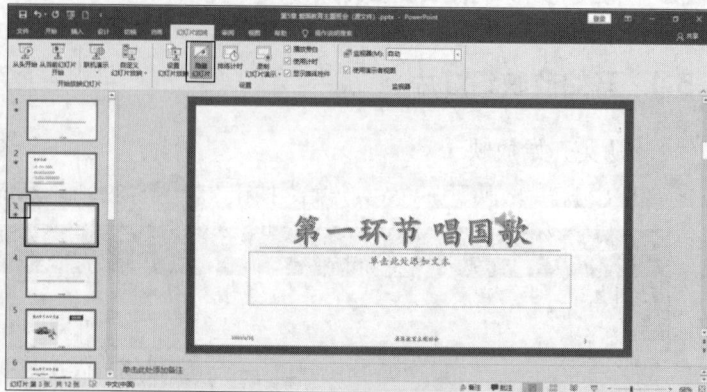

图 5-87　隐藏幻灯片

3. 设置排练时间

在 PowerPoint 2016 中，可以通过排练计时设置幻灯片按照演讲者的演讲速度自动播放。

单击"幻灯片放映"→"排练计时"按钮跳转至幻灯片放映视图，屏幕左上角会显示录制工具栏，如图 5-88 所示。在该放映视图下，用户可以进行幻灯片放映排练，录制工具栏会记录每张幻灯片的放映时间，放映结束后，在弹出的信息提示对话框中，单击"是"按钮保存排练时间，下次播放时将按记录的时间自动播放幻灯片，单击"否"按钮则放弃保存，如图 5-89 所示。

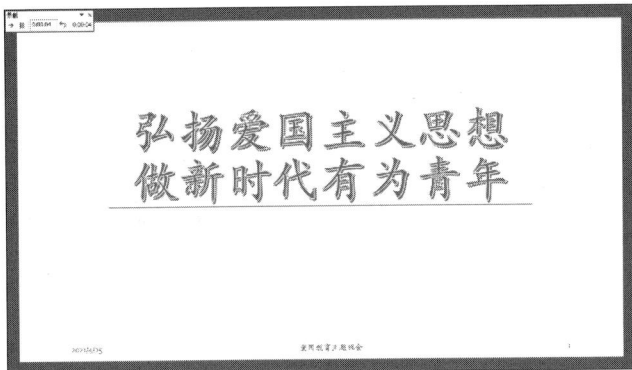

图 5-88　排练计时

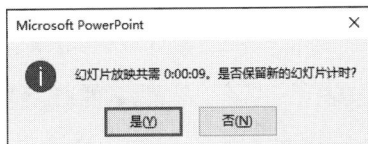

图 5-89　保存提示

4. 退出幻灯片放映

退出幻灯片放映的方式有以下两种。

（1）在幻灯片放映过程中按【Esc】键退出放映。

（2）在幻灯片放映过程中，用鼠标右键单击当前放映的幻灯片，在弹出的快捷菜单中选择"结束放映"命令，如图 5-90 所示。

5. 幻灯片放映中的操作

在播放幻灯片时，用户可以对幻灯片中的重要内容进行标注。

开始放映幻灯片后，单击鼠标右键，在弹出的快捷菜单中选择"指针选项"中的"笔""荧光笔"或"激光笔"命令，鼠标指针会变成相应的形状，用户可按住鼠标左键在幻灯片上进行标注，如图 5-91 所示。如需改变笔的颜色，可选择"墨迹颜色"命令选择合适的颜色，如图 5-92 所示。如需擦除标注，可选择"橡皮擦"命令进行擦除，如图 5-93 所示。

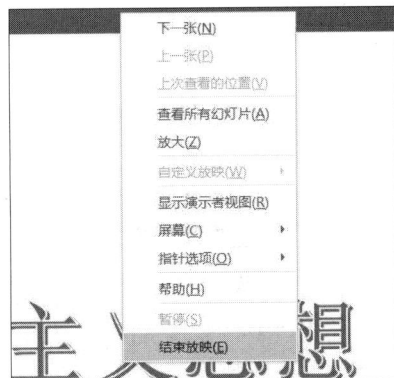

图 5-90　结束放映

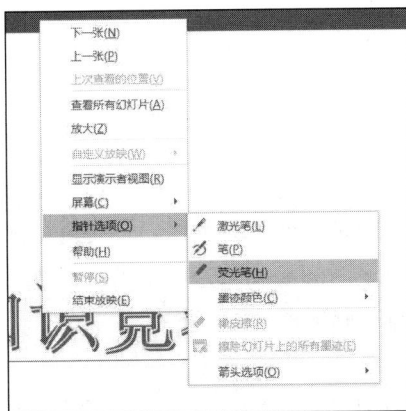

图 5-91　指针选项

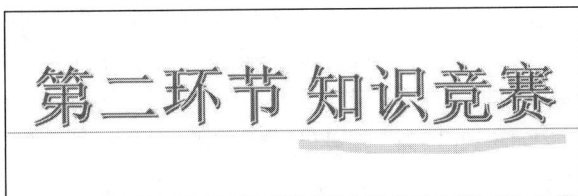

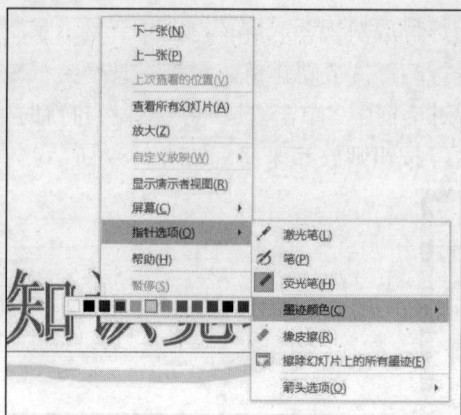

图 5-92　墨迹颜色

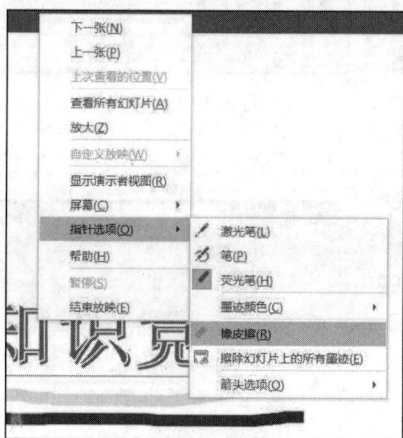

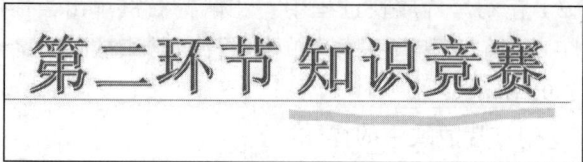

图 5-93　橡皮擦

结束放映或退出放映时，会弹出"是否保留墨迹注释"提示，如图 5-94 所示，若无须保留，单击"放弃"按钮即可。

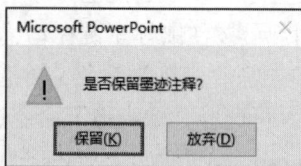

图 5-94　"是否保留墨迹注释"提示

5.6　演示文稿的打印

虽然幻灯片均设计为彩色模式显示，但有时并不需要彩色打印，只以黑白或灰度模式打印即可。以灰度模式打印时，彩色图像将以介于黑色和白色之间的颜色被打印出来。打印幻灯片时，PowerPoint 将设置演示文稿的颜色，使其与打印机的功能相符。

在打印幻灯片前，需要对打印范围、色彩模式等进行设置。

选择"文件"→"打印"命令，在右侧窗口中，可以设置打印的份数、范围、样式和颜色，如设置"份数"为"1"，"打印范围"为"打印全部幻灯片"，"打印样式"为"6 张水平放置的幻灯片",“纸张方向"为“横向",“颜色模式"为“纯黑白",选择打印机后单击“打印"按钮,如图 5-95 所示。

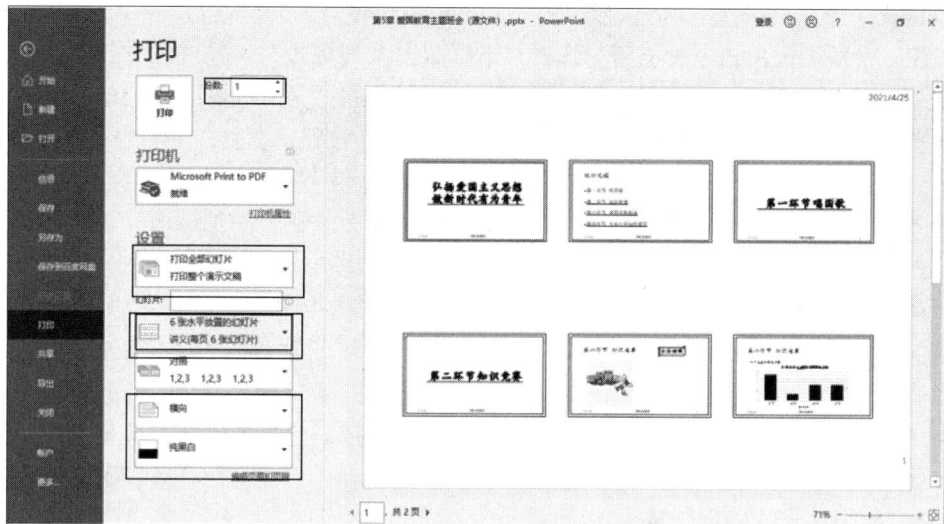

图 5-95　打印设置

综合实训

文慧受邀为大学生做节水知识培训,利用 PowerPoint 制作了一份宣传水知识及节水方法的演示文稿。制作过程中,文慧巧妙地使用了插入图片、艺术字、超链接等工具,并为幻灯片设置不同的切换效果和动画效果,将水知识和节水方法等内容清晰明了地展现出来,做出了一份精美的演示文稿。最终效果参考“水资源利用与节水.pptx"。

综合实训

现简要说明制作步骤,用户可以根据情况自己设计。

(1)新建“水资源利用与节水"演示文稿,单击“开始"→“新建幻灯片"中的“标题幻灯片"按钮,添加主标题“水资源利用与节水",添加副标题“主讲人:文慧"。

(2)单击“开始"→“新建幻灯片"中的“标题和内容"按钮,添加标题“目录",添加内容“水的知识、水的应用、节水方法"。单击“动画"→“进入:擦除"按钮,单击“效果选项"→“自左侧"按钮,为对象设置进入效果。单击“插入"→“图片"→“此设备"按钮,在弹出的“插入图片"对话框中选择“图片 1",单击“插入"按钮。通过鼠标拖动调整图片 1 大小和位置。单击“动画"→“进入:淡化"按钮,为图片 1 设置进入效果。

(3)单击“开始"→“新建幻灯片"中的“节标题"按钮,添加标题“第一节　水的知识"。选择第 2 张幻灯片,选中文字“水的知识",单击“插入"→“链接"→“文档中的位置"→“3.第一节　水的知识"→“确定"按钮。

(4)选中第 3 张幻灯片,单击“开始"→“新建幻灯片"中的“仅标题"按钮,添加标题“水资源概述",单击“插入"→“图表"→“饼图"→“复合饼图"→“确定"按钮。编辑数据后,选中插入的饼图,激活“图表工具"选项卡,单击“设计"→“添加图表元素按钮",将图表标题设置为“无",图例设置为“无",数据标签设置为“最佳匹配"。鼠标右键单击复合饼图中的数据标签，在弹出的快捷菜单中选择"设置数据标签格式"命令，在打开的窗格中，勾选"类别名称"复选框，选中代表可利用淡水资源的扇形，鼠标拖曳使之与饼图分离，在"设置数据点格式"窗格中选择"填充与线条"，将填充颜色设置为"深红"。

（5）在复合饼图上单击鼠标右键，选择"设置数据系列格式"，在设置数据系列格式窗格中选择"系列选项"，在"系列分割依据"中选择"位置"，将"第二绘图区中的值"设置为"3"。

（6）单击"插入"→"文本框"→"绘制横排文本框"按钮，在复合饼图的下方绘制文本框，输入文字"可利用淡水资源占比图"，设置文本字体为宋体，字号 28，拖动调整文本框位置。

（7）单击"开始"→"新建幻灯片"中的"两栏内容"按钮，添加标题"水的特性"，单击左侧内容占位符，插入图片 2，在右侧占位符中输入文本。

（8）单击"开始"→"新建幻灯片"中的"标题和内容"按钮，添加标题"自来水的由来"，添加内容文本，插入图片 3，单击"格式"→"颜色"→"设置透明色"按钮，在图片 3 白色背景上单击，去除背景，鼠标拖动调整图片位置。

（9）单击"开始"→"新建幻灯片"中的"节标题"按钮，添加标题"第二节 水的应用"。选择第 2 张幻灯片，选中文字"水的应用"，单击"插入"→"链接"→"文档中的位置"→"7. 第二节 水的应用"→"确定"按钮。

（10）选中第 7 张幻灯片，单击"开始"→"新建幻灯片"中的"仅标题"按钮，添加标题"水的应用"，单击"插入"→"SmartArt"→"列表"→"水平项目符号列表"按钮，输入文本，单击 SmartArt 工具中的"设计"→"更改颜色"→"彩色填充-个性色 3"按钮。

（11）单击"开始"→"新建幻灯片"中的"节标题"按钮，添加标题"第三节 节水方法"。选择第 2 张幻灯片，选中文字"节水方法"，单击"插入"→"链接"→"文档中的位置"→"9. 第三节 节水方法"→"确定"按钮。

（12）选中第 9 张幻灯片，单击"开始"→"新建幻灯片"中的"空白"按钮，单击"插入"→"图片"→"此设备"按钮，在弹出的"插入图片"对话框中选择"图片 4"，单击"插入"按钮，鼠标拖动调整图片 4 位置。

（13）单击"开始"→"新建幻灯片"中的"空白"按钮，单击"插入"→"艺术字"→"填充：蓝色，主题色 1；阴影"按钮，设置字体为黑体，字号 72，输入文本。

（14）单击"开始"→"新建幻灯片"中的"空白"按钮，单击"插入"→"图片"→"此设备"按钮，在弹出的"插入图片"对话框中选择"图片 5""图片 6"，单击"插入"，鼠标拖动调整图片位置。

（15）单击"设计"→"主题"→"水滴"按钮，为幻灯片应用主题，单击"视图"→"幻灯片母版"按钮，选择"水滴 幻灯片母版"，设置标题字体为黑体，字号 44，文本字体为宋体，一级文本字号 32，1.5 倍行距，单击"幻灯片母版"→"关闭母版视图"按钮，浏览每张幻灯片，调整对象的大小和位置。

（16）选择第一张幻灯片，单击"切换"→"推进"按钮，并依次为其他幻灯片设置切换效果。

本章小结

本章主要介绍了 PowerPoint 2016 的工作界面，演示文稿的操作方法，幻灯片的制作、编辑、美化方法，幻灯片切换效果、动画效果的设置，演示文稿的播放及播放方式设置，演示文稿的打印设置等。读者应重点掌握以下内容。

　　熟练掌握幻灯片的添加、删除、移动、复制等操作，熟练掌握文本的输入和编辑方法。

　　根据需要插入不同类型的对象，并对对象的格式进行编辑和修改。

　　根据需要设置字体、图片的格式，为幻灯片添加切换效果，为对象添加动画效果。

　　根据不同场景设置不同的放映方式。

练习题

一、填空题

（1）PowerPoint 2016 演示文稿的扩展名是_____。

（2）如果要终止幻灯片的放映，可以直接按_____键。

（3）若要在幻灯片中插入垂直文本，应单击_____选项卡中的"文本框"按钮。

（4）演示文稿的基本组成单元是_____。

（5）PowerPoint 2016 中，若需要复制对象的动画效果，可以借助_____。

（6）PowerPoint 2016 中，将当前幻灯片的切换效果应用到整个演示文稿，可以使用"切换"选项卡中的_____按钮实现。

（7）PowerPoint 2016 的主要编辑视图是_____。

（8）在 PowerPoint 2016 的普通视图下，若要将幻灯片在不同的演示文稿中移动，可以使用视图选项卡中的_____按钮。

（9）保存演示文稿可以使用_____组合键。

（10）PowerPoint 2016 中，若想改变演示文稿的保存位置，可以使用_____命令。

二、选择题

（1）要使幻灯片在播放时，从"翻转"效果变换到下一张幻灯片，需要设置（　　）。
　　A. 自定义动画　　B. 放映方式　　　C. 幻灯片切换　　D. 自定义放映

（2）在 PowerPoint 2016 中，格式刷位于（　　）选项卡中。
　　A. "开始"　　　B. "设计"　　　C. "切换"　　　　D. "审阅"

（3）PowerPoint 2016 中"设计"选项卡的主要功能是（　　）。
　　A. 播放当前的幻灯片，再播放其他幻灯片
　　B. 设置幻灯片的自定义播放方式
　　C. 设置幻灯片的"超链接"
　　D. 设置幻灯片的主题背景

（4）在 PowerPoint 2016 中，直接插入 MP3 文件的方法是（　　）。
　　A. 使用"插入"选项卡中的"对象"命令
　　B. 设置按钮的动作
　　C. 设置文字的超链接
　　D. 选择"插入"→"音频"→"PC 上的音频"命令

（5）在 PowerPoint 2016 "文件"选项卡中，可以进行（　　）操作。
　　A. 保存或另存为幻灯片文件　　　　B. 播放幻灯片文件
　　C. 删除幻灯片文件　　　　　　　　D. 幻灯片预览

（6）在 PowerPoint 2016 "视图" 选项卡中，可以（　　）。

　　A. 选择放映幻灯片　　　　　　　B. 选择幻灯片讲义母版视图

　　C. 设置幻灯片自定义播放　　　　D. 设置幻灯片动画效果

（7）在 PowerPoint 2016 "插入" 选项卡中，可以（　　）。

　　A. 设置幻灯片的视图　　　　　　B. 设置幻灯片的背景

　　C. 插入幻灯片所需的页眉和页脚　D. 插入幻灯片动画效果

（8）若要设置幻灯片中的文字为 "加粗" 和 "阴影"，应该使用（　　）。

　　A. "格式" 选项卡　　　　　　　　B. "开始" 选项卡

　　C. "审阅" 选项卡　　　　　　　　D. "幻灯片放映" 选项卡

（9）如果演示文稿中有设置了隐藏的幻灯片，那么在放映时隐藏的幻灯片（　　）。

　　A. 不会显示　　　B. 会正常显示　　　C. 显示为黑色　　　D. 显示为红色

（10）关于 PowerPoint 2016，下列说法错误的是（　　）。

　　A. 可以对某张幻灯片的背景进行设置

　　B. 可以对整套演示文稿的背景进行统一设置

　　C. 可以使用图片作背景

　　D. 添加了主题的幻灯片，不能再使用 "背景" 命令

三、操作题

小王是一所高校的教师，在讲授 "大学生心理健康" 课程的过程中，为了提高学生的学习积极性，想要设计一份精美的课件。

具体要求如下。

（1）根据素材文件 "5.1.docx" 制作演示文稿，要求演示文稿至少包含 7 张幻灯片，其中第 1 张为 "标题幻灯片" 版式，第 2～4 张为 "标题和内容" 版式，第 5～6 张为 "两栏内容" 版式，第 7 张为 "空白" 版式。

（2）为幻灯片设置主题为 "平面"。

（3）第 1 张幻灯片的主标题为 "大学生心理健康"，副标题为 "做一个心理健康的大学生"，为副标题设置强调动画效果。

（4）第 2 张幻灯片的标题为 "大学生心理健康标准"；在标题下面空白处插入垂直曲形列表 SmartArt 图形，要求含有 4 个文本框，在每个文本框中依次输入 "接纳他人，适应环境" "认识自我、悦纳自我" "有和谐的人际关系" "有较强的情绪调节能力"，更改图形颜色，适当调整字体、字号。

（5）为第 7 张幻灯片插入艺术字 "谢谢观看"，并为艺术字设置 "翻转式由远及近" 的动画效果。

【价值引领】

- 培养学生爱岗敬业、文明诚信、团结协作的优良品德。
- 培养学生自主创新、科技报国的精神。
- 提升学生的思维逻辑能力。

06 第6章 数据库设计基础

【学习目标】
- 了解数据库系统的基础知识。
- 了解基本的数据库模型。
- 了解数据库的系统结构和系统组成。
- 掌握数据库设计的过程。

【引例】配置人事数据库系统

王海是一名人力资源专员，他需要一款功能强、操作简单、容易上手的数据库系统来管理员工信息。该数据库系统能进行完善的人事档案管理，支持员工上传照片，能进行人员增加及调动等操作，可提供大量统计报表及分析图表，支持数据导入/导出功能，具有人事工作提醒功能（包括生日提醒、合同到期提醒、试用期到期提醒）。

6.1 数据库的基本概念

数据库技术产生于 20 世纪 60 年代末 70 年代初，其主要功能是有效地管理和存取大量的数据资源。数据库技术主要研究如何存储、使用和管理数据。多年来，数据库技术和计算机网络技术相互渗透、相互促进，已成为当今计算机领域发展迅速、应用广泛的两大技术。数据库技术不仅应用于事务处理，而且进一步应用到情报检索、人工智能、专家系统、计算机辅助设计等领域。

6.1.1 数据库、数据库管理系统及数据库系统

1. 数据库

数据库（DataBase，DB）是按照数据结构来组织、存储和管理数据的仓库，是存储在一起的相关数据的集合。随着信息技术和市场的发展，数据管理不再仅是存储和管理数据，而是转变成用户所需要的各种数据管理的方式。

数据库技术是数据管理的新方法和新技术。它能更合适地组织数据、更方便地维护数据、更严密地控制数据和更有效地利用数据。用户采集

到的大量数据，可以在数据库长时间保存并等待进一步的处理，用户可随时、便捷地从中提取有用的信息。数据的存储独立于使用它的程序，在数据库中插入新数据、修改和检索原有数据均能按一定公用的和可控的方式进行。

例如，学校的学籍管理部门常常把本校学生的基本情况（学号、姓名、年龄、性别、籍贯、专业、院系等）存放在表中。这张表就可以看成一个数据库。有了这个数据库，我们就可以根据需要随时查询某学生的基本情况，也可以查询年龄在某个范围内的学生的人数等。这些工作如果都能在计算机上自动进行，那学籍管理工作的效率就可以得到极大的提高。此外，在教师信息管理、资产管理、成绩管理工作中也需要建立众多的这种"数据库"，使其可以利用计算机实现教师信息、资产、成绩的自动化管理。

2. 数据库管理系统

数据库管理系统（DataBase Management System，DBMS）是一种操纵和管理数据库的大型软件，用于建立、使用和维护数据库。数据库管理系统是数据库系统的核心，是管理数据库的软件。它对数据库进行统一的管理和控制，以保证数据库的安全性和完整性。用户通过数据库管理系统访问数据库中的数据，数据库管理员也通过数据库管理系统进行数据库的维护工作。数据库管理系统具有多种功能，能使多个应用程序和用户用不同的方法同时或在不同时刻去建立、修改和访问数据库。用户通过数据库管理系统可以方便地定义和操纵数据，可维护数据的安全性和完整性，以及进行多用户下的并发控制和恢复数据操作。数据库管理系统主要有以下几个方面的功能。

（1）数据定义功能：数据库管理系统提供数据定义语言（Data Definition Language，DDL），供用户定义数据库对象、完整性约束和保密限制等约束。

（2）数据操作功能：数据库管理系统提供数据操作语言（Data Manipulation Language，DML），供用户实现对数据的追加、删除、更新、查询等操作。

（3）数据组织、存储与管理功能：数据库管理系统要分类组织、存储和管理各种数据，包括数据字典、用户数据、存取路径等，需确定以何种文件结构和存取方式在存储设备上组织这些数据，如何实现数据之间的联系。数据组织和存储的基本目标是提高存储空间利用率，选择合适的存取方法提高存取效率。

（4）数据库安全管理功能：数据库中的数据是信息社会的战略资源，所以对数据库的保护至关重要。数据库管理系统对数据库的保护通过 4 个方面来实现，分别为数据库的恢复、数据库的并发控制、数据库的完整性控制、数据库的安全性控制。

（5）数据库的建立与维护功能：数据库的建立和维护包括数据库初始数据的载入、转换、转储，数据库的重组、重构，以及性能监控等功能。

（6）数据通信功能：数据库管理系统具有与操作系统的联机处理、分时系统及远程作业输入相关的接口，负责处理数据的传送。网络环境下的数据库系统还包括数据库管理系统与网络中其他软件系统的通信功能及数据库之间的交互操作功能。

3. 数据库系统

数据库系统（DataBase System，DBS）是一个能存储、维护和为应用系统提供数据的软件系统，通常由软件、数据库和数据管理员等组成。其软件主要包括操作系统、各种宿主语言、实用程序及数据库管理系统。数据库由数据库管理系统统一管理，数据的插入、修改和检索均要通过数据库管理系统进行。数据管理员负责创建、监控和维护整个数据库，使数据能被任何有权使用的人有效使用。

6.1.2　数据管理的发展阶段

随着信息技术和市场的发展，特别是 20 世纪 90 年代以后，数据管理从最简单的存储各种数据的表格发展到能够进行海量数据存储的大型数据库系统，并逐步在各个方面得到广泛应用。在信息化社会中，充分有效地管理和利用各类信息资源，是进行科学研究和决策管理的前提条件。数据库技术是管理信息系统、办公自动化系统、决策支持系统等各类信息系统的核心部分，是进行科学研究和决策管理的重要技术手段。数据管理的发展主要分为 3 个阶段。

1. 人工管理阶段

在 20 世纪 50 年代中期以前，计算机主要用于科学计算。这个时期的外部存储器只有磁带、卡片和纸带等，还没有磁盘等直接存取数据的存储设备。当时只有汇编语言，尚无数据管理方面的软件。数据处理方式基本是批处理。

这个阶段数据管理的特点主要表现在以下几方面。

（1）没有专用的数据管理软件，数据与程序不独立。用户编制程序时，必须全面考虑好相关的数据，包括数据的定义、存储结构、存取方法等。程序和数据是一个不可分割的整体。数据脱离了程序就无任何存在的价值，即数据无独立性。

（2）数据不能共享。由于数据的组织是面向应用的，所以不同的程序均有各自的数据。这些数据对于不同的程序通常是不相同的，也不可共享。数据的不可共享性必然导致程序与程序之间存在大量的重复数据，浪费了存储空间。

（3）不单独保存数据。基于数据与程序是一个整体，对应数据只为对应程序所使用，数据只有与相应的程序一起保存才有价值，否则就毫无用处。因此，所有程序的数据均不单独保存。

2. 文件系统管理阶段

20 世纪 50 年代后期至 20 世纪 60 年代中期，计算机不仅用于科学计算，还被运用在信息管理方面。随着数据量的增加，数据的存储、检索和维护成为急需解决的问题。在这种情形下，数据结构和数据管理技术迅速发展起来。此时，外部存储器已有磁盘、磁鼓等直接存取数据的存储设备，在软件领域出现了操作系统和高级软件。操作系统中的文件系统是专门管理外存数据的管理软件，而文件是操作系统管理的重要资源之一。数据处理方式有批处理，也有联机实时处理。

这个阶段数据管理的特点主要表现在以下几方面。

（1）有位于操作系统中的数据管理软件。数据可以"文件"形式长期保存在外部存储器中，并由操作系统统一管理。操作系统可为用户使用文件提供友好的界面。

（2）数据可长期保存。由于有了外部存储器，所以数据可以长期保存，且数据不面向应用，可以进行反复操作，如查询、修改、插入、删除等。

（3）数据的独立性差。数据的逻辑结构与物理结构有了区别，但比较简单。程序与数据之间具有"设备独立性"。由于数据的组织结构是基于特定用途的，而应用程序依赖于物理组织，所以当数据结构发生变化时，就必须修改相应的应用程序；当应用程序发生变化时，也必将引起数据结构的改变。

（4）数据共享性差。应用程序与数据可分别存放在外部存储器上，各个应用程序可以共享一组数据，实现以文件为单位的数据共享。文件之间互相独立，不能反映现实世界中事物之间的联系，操作系统不负责维护文件之间的联系信息。如果文件之间有内容上的联系，那么也只能由应用程序去处理。不同的用户之间有许多共同的数据，分别保存在各自的文件中。由于数据的组织依然是面向程序的，所以存在大量的冗余数据，而且数据的逻辑结构不能方便地进行修改和扩充。

（5）文件组织多样化。文件分为索引文件、链接文件和直接存取文件等。但文件之间相互独立、缺乏联系。数据之间的联系要通过程序去构建。

（6）对数据的操作以记录为单位。由于文件中只存储数据，不存储文件记录的结构描述信息，所以对数据的操作以记录为单位。文件的建立、存取、查询、插入、删除、修改等所有操作，都要用程序来实现。

文件系统管理阶段是数据管理技术发展中的一个重要阶段。在这一阶段中，得到充分发展的数据结构和算法丰富了计算机科学，为数据管理技术的进一步发展打下了基础。文件系统现在仍是计算机软件科学的重要基础。

3. **数据库技术管理阶段**

20 世纪 60 年代后期，数据管理技术进入数据库技术管理阶段。随着计算机在数据管理领域的普遍应用、数据量的不断增加，数据共享要求越来越高。数据库系统弥补了文件系统的缺陷，提供了对数据进行的更高级、更有效的管理。这个阶段的程序和数据的联系通过数据库管理系统来构建，如图 6-1 所示。

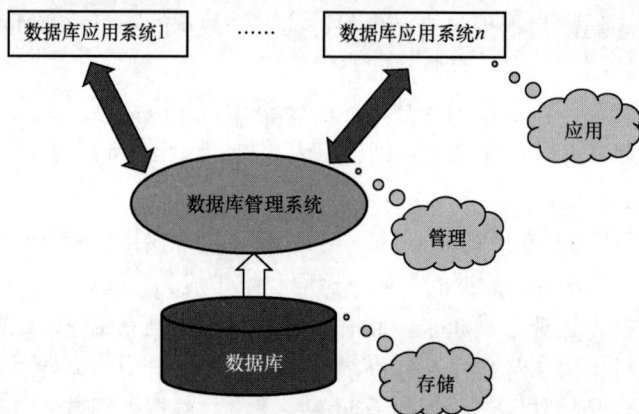

图 6-1　程序和数据的联系

数据库技术管理阶段的特点如下。

（1）采用数据模型表示复杂的数据结构。数据模型不仅描述数据本身的特征，还描述数据之间的联系。这种联系通过存取路径构建。通过所有存取路径表示自然的数据联系是数据库与传统文件的根本区别。在这个阶段，数据不再面向特定的某个或多个应用，而是面向整个应用系统，冗余数据明显减少，实现了数据共享。

（2）有较高的数据独立性。数据的逻辑结构与物理结构之间的差别可以很大。用户以简单的逻辑结构操作数据而无须考虑数据的物理结构。数据库的结构分成用户的局部逻辑结构、数据的整体逻辑结构和数据的物理结构三级。当数据的逻辑结构改变时，既不涉及数据的物理结构改变，也不影响应用程序，还可以降低应用程序研发与维护的费用。

（3）数据库系统为用户提供了方便的用户接口。用户可以使用查询语言或终端命令操作数据库，也可以用程序（如用 C 语言一类的高级语言和数据库语言联合编制的程序）操作数据库。

随着信息管理内容的不断扩展，丰富多彩的数据模型（如层次模型、网状模型、关系模型、面向对象模型、半结构化模型等）不断出现，新技术（如数据流、Web 数据管理、数据挖掘等）也层出不穷。数据库技术也与其他信息技术一样发展迅速。计算机处理能力的增强和越来越广泛的应用是促进数据库技术发展的重要动力。目前每隔几年，国际上一些数据库研究人员就会聚集一堂，探讨数据库的研究现状、存在的问题和未来需要关注的新技术及新焦点。

数据管理 3 个阶段的比较如表 6-1 所示。

表 6-1   **数据管理 3 个阶段的比较**

		人工管理	文件系统管理	数据库技术管理
背景	应用背景	科学计算	科学计算、管理	大规模管理
	硬件背景	无直接存取设备	磁盘、磁鼓	大容量磁盘
	软件背景	没有操作系统	有文件系统	有数据库管理系统
特点	处理方式	批处理	联机实时处理、批处理	联机实时处理、分布处理、批处理
	数据管理者	人	文件系统	数据库管理系统
	数据面向对象	某个应用程序	某个应用程序	现实世界
	数据共享程度	无共享、冗余度高	共享性差、冗余度高	共享性好
	数据独立性	不独立，依赖于程序	独立性差	具有高度的物理独立性和一定的逻辑独立性
	数据结构化	无结构	记录内有结构，整体无结构	整体结构化，用数据模型描述
	数据控制能力	应用程序自己控制	应用程序自己控制	由数据库管理系统提供数据安全性、完整性、并发控制和恢复

6.1.3 数据库系统的基本特点

数据库技术是在文件系统的基础上产生并发展的，二者都以数据文件的形式组织数据，但由于数据库系统在文件系统上加入了数据库管理系统对数据进行管理，数据库系统具有以下特点。

1. 数据结构化

数据库系统实现了整体数据的结构化，这是数据库系统的最主要的特征之一。这里所说的"整体"结构化，是指在数据库中的数据不再仅针对某个应用，而是面向全组织；不仅数据内部是结构化的，而且整体也是结构化的，数据之间有联系。

2. 数据具有高共享性和低冗余度

因为数据是面向整体的，所以数据可以被多个用户、多个应用程序共享，从而大大降低数据冗余度，节约存储空间，避免数据之间的不相容性与不一致性。

3. 数据的独立性高

数据的独立性是指数据与程序之间互不依赖，即数据库中的数据独立于应用程序且不依赖于应用程序。也就是说，数据的逻辑结构、存储结构与存取方式的改变不会影响应用程序。

数据独立性包括物理独立性和逻辑独立性。物理独立性是指数据如何存储在磁盘上的数据库中是由数据库管理系统管理的，应用程序不需要了解，应用程序要处理的只是数据的逻辑结构。这样一来，当数据的物理存储结构发生改变时，应用程序不用改变。逻辑独立性是指应用程序与数据库的逻辑结构是相互独立的，也就是说，数据的逻辑结构改变了，应用程序可以不改变。

数据与程序的独立把数据的定义从程序中分离了出去，加上存取数据的操作由数据库管理系统负责提供，简化了应用程序的编制，大大减少了应用程序的维护和修改工作。

4. 数据被统一管理和控制

数据库系统不仅为数据提供高度集成的环境，同时还为数据提供统一管理的手段，主要包括以下 4 个方面。

（1）数据的安全性保护（Security）：检查数据库的访问者以防止非法访问。

（2）数据的完整性检查（Integrity）：检查数据库中数据的完整性以保证数据的正确。

（3）数据库的并发访问控制（Concurrency）：控制多个应用的并发访问所产生的相互干扰，以保证多个用户正确并发存取数据库中的数据。

（4）数据库的故障恢复（Recovery）：保证数据库能恢复到故障发生以前的状态。

6.2 数据模型

数据（Data）是描述事物的符号记录。模型（Model）是现实世界的抽象。数据模型（Data Model）是数据特征的抽象，是数据库系统用来提供信息表示和操作手段的形式架构。数据模型包括数据的结构部分、操作部分和约束条件。

数据模型按不同的应用层次分为 3 种类型：概念模型、数据模型和物理模型。

6.2.1 概念模型

概念模型又称概念数据模型，是一种面向客观世界、面向用户的模型。它与具体的数据库管理系统无关，与具体的计算机平台无关。概念模型着重于描述客观世界复杂事物的结构及刻画它们之间的内在联系。概念模型是整个数据模型的基础。目前，较为有名的概念模型有 E-R 模型、扩充的 E-R 模型、面向对象模型、谓词模型等。E-R 图也称为实体-联系图，提供了表示实体类型、属性和联系的方法，是描述现实世界概念模型的有效方法。概念模型必须转换成数据模型，才能在数据库管理系统中实现。

6.2.2 数据模型

数据模型又称逻辑数据模型，是一种面向数据库系统的模型。该模型着重于数据库系统级别的实现。概念模型只有在转换成数据模型后才能在数据库中表示。数据模型既要面向用户，又要面向系统，主要用于数据库管理系统的实现。目前，数据模型也有很多种，较为成熟并先后被人们大量使用过的有层次模型、网状模型、关系模型等，其中应用非常广泛的是关系模型。

1. 层次模型

层次模型是数据库系统中最早出现的数据模型，其主要采用树形结构来表示实体之间的联系。树的每个节点表示一个实体或实体集，节点间的连线表示相连实体或实体集之间的关系。

（1）层次模型的主要特点如下。

① 层次模型将数据组织成一对多的关系结构。

② 层次模型采用关键词来访问其中每一层次的每一部分。

（2）层次模型的主要优点如下。

① 数据结构比较简单清晰。

② 数据存取方便，查询效率高。

③ 提供了良好的完整性支持。

（3）层次模型的主要缺点如下。

① 只能表示一对多的关系，结构呆板，缺乏灵活性。

② 同一属性数据需存储多次，数据冗余度高。

③ 结构过于严密，层次命令趋于程序化。

2. 网状模型

在现实世界中，事物之间的联系更多的是属于非层次关系的。因此，用层次模型表示非树形结构是很不直观的，网状模型则可以克服这一弊端。网状模型比层次模型更具普遍性，既允许多个节点没有双亲节点，又允许多个节点有双亲节点。模型中的每个节点表示一个实体集，每个实体包含若干个属性。

（1）网状模型的主要特点如下。

① 网状模型将数据组织成多对多的关系结构。

② 网状模型用连接指令或指针来确定数据间的显示连接关系。

（2）网状模型的主要优点如下。

① 能够更为直接地描述现实世界。

② 具有良好的性能，存取效率较高。

（3）网状模型的主要缺点如下。

① 结构比较复杂，而且随着应用环境的扩大，数据库的结构越来越复杂，不利于最终用户掌握。

② 需存储数据间联系的指针，数据量大。

③ 由于记录之间的联系是通过存取路径实现的，应用程序在访问数据时必须选择适当的存取路径，所以用户必须了解系统结构的细节，增加了编写应用程序的负担。

3. 关系模型

关系模型的数据结构单一。在关系模型中，现实世界的实体及实体间的各种联系均用关系来表示。关系模型采用二维表来表示，简称表。二维表由表框架（Frame）及表的元组（Tuple）组成。

（1）关系模型的主要特点如下。

① 关系模型数据的逻辑结构为一张二维表，由行和列组成。

② 在关系模型中，实体与实体之间的联系都用关系来表示。

（2）关系模型的主要优点如下。

① 与格式化模型不同，关系模型是建立在严格的数字概念基础上的。

② 概念单一、数据结构简单，便于查询和修改。

③ 能搜索、组合和比较不同类型的数据。

关系模型的主要缺点：由于存取路径对用户透明，查询效率往往不如非关系模型，所以，为了提高性能，必须对用户的查询表示进行优化，增加了开发数据库管理系统的负担。

6.2.3　物理模型

物理模型又称物理数据模型，是一种面向计算机物理表示的模型。此模型给出了数据模型在计算机上物理结构的表示。每种数据模型在实现时都有其对应的物理模型。数据库管理系统为了保证其独立性与可移植性，大部分物理模型的实现工作都由系统自动完成，而设计者只设计索引、聚集等特殊结构。

6.3 数据库系统的结构

数据库系统的结构从不同角度和不同层次出发有不同的理解。从数据库应用开发角度来看，数据库系统通常采用三级模式结构。这是数据库系统的内部系统结构。从数据库最终用户角度来看，数据库系统的结构分为单用户结构、主从式结构、分布式结构等多层结构。这是数据库系统的外部体系结构。

6.3.1 数据库系统的三级模式

数据库系统的三级模式结构是指数据库系统是由模式、外模式和内模式三级构成的。该模式把数据的具体组织留给数据库管理系统，使用户能有逻辑地、抽象地处理数据，而不必关心数据在计算机中的具体表示方式和存储方式。为了能够在系统内部实现这3个抽象层次的联系和转换，数据库管理系统在这三级模式之间提供了两级映射：外模式/模式映射和模式/内模式映射。数据库系统的三级模式、两级映射关系如图6-2所示。

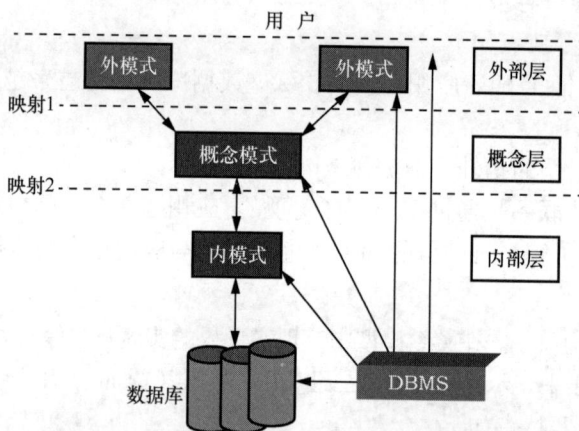

图6-2　数据库系统的三级模式、两级映射关系

1. 模式

模式（Schema）又称概念模式或逻辑模式，是数据库中全部数据的逻辑结构和特征的总体描述，是所有用户的公共数据视图（全局视图）。它是数据库系统模式结构的中间层，既不涉及数据的物理存储细节和硬件环境，又与具体的应用程序、所使用的应用开发工具及高级程序设计语言无关。一个数据库只有一个模式。它是由数据库管理系统提供的数据模式描述语言（Data Description Language，DDL）来描述、定义的，体现、反映了数据库系统的整体观。

2. 外模式

外模式（External Schema）也称子模式（Subschema）或用户模式，是数据库用户（包括应用程序员和最终用户）能够看见和使用的局部数据逻辑结构和特征的描述，是数据库用户的数据视图，是与某一应用有关的数据的逻辑表示。

3. 内模式

内模式（Internal Schema）又称存储模式（Storage Schema）。一个数据库只有一个内模式。

它是数据库中全体数据的内部表示或底层描述,是数据库最低一级的逻辑描述,描述了数据在存储介质上的存储方式和物理结构,对应着实际存储在外存储介质上的数据库。内模式由内模式描述语言来描述、定义所有内部记录类型、索引和文件的组织方式,以及数据控制方面的细节。内模式是数据库存储观的体现。

6.3.2　数据库系统的两级映射

数据库系统的三级模式是对数据的 3 个级别的抽象,其把数据的具体物理实现留给物理模式,使用户与全局设计者不必关心数据库的具体实现与物理背景;同时,它通过两级映射建立了模式间的联系与转换,使得内模式与外模式虽然并不具备物理连接,但是也能通过映射而获得实体。此外,两级映射也保证了数据库系统中的数据独立性,即数据的物理组织改变与逻辑概念改变相互独立,使得只需调整映射方式而不必改变用户模式。

1.　模式到内模式的映射

模式到内模式的映射给出了模式中数据的全局逻辑结构到数据物理存储结构间的对应关系,此种映射一般由数据库管理系统实现。当数据库的存储结构改变时,由数据库管理员对模式/内模式映射做相应改变,可以使模式保持不变,从而应用程序也不必改变。这保证了数据与程序的物理独立性,简称数据的物理独立性。

2.　外模式到模式的映射

模式是一个全局模式,而外模式是用户的局部模式。在一个模式中可以定义多个外模式,而每个外模式都是模式的一个基本视图。外模式到模式的映射给出了外模式与模式的对应关系。这种映射一般由数据库管理系统实现。数据库管理员对各个外模式/模式的映射做相应改变,可以使外模式保持不变。应用程序是依据数据的外模式编写的,所以应用程序也不必进行修改。这样保证了数据与程序的逻辑独立性,简称数据的逻辑独立性。

6.4　数据库系统的组成

数据库系统是由数据库及其管理软件组成的。数据库系统是为满足数据处理的需要而发展起来的一种较为理想的数据处理系统,也是一个为实际可运行的存储、维护和应用系统提供数据的软件系统,是存储介质、处理对象和管理系统的集合体。数据库系统一般由数据库、数据库管理系统、应用程序和数据库管理员等构成。

1.　数据库

数据库是指长期存储在计算机内的、有组织的、可共享的数据的集合。数据库中的数据按一定的数学模型组织、描述和存储,具有较低的冗余度、较高的数据独立性和易扩展性,并可为各种用户共享。

2.　硬件平台

数据库系统的硬件平台是指计算机系统的各种物理设备,包括存储所需的外部设备。硬件的配置应满足整个数据库系统的需要。

3.　软件

数据库系统的软件主要包括操作系统、数据库管理系统和应用程序。数据库管理系统是数据库系统的核心软件，它在操作系统的支持下工作，是解决如何科学地组织和存储数据、如何高效获取和维护数据问题的系统软件。数据库系统软件的主要功能包括数据定义、数据操纵、数据库的运行管理和数据库的建立与维护。

4. 人员

开发、管理和使用数据库系统的人员主要包括数据库管理员（DataBase Administrator，DBA）、系统分析员、数据库设计人员、应用程序员和最终用户。不同人员涉及不同的数据抽象级别，拥有不同的数据视图，其中，数据库管理员负责数据库的总体信息控制。数据库管理员的具体职责包括设计具体数据库中的信息内容和结构，决定数据库的存储结构和存取策略，定义数据库的安全性要求和完整性约束条件，监控数据库的使用和运行，负责数据库的性能改进、数据库的重组和重构，以提高系统的性能。

6.5 常见的数据库管理系统

数据库管理系统是一种为管理数据库而设计的大型计算机软件管理系统。具有代表性的数据库管理系统有 Access、Microsoft SQL Server、Oracle、MySQL、PostgreSQL 等。

1. Access

Access 是微软公司推出的基于 Windows 系统的桌面关系数据库管理系统（Relational DataBase Management System，RDBMS），是 Microsoft Office 系列应用软件之一。它提供了表、查询、窗体、报表、页、宏、模块等用来建立数据库系统的对象；提供了多种向导、生成器、模板，把数据存储、数据查询、界面设计、报表生成等操作规范化；为建立功能完善的数据库管理系统提供了方便；使得普通用户不必编写代码，就可以完成大部分数据管理任务。

2. Microsoft SQL Server

Microsoft SQL Server 是微软公司推出的关系数据库管理系统。它具有使用方便、可伸缩性好、与相关软件集成程度高等优点，是一个全面的数据库平台，使用集成的商业智能（Business Intelligence，BI）工具提供企业级的数据管理。Microsoft SQL Server 为关系数据和结构化数据提供了安全、可靠的存储功能，使用户可以构建和管理用于业务的高可用和高性能的数据应用程序。

3. Oracle

Oracle 是甲骨文（Oracle）公司提供的以分布式数据库为核心的一组软件产品，是目前非常流行的客户机/服务器（Client/Server，C/S）或浏览器/服务器（Browser/Server，B/S）体系结构的数据库之一。例如，Silver Stream 就是基于数据库的一种中间件。Oracle 数据库是目前使用非常广泛的数据库管理系统之一。作为一个通用的数据库管理系统，它具有完整的数据管理功能；作为一个关系数据库管理系统，它是一个关系完备的产品；作为分布式数据库管理系统，它实现了分布式处理功能。只要在一种机型上学习了 Oracle 的相关知识，就能在各种类型的机器上使用它。

6.6 Access 2016 入门

Access 是关系数据库管理系统，是 Microsoft Office 办公软件中的一个重要组成部分，是目前比较流行的桌面数据库管理系统。它不仅能存储和管理数据库，还能编写数据库管理软件。用户可以通过 Access 提供的开发环境和工具比较方便地构建数据库应用程序。Access 的操作大部分是直观的可视化操作，无须编写程序代码，是一种使用方便、功能较强的数据库开发工具。

6.6.1　Access 2016 的基本功能

Access 2016 的基本功能包括组织数据、创建查询、生成窗体、打印报表、共享数据、支持超级链接和创建应用系统等。

1.　组织数据

组织数据是 Access 最主要的作用，一个数据库就是一个容器，Access 用它来容纳自己的数据并提供对对象的支持。

Access 中的表对象是用于组织数据的基本模块，用户可以将每一种类型的数据放在一个表中，定义各个表之间的关系，从而将各个表相关的数据有机地联系在一起。表是 Access 数据库最主要的组成部分，一个数据库文件可以包含多个表对象。一个表对象实际上就是由行、列数据组成的一张二维表格，字段就是表中的列，字段存放不同的数据类型，具有一些相关的属性。

2.　创建查询

查询是按照预先设定的规则有选择性地显示一个或多个表中的数据信息。查询是关系数据库中的一个重要概念，是用户操作数据库的一种主要方法，也是建立数据库的目的之一。需要注意的是，查询对象不是数据的集合，而是操作的集合。可以这样理解，查询是针对数据表中数据源的操作命令。

在 Access 中，查询是一种统计和分析数据的工作，可以利用查询按照不同的方式查看、更改或分析数据，也可以将查询作为窗体、报表和数据访问页的记录源。查询的目的就是根据指定的条件对数据表或其他查询进行检索，筛选出符合条件的记录，构成一个新的数据集合，从而方便用户对数据库进行查看和分析。

3.　生成窗体

窗体是用户和数据库应用程序之间的主要接口。Access 2016 提供了丰富的控件，可以设计出功能丰富、美观的用户操作界面。利用窗体可以直接查看、输入和更改表中的数据。这些操作不需要在数据表中直接进行，极大地提高了数据操作的安全性。

4.　打印报表

报表是以特定的格式打印显示数据的有效方法之一。报表可以将数据库中的数据以特定的格式进行显示和打印，同时可以对有关数据实现汇总、求平均值等计算。利用 Access 2016 的报表设计器可以设计出各种各样的报表。

6.6.2　创建新数据库

在使用 Access 2016 处理数据之前，首先需要创建一个新数据库。新数据库可以是空白数据库，也可以是使用模板创建的数据库。

1.　创建空白数据库

（1）在 Access 2016 的界面中创建空白数据库。具体步骤如下。

① 单击"开始"菜单，选择"Access 2016"命令启动 Access 2016 软件，进入 Access 2016 的界面。选择"空白桌面数据库"选项，如图 6-3 所示。

② 在弹出的"空白桌面数据库"对话框中，在"文件名"文本框中输入文件名，如"学生

管理数据库"，如图 6-4 所示，单击"文件夹"按钮，弹出"文件新建数据库"设置数据库在计算机中的保存位置，单击"确定"按钮。

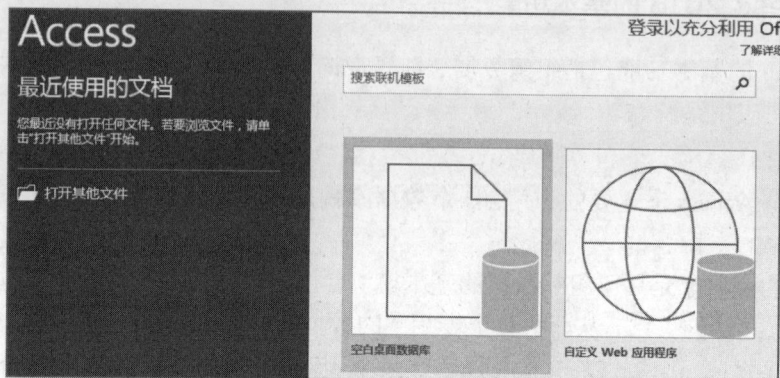

图 6-3　Access 2016 的界面

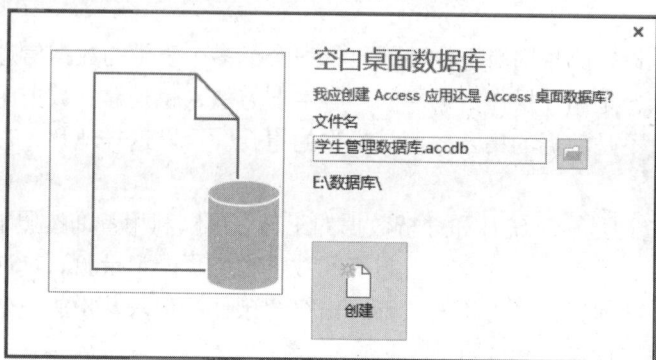

图 6-4　设置数据库名称和存储路径

③ 返回到"空白桌面数据库"对话框，单击"创建"按钮。最后，Access 2016 会创建一个名为"学生管理数据库"的空白数据库，同时在数据库中会自动创建一个名为"表 1"的数据表，如图 6-5 所示。

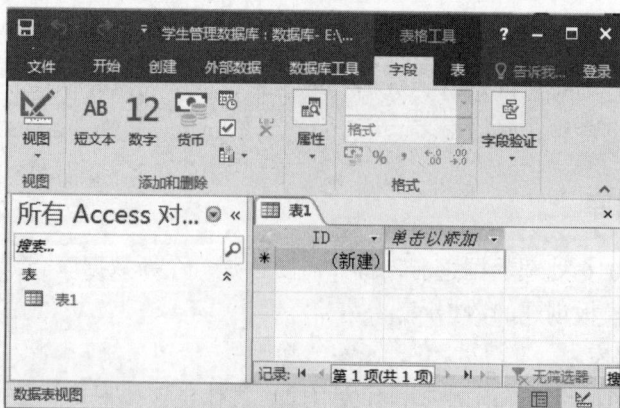

图 6-5　空白数据库

（2）在已经打开的 Access 数据库中创建新数据库。具体步骤如下。

① 选择"文件"选项卡，单击"新建"命令，进入"新建"界面，如图 6-6 所示。

② 选择"空白桌面数据库"选项。在弹出的"空白桌面数据库"对话框中，设置数据库在计算机中的保存位置及名称后，单击"创建"按钮，即可创建新数据库，如图 6-7 所示。

图 6-6 选择"空白桌面数据库"选项

图 6-7 "空白桌面数据库"对话框

2. 使用模板创建数据库

Access 2016 共提供了 14 个数据库模板。利用数据库模板，用户可快速创建包含表、查询等多个对象的数据库。使用模板创建新数据库，具体步骤如下。

（1）在已打开的 Access 数据库选择"文件"选项卡，单击"新建"命令，进入"新建"界面。

（2）选择除了"空白桌面数据库"和"自定义 Web 应用程序"两个选项外的其他选项。例如选择"营销项目"模板数据库，弹出"营销项目"对话框，在其中设置数据库在计算机中的保存位置及名称。

（3）单击"创建"按钮，即可利用模板快速创建"营销项目"数据库，且在左侧窗格中可查看该数据库包含的表、查询、窗体等对象。

6.6.3 打开、保存和关闭数据库

1. 打开 Access 数据库

在 Windows 10 平台下，可用以下途径启动 Access 2016。

（1）双击已有文件打开。在计算机中找到需要打开的 Access 数据库文档，双击即可启动 Access 2016，并打开该数据库。

（2）使用"打开"命令打开数据库。在 Access 数据库中依次选择"文件"→"打开"→"浏览"，弹出"打开"对话框中，在计算机中找到要打开的数据库文档并选中它，单击"打开"按钮，即可打开所选的数据库。

2. 保存 Access 数据库

对数据库进行编辑后，需要将数据库保存。有三种方法可以直接保存数据库。

① 按【Ctrl】+【S】组合键。

② 单击"快速访问工具栏"上的"保存"按钮。

③ 选择"文件"→"保存"命令。

3. 关闭 Access 数据库

完成工作表的处理后，要退出 Access，可按照关闭窗口的方法退出即可。另外，也可以按如下方法退出 Access 2016。

① 按【Alt】+【F4】组合键。

② 单击标题栏左端的控制菜单图标，在弹出的下拉列表中选择"关闭"选项。

③ 选择"文件"→"退出"命令。

6.6.4 数据表的基础操作

表是 Access 管理数据的基本对象，是数据库中数据的载体，一个数据库通常包含若干个数据表对象。本小节主要以在"学生管理数据库"中创建"学生信息表"为例，介绍创建表和输入数据记录的步骤与方法。

1. 创建"学生信息表"

数据表由表结构和记录两部分组成，表结构的创建一般是在表的"设计"视图下完成的。"学生信息表"的结构如表 6-2 所示。

创建表

表 6-2　　　　　　　　　　　　　　　"学生信息表"的结构

字段名	字段类型	大小
学生编号	短文本型	6
姓名	短文本型	5
性别	短文本型	4
年龄	数字型	默认
入学日期	日期/时间型	默认
团员否	是/否	默认
籍贯	长文本型	默认
照片	OLE 对象	默认

（1）打开"学生管理数据库"，单击"创建"→"表设计"按钮，出现图 6-8 所示的界面。

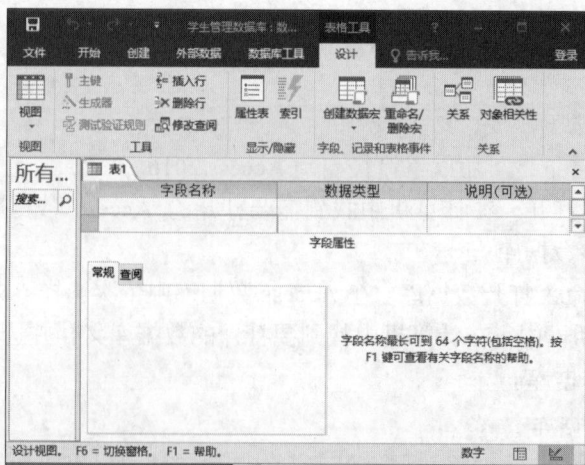

图 6-8　通过设计视图创建表

（2）根据表 6-2 输入字段名称、设置字段类型，如图 6-9 所示。

（3）设置主键。选中"学生信息表"的"学生编号"字段，单击"主键"按钮，在"学生编号"字段的左边出现钥匙形状的标志，表明这个字段已经被设置为"主键"。

（4）保存此表为"学生信息表"。

2. 向"学生信息表"输入数据记录

切换至数据表视图，在该视图下输入学生相关记录信息，如图 6-10 所示。

图 6-9　通过设计视图设计表结构

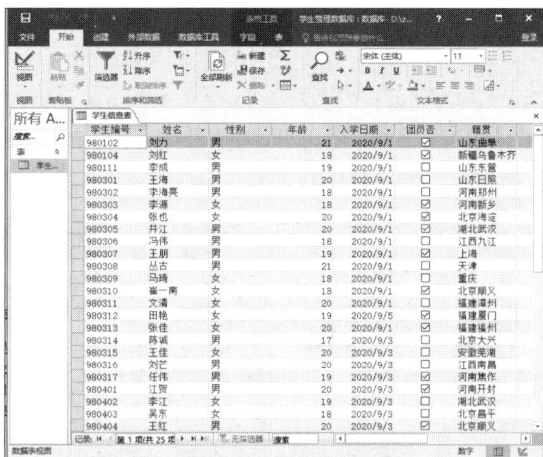

图 6-10　输入记录

为完成本章所设计的案例，以"学生信息表"为例，完成"教师信息表""课程信息表"和选课成绩表。其结构分别如表 6-3～表 6-5 所示。其中，"教师信息表"的主键为"教师编号"，"课程信息表"主键为"课程编号"，"选课成绩表"的主键为"选课 ID"。

表 6-3　　　　　　　　　　　　"教师信息表"结构

字段名	类型	大小
教师编号	短文本型	6
姓名	短文本型	5
性别	短文本型	4
工作时间	日期型	默认
政治面貌	短文本型	4
职称	短文本型	4
学历	短文本型	4

表 6-4　　　　　　　　　　　　"课程信息表"结构

字段名	类型	大小
课程编号	短文本型	6
课程名称	短文本型	20
课程类别	短文本型	4
学分	数字型	默认

表 6-5　　　　　　　　　　　　"选课成绩表"结构

字段名	类型	大小
选课 ID	短文本型	6
学生编号	短文本型	6
课程编号	短文本型	6
成绩	数字型	默认

3. 建立表间关系

Access 是关系数据库管理系统，数据表之间的联系通过关系建立。表关系也是查询、窗体、报表等其他数据库对象使用的基础，一般情况下，应该在创建其他数据库对象之前创建表关系。表间关系可以分为一对一、一对多、多对多 3 种类型。在"学生管理数据库"中，通过前文讲解的方法，可以依次创建"课程信息表"和"选课成绩表"，可以通过表之间的主、外键联系创建表间关系。

（1）打开"学生管理数据库"，单击"数据库工具"→"关系"按钮，弹出"显示表"对话框，如图 6-11 所示。选择"课程信息表""选课成绩表""学生信息表"选项，并单击"添加"按钮，此时"关系"页面如图 6-12 所示。

图 6-11 "显示表"对话框

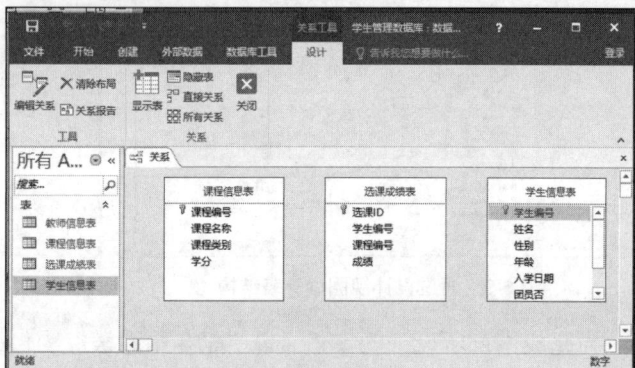

图 6-12 添加表

（2）将"学生信息表"的"学生编号"字段拖曳到"选课成绩表"的"学生编号"字段上，弹出图 6-13 所示的对话框，勾选"实施参照完整性"复选框，单击"创建"按钮，"选课成绩表"与"学生信息表"的关系创建成功。

（3）根据以上步骤，创建"选课成绩表"与"课程信息表"之间的关系。完成后，"关系"页面如图 6-14 所示。

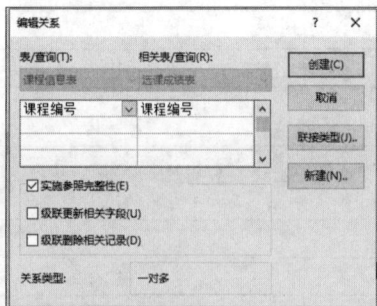

图 6-13 "编辑关系"对话框

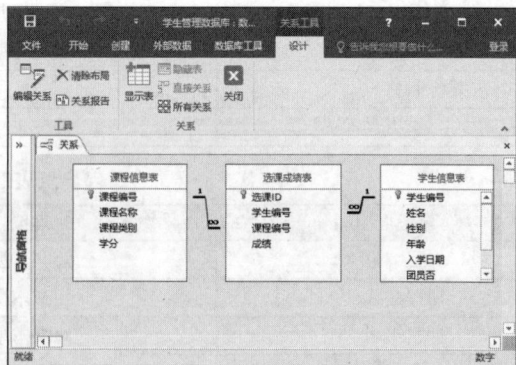

图 6-14 建好的表间关系

6.6.5 使用查询

查询是 Access 2016 处理和分析数据的工具，是在指定的（一个或多个）表中根据给定的条件筛选所需要的信息，供用户查看、更改和分析使用的操作。可以使用查询回答简单问题、执行计算、合并不同表中的数据，甚至可以添加、更改或删除表数据。

单击"创建"→"查询向导"按钮，弹出"新建查询"对话框，如图 6-15 所示。

创建简单查询的操作比较简单。这里以在"教师信息表"中创建不同职称的男女教师人数的交叉表查询为例进行讲解。

（1）在"新建查询"对话框中选择"交叉表查询向导"选项，单击"确定"按钮，打开图 6-16 所示对话框。

（2）选择"表：教师信息表"，单击"下一步"按钮。

（3）选择"职称"作为行标题，单击"下一步"按钮，如图 6-17 所示。

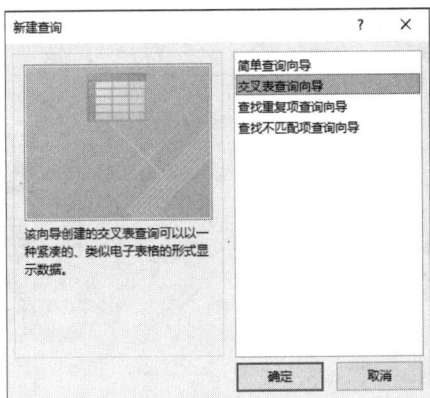

图 6-15　"新建查询"对话框

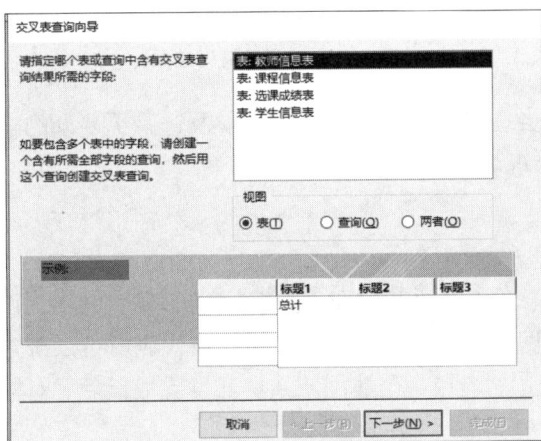

图 6-16　"交叉表查询向导"对话框

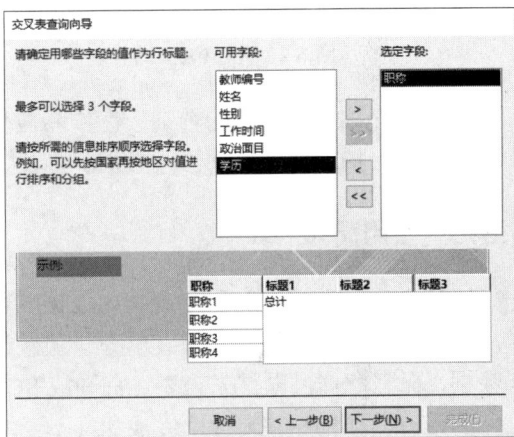

图 6-17　指定交叉查询行标题

（4）选择"性别"作为列标题，单击"下一步"按钮，如图 6-18 所示。

（5）接下来的页面要求确定每个列和行的交叉点计算出的具体数字，如图 6-19 所示。这里选择"教师编号"字段，计算函数为"计数"，然后单击"下一步"按钮。

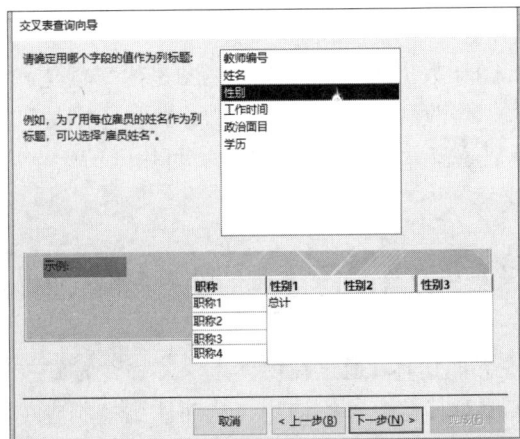

图 6-18　指定交叉查询列标题

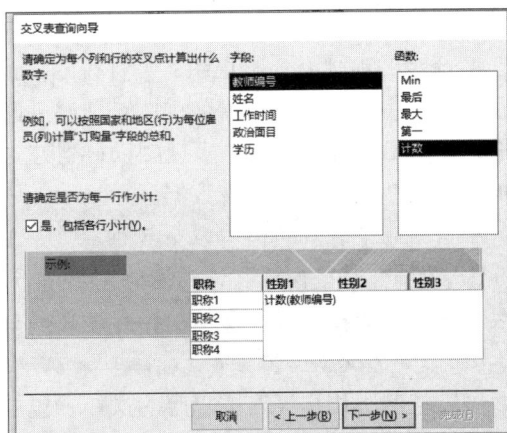

图 6-19　指定交叉点的计算值

（6）在文本框中填写查询名称，单击选中"查看查询"单选按钮，单击"完成"按钮，如图 6-20 所示。执行完交叉表查询的结果如图 6-21 所示。

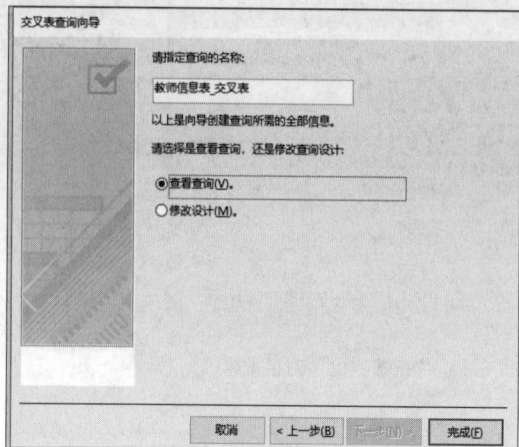

图 6-20　交叉表查询名称

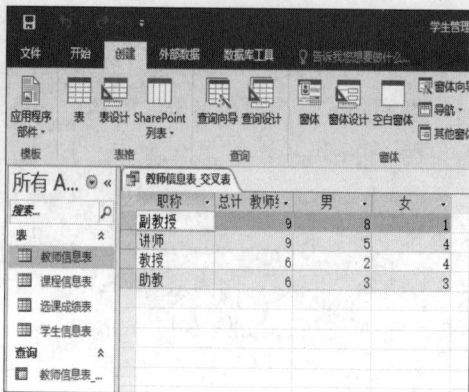

图 6-21　交叉表查询结果

这里仅介绍了单一表的查询，在实际应用中会在多表之间建立查询，以及进行更复杂的查询条件设置，例如，用查询修改数据、创建 SQL 查询等高级操作。

6.6.6　使用窗体

窗体是一种数据库对象。窗体为数据的输入、修改和查看提供了一种灵活简便的方法，可以用来控制对数据的访问，如显示哪些字段或数据行。Access 窗体不使用任何代码就可以绑定到数据，而且数据可以是来自表、查询或 SQL 语句的。在一个数据库系统开发完成以后，对数据库的所有操作都是在窗体中完成的。

窗体作为 Access 数据库的重要组成部分，起着联系数据库与用户的桥梁作用。以窗体作为输入界面时，它可以接收用户的输入，判定其有效性、合理性，并具有一定的响应消息执行的功能。以窗体作为输出界面时，它可以输出一些记录集中的文字、图形、图像，还可以播放声音、视频动画，实现数据库中对多媒体数据的处理。

新建窗体通过"创建"选项卡的"窗体"组来完成，例如，"教师信息表"窗体如图 6-22 所示。

Access 的窗体有 3 种视图：设计视图、窗体视图和数据表视图。设计视图是用来创建和修改设计对象（窗体）的。窗体视图是能够同时输入、修改和查看完整数据的，可显示图片、命令按钮、OLE 对象等。数据表视图以行列方式显示表、窗体、查询中的数据，可用于编辑字段、添加和删除数据，以及查找数据。

Access 中的窗体可分为以下 3 种。

① 数据交互型窗体。该类窗体主要用于显示和编辑数据，支持数据的输入、删除、编辑、修改等操作。数据交互型窗体的特点是必须有数据源。

② 命令选择型窗体。命令选择型窗体一般是主界面窗体，通过在窗体上添加命令按钮并编程，可以控制应用程序完成相应的操作，也可以实现对其他窗体的调用，从而达到控制应用程序流程的目的。

③ 分割窗体。这是在 Access 2016 窗体形式中新增的一个种类。它是传统"单一窗体"和"数据表窗体"类型的结合，可以同时提供窗体视图和数据表视图。这两种视图连接同一数据源，并且总是保持同步。如果在窗体的一个部分中选择了一个字段，则在窗体的另一部分中会选择相同的字段。

图 6-23 所示为对"学生信息表"创建的分割窗体示例。

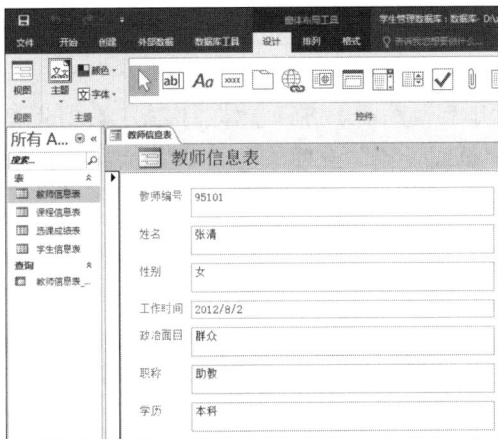

图 6-22 "教师信息表"窗体

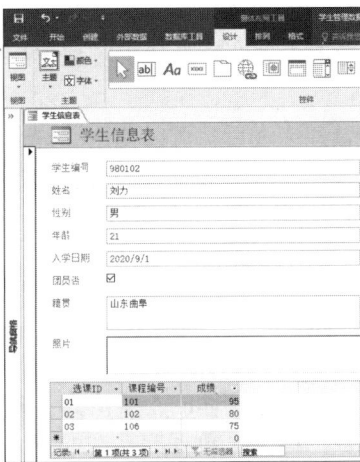

图 6-23 分割窗体示例

6.6.7 使用报表

报表是以打印的格式表现用户数据的有效方式。设计报表时，应首先考虑如何在页面上排列数据及如何在数据库中存储数据。

创建报表使用"创建"选项卡的"报表"组相关功能来完成，基于"教师信息表"创建的报表如图 6-24 所示。

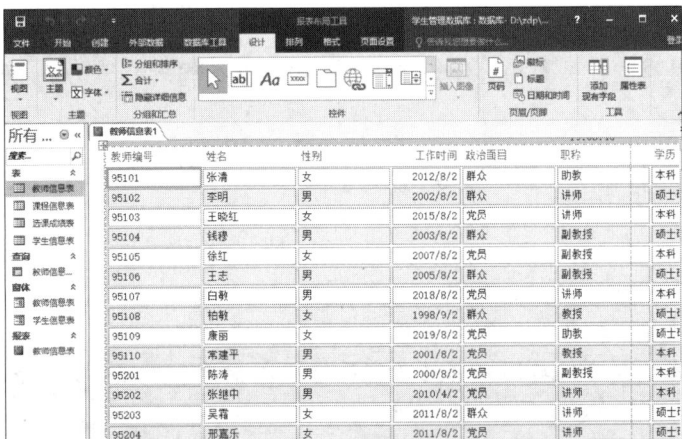

图 6-24 创建报表

在"创建"选项卡的"报表"组中共有 5 个功能按钮。单击"报表"按钮，会立即生成报表而不向用户提示任何信息。报表将显示基础表或查询中的所有字段，图 6-24 所示为在当前打开的"教师信息表"上直接单击"报表"按钮后，系统所创建的报表。用户可以迅速查看基础数据，可以保存该报表，也可以直接打印报表。如果系统所创建的报表不是用户最终需要的，用户可以通过布局视图或设计视图进行修改。

使用"报表向导"可以先选择在报表上显示的字段，也可以指定数据的分组和排序方式。如果用户事先指定了表与查询之间的关系，还可以使用来自多个表的字段。

单击"空报表"按钮可以从头生成报表。这是计划只在报表上放置很少几个字段时使用的一种非常快捷的报表生成方式。单击"报表设计"按钮是先设计报表布局和格式，再引入数据源，在对版面设计有较高要求时使用。"标签"功能适用于创建页面尺寸较小、只需容纳所需标签的报表。

报表创建完成后，可以使用"格式"和"排列"选项卡进行字体、格式、数据分类和汇总、网格线、控件布局等的详细设计。最后通过"页面设置"选项卡进行页面布局和打印设置，就可以执行打印输出。

本章小结

本章介绍了数据库的基本概念，并通过对数据库技术发展背景的阐述，说明了数据库系统的优点。数据模型是数据库系统的核心和基础，本章介绍了组成数据模型的 3 个要素和数据模型的种类。本章最后介绍了数据库的系统组成，并以 Access 2016 为例讲解了创建和管理数据库的方法和技术。

练习题

一、填空题

（1）数据模型分为_____、_____和_____3 种。

（2）Access 2016 软件创建的数据库文件的扩展名是_____。

（3）实体与实体之间的联系有_____、_____和_____3 种。

（4）_____是建立在计算机存储设备上，按照数据结构来组织、存储和管理数据的仓库。

二、简答题

（1）数据管理的发展分为哪几个阶段？每个阶段都有什么特点？

（2）简述关系模型的优缺点。

【价值引领】

- 提升学生计算思维能力、实践创新能力，引导学生树立职业理想和终身学习的观念。

- 引导学生将个人价值与国家利益紧密相连，培养学生为国家为民族勇于担当的责任意识。

- 引导学生使用马克思主义的世界观和方法论分析问题，将理论和实践相结合，树立历史的、辩证的、系统的科学思维和创新思维。

- 通过各种实验项目，从不断失败、成功的体验中磨炼意志，体会"实践是检验真理的唯一标准"，培养学生探索未知，追求真理，勇于创新的科学精神。

07

第7章 计算机网络基础

【学习目标】
- 了解计算机网络的产生和发展。
- 掌握计算机网络的定义、组成、分类及功能。
- 掌握计算机网络协议及其体系结构。
- 了解计算机网络安全、计算机病毒及防治相关知识。

【引例】某公司组建小型局域网

小王是一名职员，刚被调职到新成立的分公司。领导需要小王在分公司组建一个小型的办公局域网，方便以后办公。小王通过自学网络知识，组建了小型局域网以后，公司内部可以共享文件、打印机、扫描仪等办公设备，还可以用同一台 Modem 上网，共享 Internet 资源，大大提高了公司的办公效率。

7.1 计算机网络概述

7.1.1 计算机网络的产生与发展

计算机网络初现于 20 世纪 60 年代，经过 60 多年的发展，现今已融入人类生活的方方面面，并成为社会最重要的基础设施之一。一门学科的萌芽都是源于社会需求和技术支持，计算机网络也不例外。计算机网络是计算机技术和通信技术相结合的产物，其发展改变了人们的生活方式，对全球信息产业的发展有着里程碑的作用。

计算机网络是现代计算机技术和通信技术密切结合的产物，是适应社会对信息共享和信息传递的要求而发展起来的。所谓的计算机网络就是利用通信设备和线路将地理位置不同且功能独立的多个计算机系统相互连接起来，以功能完善的网络软件（如网络通信协议、网络操作系统等）来实现网络中信息传递和资源共享的系统。

计算机网络的发展历程可以划分为 4 个阶段。

1. 联机终端网络

以单位计算机为中心的联机系统是将一台计算机通过通信线路与若干台终端直接相连形成的。它的典型代表是美国麻省理工学院林肯实验室在 1951 年为美国空军设计的半自动化地面防空系统。这个系统首次实现了计算机技术与通信技术的结合。

2. 计算机—计算机网络

计算机—计算机网络产生于 20 世纪 60 年代中期，是利用传输介质将具有自主功能的计算机连接起来的系统。它产生的标志是由美国国防部高级研究计划署研制的阿帕网（Advanced Research Projects Agency Network，ARPAnet）。ARPAnet 是 Internet 的前身。

3. 开放的计算机网络体系结构

不同网络设备之间的兼容性和互操作性是推动网络体系结构标准化的原动力，而兼容性和互操作性的最终目的是资源共享。这就是我们需要网络体系结构标准化的原因。许多厂商都竞相推出自己的标准，竞争虽然很激烈，但是兼容性不好、标准不统一，最终受到影响的还是用户的利益。

为了适应网络向标准化发展的趋势，1983 年国际标准化组织（International Standard Organization，ISO）制定了"开放系统互连参考模型（OSI/RM）"方案。

4. Internet（因特网）

20 世纪 90 年代末至今，随着计算机网络技术的迅猛发展，特别是 1993 年美国宣布建立国家信息基础设施（National Information Infrastructure，NII）后，全世界许多国家都纷纷制定和建立本国的 NII，极大地推动了计算机网络的互联与高速网络的发展。

目前，全球以 Internet 为核心的高速计算机互联网络已经形成，Internet 已经成为人类非常重要的、非常大的知识宝库。网络互联和高速计算机网络被称为第四代计算机网络。

7.1.2　计算机网络的组成、分类、功能和体系结构

在计算机网络的发展过程中，人们在不同阶段或从不同角度对计算机网络提出了不同的定义。概括来说，计算机网络包含 3 个基本要素。

（1）至少有两个具有独立操作系统的计算机，且它们之间有共享某种资源的需求。

（2）两个独立的计算机之间必须有某种通信手段将二者连接。

（3）网络中各个独立的计算机之间要能互相通信，必须制定可相互确认的规范化标准或协议。

以上 3 点是组成一个计算机网络的必要条件，缺一不可。

1. 计算机网络的组成

计算机网络由通信子网和资源子网构成。通信子网在内层，负责数据传输任务，由网络运营部门提供并统一管理，主要包括通信线路、网络连接设备和通信控制软件等。资源子网在外层，负责数据收集、数据存储和数据处理，拥有计算机网络的全部资源，主要包括不同类型的计算机、外部设备、网络设备、网络软件等。常见的网络设备有以下几种。

（1）网络传输介质（网络通信线路）

网络传输介质是发送端与接收端之间的物理通路，直接影响数据传输的速率和质量。常用的网络传输介质有以下几种。

① 双绞线。双绞线由两根具有绝缘保护层的铜导线组成。把两根绝缘的铜导线按一定密度互相绞合在一起，每一根导线在传输中辐射出来的电波会被另一根导线上发出的电波抵消，能够有效降低信号干扰的程度。双绞线的优点是价格低廉、施工方便，缺点是传输距离较短。

② 同轴电缆。同轴电缆的中心有一根铜线（称为内导体），铜线外面是绝缘介质，绝缘介质外面是金属网屏蔽层（称为外导体），最外面是绝缘保护层。同轴电缆的屏蔽性能好、抗干扰

能力强，因而数据传输速率较高。

③ 光导纤维。光导纤维简称光纤，实际上就是玻璃丝。发送端将电信号转换为光信号；接收端将光信号转换为电信号。光纤的传输速度快、传播距离远（数百千米）、抗干扰能力强，数据传输的可靠性极高。

④ 空间介质。空间介质用来传播电磁波信号，各种不同频率的电磁波都可以在空间介质中传播，如无线广播、电视广播、微波通信、卫星通信等。

（2）网络服务器

网络服务器就是一台高性能计算机，其处理速度快、内存容量大，并配置有快速存取的大容量硬盘和光盘存储器。网络服务器用来为网络用户提供共享资源，并对这些资源进行管理。同一网络中可以安装多个服务器，如文件服务器、数据服务器、邮件服务器等。

（3）网络互联设备

常见的网络互联设备有交换机、路由器和网关等。交换机（Switch）是局域网的基本连接设备。路由器（Router）用来连接多个相互独立的网络。网关（Gateway）用于连接不同结构的网络，可以实现网络协议转换等功能。

（4）网络工作站

用户上网的计算机称为工作站。普通微机都可以作为工作站使用。工作站访问网络服务器，可从网络服务器上获取各种资源，如数据、程序、图片、视频等。

（5）网络适配器

网络适配器又称网卡，是网络服务器和网络工作站联网的接口设备。网卡插接在工作站主板的扩展槽中，用于将服务器或工作站连接到通信线路，实现数据的传输。

（6）调制解调器

调制解调器是通过电话线路连接到 Internet 的必要设备。由于电话线路上只能传输模拟信号，所以，为了能够利用电话线路传输数字信号，需要在发送端将数字信号转换为模拟信号，待信号传送到接收端后再把模拟信号还原为数字信号。把数字信号变换为模拟信号的过程称为调制，而实现调制功能的设备称为调制器（Modulator）。把模拟信号还原为数字信号的过程称为解调，实现解调功能的设备称为解调器（Demodulator）。调制器和解调器集成在一起的设备称为调制解调器（Modem）。

2. 计算机网络的分类

依照不同的标准，计算机网络的分类不同，如按网络规模分类、按拓扑结构分类、按使用范围分类等，而最常用的分类方法是按网络规模和拓扑结构进行划分。

（1）按网络规模分类

依照网络规模，可将计算机网络分为局域网、城域网和广域网。

① 局域网（Local Area Network，LAN）又称局部网，是指将有限的地理区域内的各种通信设备互连在一起的通信网络。局域网有着很高的传输速率（几十至上百兆比特每秒）。局域网通常用于将一座大楼或一个校园内分散的计算机连接起来。

② 城域网（Metropolitan Area Network，MAN）有时又称为城市网、区域网、都市网等。城域网介于局域网和广域网之间，其覆盖范围通常为一个城市或地区。一个城域网中可包含若干个彼此互联的局域网，可以兼容不同的硬、软件系统和通信传输介质，从而使不同类型的局域网能有效地共享信息资源。城域网通常采用光纤或微波作为网络的主干通道。

③ 广域网（Wide Area Network，WAN）是"网间网（网络之间的网络）"，指实现计算机远距离连接的计算机网络。广域网可以把众多的城域网、局域网连接起来，也可以把全球的城域网、局域网连接起来。由于广域网覆盖范围较大，所以用于通信的传输装置和介质一般由电信部门提供，从而实现大范围内的资源共享。

（2）按拓扑结构分类

网络的拓扑（Topology）结构是指网络中通信线路和站点（计算机或设备）相互连接的几何形式。按照拓扑结构的不同，可以将网络分为星形网络、环形网络、总线型网络、树形网络、网状网络等。

① 星形结构是最古老的网络通信连接方式，常用的固定电话即属于星形结构。在星形网络结构中，各个计算机使用独立的线缆连接到中心站（集线器）上，通过中心站进行数据交互，因此结构相对简单，易于布设和维护，同时也有延迟小等优点。但是星形网络结构也有着较明显的缺点，即中心站如果出现故障，则整个网络通信系统就会趋于瘫痪。因此，为了保证网络能够正常通信，要求中心站必须具备极高的可靠性，同时也需建立备份站并采用双机热备份的工作方式。星形网络结构是当前最常用的网络拓扑结构，其连接方式如图 7-1 所示。

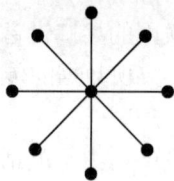

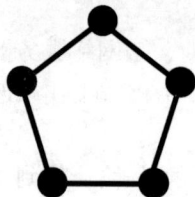

② 环形网络结构的各站点通过通信介质连接成一个封闭的环形。环形网络容易安装和监控，但容量有限，网络建成后难以增加新的站点，因此现在组建局域网时已经基本不使用环形网络结构了。环形网络结构的连接方式如图 7-2 所示。

图 7-1 星形网络结构   图 7-2 环形网络结构

③ 总线型网络结构中，所有的站点共享一条数据通道，因此，总线型网络具有安装简单、需铺设电缆短、单位成本低等优点。另外，当网络中某个站点发生故障时，一般不会影响整个网络的通信，但传输介质发生故障会导致网络瘫痪。总线型网络安全性低，监控比较困难，增加新站点也不如星形网络容易，因此，总线型网络结构现已基本被淘汰。总线型网络结构的连接方式如图 7-3 所示。

④ 树形网络结构是从总线型网络结构演变而来的，其是把星形和总线型网络结构结合起来形成的一种新的网络拓扑结构。树形网络的形状像一棵倒立的树，顶端有一个带分支的根节点，每个分支可以延伸出若干个子分支。树形网络结构的连接方式如图 7-4 所示。

⑤ 网状网络结构中的各节点之间可以任意连接，而目前实际存在的广域网大都是网状网络结构。网状网络结构的可靠性高，任意两个节点之间都存在多条通信线路，当其中一条通信线路出现故障时，可以通过其他通信线路进行中继，最终把数据传送到目标节点。网状网络结构的连接方式如图 7-5 所示。

3. 计算机网络的功能

不同的计算机网络是基于不同的需求而设计和组建的，它们所能提供的服务和功能也不尽相同。计算机网络的主要功能分为以下几方面。

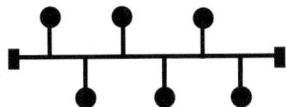

图 7-3　总线型网络结构　　　图 7-4　树形网络结构　　　图 7-5　网状网络结构

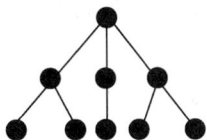

（1）数据通信

数据通信是计算机网络的基本功能之一，可以将分散在不同地理位置的计算机用网络联系起来，从而实现相互传送信息并进行统一的调配、控制和管理的功能。数据通信功能是计算机网络实现其他功能的基础。

（2）资源共享

资源共享是计算机网络的一个重要功能。网络中的用户可以共享软件资源、硬件资源、数据资源和通信信道等资源。

（3）集中控制

对分散在各地计算机中的数据资料实施集中或分级管理，并经综合处理后形成各种报表，供管理者或决策者使用。

（4）提高可靠性

计算机网络大部分采用分布式控制方式，相同的资源可分布于不同地方的计算机上，因此即使有部分线路或少量计算机失效，也可通过不同路由来访问这些资源，故不影响用户对同类资源的访问，从而提高了系统的可靠性。

4. 计算机网络的体系结构

在世界范围内统一协议，统一制定软件标准和硬件标准，并对计算机网络及其部件所应完成的功能进行精确定义，从而使不同的计算机能够进行信息对接，由此所制定的计算机网络与通信结构即为计算机网络体系结构。1974 年，IBM 公司推出了系统网络体系结构（Systems Network Architecture，SNA）。这个网络标准就是按照分层的方法制定的。现在用 IBM 大型机构建的专用网络仍在使用 SNA。随着技术的进步，其他一些公司也相继推出了自己的具有不同名称的体系结构。网络体系结构的出现，使得同一个公司生产的各种设备能够互连起来形成网络。但是，这种情况显然更利于公司垄断市场，因为用户一旦购买了某家公司的网络产品，若需扩大网络，只能购买对应公司的产品，如果购买了其他公司的产品，那么就会因为网络体系结构的不兼容而导致网络连通困难。

随着网络技术的进一步发展及经济全球化的影响，使用不同网络体系结构的用户迫切要求网络能够互联，从而实现信息交换。为此，国际标准化组织于 1977 年成立了专门机构研究该问题。1978 年，他们提出了一个试图使各种计算机在世界范围内互联成网的标准框架，即著名的开放系统互连参考模型（Open System Interconnection Reference Model，OSI/RM），简称为 OSI。1983 年，开放系统互连参考模型的正式文件形成，即著名的 ISO7498 国际标准，也称七层协议体系结构，如图 7-6 所示。

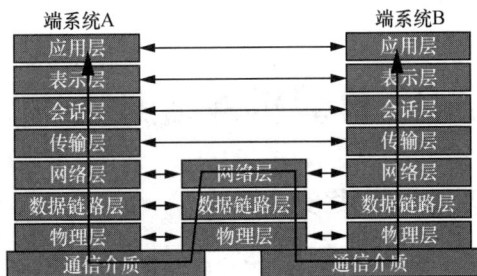

图 7-6　OSI 参考模型图

不同主机之间的相同层次称为对等层，对等层之间相互通信需要遵守一定的规则，即网络协议。将某个主机上运行的某种协议的集合称为协议栈，而主机正是利用这种协议栈来接收和发送数据的。

人们把描述了所有需求的、有效的通信过程及这些过程逻辑上的组叫作层。OSI/RM 通过将协议划分为不同的层次，简化问题的分析、处理过程及网络系统的设计过程。

（1）物理层

物理层是 OSI/RM 的第一层，其为设备之间的数据通信提供传输媒体及互连设备，为数据传输提供可靠的环境。物理层虽然处于最底层，但其却是整个开放系统的基础。

（2）数据链路层

数据链路层建立在物理层数据传输的基础上，以帧（Frame）为单位进行数据传输。

（3）网络层

网络层的主要功能是完成网络中不同主机之间的数据传输。

（4）传输层

传输层的主要功能是完成网络中不同主机上用户进程之间的数据通信。

（5）会话层

会话层并不参与具体的数据传输，它所提供的服务是应用的建立和会话的维持，并使会话获得同步。

（6）表示层

表示层位于应用层与会话层之间，其从应用层获得数据并把它们格式化，以供网络通信使用。

（7）应用层

应用层是开放系统的最高层，直接为应用进程提供服务。

7.1.3　计算机局域网

所谓计算机局域网，就是将有限范围内的各种数据通信设备连接在一起的通信网络。

这里的有限范围，一般指的是通信距离在几百米至几千米的近距离范围内，例如校园、工厂厂区、写字楼、办公室；这里的数据通信设备指的是计算机、终端和各种与联网有关的外部设备。局域网通过网络传输设备把有限范围内的服务器、工作站、打印机、光盘塔等设备互连起来。组建计算机局域网的目的：一是实现数据通信和资源共享，二是为进一步加入广域网奠定基础。

在局域网里面，可以将单位内的所有计算机互连起来，有时能够达到数千台，这样就能够实现资源共享和数据通信；在一个办公室里，可以让几台计算机共享一台打印机，这样既节约了成本，又节省了空间。将许多大大小小的局域网互联就构成了覆盖范围更广泛的广域网。

7.2　计算机网络安全

7.2.1　网络安全概述

网络是为广大用户共享网上的资源而互联的，然而网络的开放性与共享性也引发了网络的安全性问题，让网络容易受到外界的攻击和破坏。有的破坏是故意造成的，有的破坏是无意间造成的。但不管是哪一类破坏，都会使信息的安全、保密性受到严重的影响。

1. **网络安全概念**

网络安全是指网络系统的硬件、软件及系统中的数据不因偶然的或恶意的原因而遭受破坏、更改，或数据泄露，系统能够连续、可靠、正常地运行，网络服务不中断。

2. **网络安全服务功能**

网络安全服务的基本功能如下。

（1）可用性。虽然存在可能的突发事件（如停电、自然灾害、事故或攻击等），但计算机网络仍可处于正常运转状态，用户仍然可以使用网络服务。

（2）机密性。网络安全服务应具备网络中的数据不被非法截获或被非授权用户访问的功能，从而保护敏感数据及保证个人隐私信息的安全。

（3）完整性。完整性是指数据在网络中传输、存储时不被修改、插入或删除。

（4）不可否认性。不可否认性是指网络安全服务器能够确认通信参与者身份的真实性，防止对已发送或已接收信息的否认现象出现。

（5）可控性。可控性是指能够控制与限定非授权用户对主机系统、网络服务与网络信息资源的访问和使用，防止非授权用户读取、写入、删除数据等。

7.2.2　计算机病毒概述

1994 年 2 月 18 日，我国颁布实施了《中华人民共和国计算机信息系统安全保护条例》，第二十八条中明确指出：“计算机病毒，是指编制或者在计算机程序中插入的破坏计算机功能或者毁坏数据，影响计算机使用，并能自我复制的一组计算机指令或者程序代码。”

1. **计算机病毒分类**

按照对计算机的破坏程度，可将计算机病毒分为良性病毒、恶性病毒、极恶性病毒和灾难性病毒。良性病毒只是潜伏在计算机中，一般不会破坏计算机的文件，其余 3 类都会一定程度地破坏计算机中的文件。

按照传染方式，可将计算机病毒分为引导区型病毒、文件型病毒、混合型病毒和宏病毒。引导区型病毒主要通过操作系统传播，感染引导区，并蔓延到硬盘。文件型病毒也被称为寄生病毒，它寄生在文件中，运行在计算机存储器中，通常感染这类病毒的是扩展名为.com、.exe、.sys等类型的文件。混合型病毒具有引导区型病毒和文件型病毒两者的特点。宏病毒是指用 BASIC语言编写的病毒程序寄存在 Office 文档上的宏代码。宏病毒影响对文档的各种操作。

按照连接方式，可将计算机病毒分为源码型病毒、入侵型病毒、操作系统型病毒和外壳型病毒。其中源码型病毒攻击的对象是使用高级语言编写的源代码，病毒在源代码编译之前潜入其中，随着源代码一起编译、链接成可执行文件。由于源码型病毒比较复杂，因此不常见。入侵型病毒可用自身代替正常程序中的部分模块或堆栈区。这类病毒的针对性较强，只攻击某些特定程序，通常情况下不易被发现，查杀有难度。操作系统型病毒用其自身部分加入或代替操作系统的部分功能，其直接攻击的是操作系统，因此危害性较大。外壳型病毒通常将自身附在正常程序的开头或结尾，相当于给正常程序加了个外壳，大部分的文件型病毒都属于这一类。

2. **计算机病毒特征**

（1）传染性

传染性是计算机病毒的一大特征，传染介质主要有 U 盘、移动硬盘等移动存储设备，病毒也可以通过网络传播。计算机一旦感染上病毒，其操作系统和正常应用程序都会受到一定程度的威胁，病毒程序会占用一定的计算机系统资源，降低计算机的工作效率，严重的导致计算机数据丢失，计算机不能正常运行。计算机病毒是一段寄生到正常可执行程序上的程序代码，只有寄生的程序在运行时，病毒程序才会起破坏作用。病毒程序一旦运行，它会迅速寻找其他适合的寄生程序，然后潜入其中，这样反复进行就称为病毒的扩散，通过 U 盘或其他移动存储设备里的病毒文件就可以感染另一台计算机，因此病毒的传染性这一特征非常显著。

（2）隐蔽性

计算机病毒具有较高的隐蔽性，因而计算机使用者不容易发现它的存在，这样计算机的安全防范就处于了被动状态，因此要养成良好的病毒查杀习惯，及时将隐藏起来的病毒找出来，避免留下安全隐患。

（3）破坏性

计算机一旦遭到病毒的入侵，其系统资源、内部数据等都会遭到不同程度的损坏，严重时可导致计算机瘫痪，因此破坏性是计算机病毒的一大特征。常见的木马病毒通过网络、U 盘等大面积传播，给计算机带来了很大的安全隐患。

（4）寄生性

通常情况下，计算机病毒不会单独存在，需要寄生在其他能够正常执行的程序中，这是计算机病毒的寄生性特征。当其寄生的程序处于运行状态，并达到了病毒运行的条件时，病毒就会破坏计算机中的系统、文件、数据。

（5）可执行性

计算机病毒与其他合法程序一样，是一段可执行程序，但它不是一个完整的程序，需要寄生在其他可执行程序中，当寄生的程序运行时，病毒程序随即运行。

（6）可触发性

病毒潜伏在其他可执行程序中，程序运行时，一旦达到某些特定的条件便会使病毒运行，这是病毒的可触发性特征。

（7）攻击主动性

即使计算机一直处于被保护的状态，但是病毒对计算机系统的攻击是主动的，因此计算机对病毒的攻击是不可能彻底避免的，只能一直处于防范的状态。

（8）针对性

计算机病毒是针对特定的计算机和特定的操作系统的。例如，有针对 IBM 公司的 PC 及其兼容机的，有针对 Apple 公司的 Macintosh 的，还有针对 UNIX 操作系统的。例如，小球病毒就是针对 IBM 公司的 PC 及其兼容机上的 DOS 操作系统的。

3. 计算机病毒的传播途径

计算机病毒在计算机之间的传播具有独特的传播途径和方式，主要靠计算机病毒自身的复制和交换数据来传播，主要的传播方式有以下 3 种。

（1）病毒通过移动存储设备进行传播，传输的介质主要有 U 盘、移动硬盘、光盘等，这些移动存储设备的使用频率较高，通常会接触到多台计算机，它们称为计算机病毒的携带者和传播者，将病毒在多台计算机中间扩散。

（2）病毒通过网络传播的传输途径主要有聊天工具（如 QQ）、网页、电子邮件、恶意插件等。

（3）病毒通过计算机系统和应用软件的漏洞来传播。

4．计算机常见病毒

（1）蠕虫病毒

蠕虫病毒的前缀是 Worm，蠕虫病毒通过文件、网络和电子邮件来传播，与其他病毒不同的是，蠕虫病毒不需要附着到宿主程序上，它是利用操作系统的漏洞来传播的。典型的例子有"尼姆亚"病毒、"熊猫烧香"病毒等。

（2）木马病毒

木马病毒的前缀是 Trojan，一个完整的木马程序包含了两部分：服务端（服务器部分）和客户端（控制器部分）。木马跟计算机远程控制类似，只不过木马是恶意的控制。木马的特点是不会自我复制，也不会刻意去感染其他文件，通过伪装自己吸引用户下载。按照功能，木马程序可进一步分为盗号木马、网银木马、窃密木马、远程控制木马、流量劫持木马等几类，木马是严重威胁网络安全的重要因素之一。

（3）破坏性程序病毒

破坏性程序病毒的前缀是 Harm。这类病毒的特点是本身具有好看的图标，可诱导用户单击，当用户单击时，病毒便会直接对用户计算机产生破坏，如格式化 C 盘、删除大量文件等。

（4）系统病毒

系统病毒的前缀为 Win32、PE、Win95、W32、W95 等。这些病毒的一般共有特性是可以感染 Windows 操作系统的 *.exe 和 *.dll 文件，并通过这些文件进行传播，如 CIH 病毒。

（5）黑客病毒

黑客病毒的前缀一般为 Hack，指可以在本地计算机中通过网络攻击其他计算机的工具，一般与木马成对出现，木马病毒负责侵入用户的计算机，而黑客病毒则会通过木马病毒控制计算机。

（6）捆绑机病毒

捆绑机病毒的前缀是 Binder，一般情况下其捆绑在正常的文件上，当程序运行时，捆绑机病毒达到某种条件也会被触发运行，从而给计算机造成危害，如捆绑 QQ（Binder.QQPass.QQBin）病毒、系统杀手（Binder.killsys）病毒等。

（7）玩笑病毒

玩笑病毒的前缀是 Joke。这类病毒的特点是利用自身好看的图标诱导用户单击，并在用户单击之后吓唬用户，病毒并没有对用户计算机进行任何破坏，但是会给用户造成心理负担，如女鬼（Joke.Girlghost）病毒。

（8）脚本病毒

脚本病毒的前缀是 Script。脚本病毒是使用脚本语言编写（如 JavaScript、VbScript），通过网页进行传播的病毒，如红色代码（Script.Redlof）病毒。

（9）宏病毒

宏病毒的前缀是 Macro，第二前缀是 Word、Excel 等其中之一。该类病毒的特点是感染 Microsoft Office 系列文档，然后通过 Microsoft Office 通用模板进行传播，如著名的美丽莎（Macro.Melissa）病毒。

7.2.3　计算机病毒的防范

计算机病毒的防范大于治疗，在计算机的日常使用过程中养成一些良好的习惯，可以有效防范病毒，降低计算机遭受病毒侵害的可能性。

1. 计算机病毒防范方法

（1）安装专业的杀毒软件，并及时更新，确保软件为最新版本，定期对计算机进行病毒查杀。

（2）养成良好的上网习惯，上网时后台启动杀毒软件的所有监控，不随意浏览、注册或者登录陌生网站，来源不明的邮件打开要慎重，不要在不正规的网站任意单击链接或下载软件，如需下载软件，请到正规官方网站进行下载，网页下载的软件或者程序要先进行病毒查杀，再安装到计算机上。

（3）计算机及各种登录密码应设置得相对复杂一些，不随意将 U 盘等个人移动设备插到公共计算机上，如有必要可以使用网盘存储，减少 U 盘接触概率，在对信息安全要求比较高的场所，应将计算机上的 USB 接口禁用。

（4）用 Windows Update 功能更新系统补丁，同时，将应用软件升级到最新版本，例如播放器软件、通信工具等，避免病毒以网页木马的方式入侵到系统或者通过其他应用软件漏洞来进行病毒的传播；将受到病毒侵害的计算机尽快进行隔离，在使用计算机的过程中，若发现计算机上存在病毒或者是计算机出现异常，应该及时中断网络；当发现计算机网络一直中断或者网络出现异常时，立即切断网络，以免病毒在网络中传播。

2. 常用的杀毒软件

（1）360 杀毒软件

360 杀毒是一款由奇虎 360 公司推出的杀毒软件，其功能多、效果好，而且免费，得到了广泛的使用。与其同系列的 360 安全卫士拥有查杀木马、清理插件、修复漏洞、计算机体检、计算机救援、保护隐私、计算机专家、清理垃圾、清理痕迹等多种功能。

（2）金山毒霸

金山毒霸是金山软件公司开发及发行的一款杀毒软件，其查杀种类多、速度快，是一款高智能反病毒软件，同时金山毒霸具有病毒防火墙实时监控、压缩文件查毒、查杀电子邮件病毒等多项先进的功能。

（3）腾讯电脑管家

腾讯电脑管家是腾讯公司推出的一款安全管理软件。其拥有云查杀木马、系统加速、漏洞修复、实时防护、网速保护、健康小助手、桌面整理、文档保护等功能。其依托强大的腾讯安全云库、自主研发反病毒引擎"鹰眼"及 QQ 账号全景防卫系统，能有效查杀各类计算机病毒。

（4）卡巴斯基

卡巴斯基是俄罗斯的一款杀毒软件，其具备反恶意软件保护、网络保护、身份保护、反钓鱼保护、高级家长控制等功能，同时还具有安全键盘、虚拟键盘、自动漏洞入侵防护等工具。

（5）诺顿

诺顿品牌安全系列产品是赛门铁克公司推出的信息安全产品，同样是被广泛应用的反病毒软件。该项产品发展至今，除了原有的反病毒功能外，还有反间谍等防范网络安全风险的功能。

（6）瑞星

瑞星是我国最早的几个计算机反病毒产品之一。从面向个人的安全软件，到适用超大型企业网络的企业级软件、防毒墙，瑞星公司均可提供信息安全的整体解决方案。瑞星公司拥有呼叫服务中心及"在线专家门诊"服务系统。在这些系统的支撑下，瑞星的产品和服务以专业、易用、创新等显著特点，赢得了用户的赞誉。

（7）MSE 微软

MSE 微软是一款由微软（Microsoft）公司（收购一家反病毒软件厂商）开发的免费防病毒软件。该软件可以为正版 Windows XP、Windows Vista、Windows 7、Windows 10 提供保护（注意，不支持正版 Windows 2000），使其免受病毒、间谍软件、rootkit 和木马的侵害。

本章小结

本章重点介绍了计算机网络的产生和发展、计算机网络的基础知识、网络协议和体系结构，以及计算机病毒等相关知识。学完本章，要求读者能了解计算机网络的发展史，熟悉计算机网络应用等相关内容，并最终能够对计算机网络有一个宏观的认识，同时具备一定的计算机病毒防范知识，正确使用计算机。

练习题

一、填空题

（1）常用的网络传输介质包括_____、_____、_____和_____。

（2）计算机网络按网络规模可分为_____、_____和_____。

（3）常见的办公局域网拓扑结构有 4 种：_____、_____、_____、_____。

（4）计算机病毒按照传染方式可分为_____、_____、_____、_____。

二、选择题

（1）决定网络应用性能的关键是（　　　）。

    A. 网络的传输介质　　　　　　　　B. 网络的拓扑结构

    C. 网络的操作系统　　　　　　　　D. 网络硬件

（2）国际标准化组织定义了开放系统互连模型（OSI），该模型将协议分成（　　　）层。

    A. 5　　　　　　　B. 6　　　　　　　C. 7　　　　　　　D. 8

（3）以下不是计算机病毒特征的是（　　　）。

    A. 传染性　　　　B. 破坏性　　　　C. 隐蔽性　　　　D. 攻击的被动性

三、简答题

（1）简述计算机网络的功能。

（2）在使用计算机的过程中，你是如何防范计算机病毒的？

【价值引领】

- 激发学生爱国自豪感和自信心。
- 鼓励学生不断创新技术，为国争光。
- 通过对网络资源共享的学习，树立学生共享发展理念。
- 增强网络安全意识，切实保证个人和国家网络信息安全。

08 第8章 信息浏览与发布

【学习目标】
- 熟悉 Internet 的组成、工作原理、网络地址。
- 掌握计算机信息浏览和检索的方法。

【引例】下载专业论文

小明是计算机专业的一名大一新生，老师布置的作业是下载一篇与计算机发展相关的专业论文，并且将文件发送至指定邮箱。小明同学利用所学知识，首先使用谷歌浏览器，通过百度搜索引擎进入中国知网网站，搜索到了相关的论文，将其下载至自己的计算机后，将文件以电子邮件的方式通过 QQ 邮箱发送给了老师，完成了本次作业。

8.1 Internet 概述

从某种意义上理解，Internet 就是全球规模最大、应用最广的计算机网络；从广义上来讲，Internet 是遍布全球的联络各个计算机平台的总网络，是成千上万信息资源的总称；从本质上讲，Internet 是一个使世界上不同类型的计算机能够交换各类数据的通信媒介；从 Internet 提供的资源及对人类的作用方面来理解，Internet 是建立在高灵活性的通信技术之上的一个已硕果累累且迅猛发展的全球数字化数据库。

8.1.1 Internet 的组成

Internet 由边缘部分和核心部分组成，边缘部分指的是所有连接在 Internet 上的主机。

网络边缘的端系统之间的通信方式有两大类，分别是 C/S 方式（Client/Server 方式，即客户-服务器方式；B/S 即 Browser/Server，是 C/S 方式的一种特例）和 P2P 方式（Peer-to-Peer 方式，即对等方式）。

核心部分由大量网络和连接这些网络的路由器组成。它为边缘部分提供连通性和交换服务。路由器在核心部分起着特殊的作用。路由器是实现分组交换的关键部件，其任务是转发收到的分组。"交换"就是按照某种方式动态分配传输线路的资源，主要有 3 种方式：电路交换、分组交换、报文交换。

8.1.2　Internet 的工作原理

当一个用户想给其他用户发送文件时，TCP 机构先把对应文件分成一个个小数据包，并加上一些特定的信息（可以看成装箱单），以便接收方的机器确认传输是正确无误的，然后 IP 在数据包上标上地址信息，形成可在 Internet 上传输的 TCP/IP 数据包。

8.1.3　Internet 的网络地址

计算机网络由多台主机配合通信链路组合而成，主机之间需要不断地交换数据。要做到有条不紊地交换数据，每台主机都必须遵守一些事先约定好的通信规则，而协议就是这类控制数据交互过程的通信规则。通信协议明确地规定了所交换数据的格式和时序。这些为网络数据交换制定的通信规则、约定与标准统称为网络协议。

大多数网络都采用分层的体系结构，每一层都建立在它的下层之上。每一个层级只向它的上一层提供一定的服务，而把实现这一服务的细节对上一层加以屏蔽。一台设备上的第 n 层与另一台设备上的第 n 层进行通信的规则就是第 n 层协议。在网络的各层中存在着许多协议，而通信双方处于同一层级的协议必须保持一致，否则一方将无法识别另一方发出的信息。网络协议使网络上各种设备能够相互交换信息。

常见的网络协议有 TCP/IP、IPX/SPX 协议、NetBEUI 协议等。

TCP/IP 是 Internet 的核心，利用 TCP/IP 可以方便地实现多个网络的无缝连接。理论上，某台主机与 Internet 联网后，只要分配有 Internet 地址（即 IP 地址），同时运行 TCP/IP，就可以向 Internet 上的其他主机发送 IP 分组报文。

（1）主机 IP 地址。IP 地址就是为 Internet 上的每一台主机或路由器的每一个接口分配的一个全世界范围内唯一的 32 位标识符。IP 地址包括网络 IP 地址和主机 IP 地址。IP 地址的结构决定了其可以很方便地在 Internet 上寻址，而 IP 就是根据 IP 地址实现信息传递的。以 Windows 10 为例，IP 地址的设置过程如下。

IP 地址设置方法

① 在"开始"菜单中选择"设置"命令，在弹出的窗口中单击"网络和 Internet"按钮。

② 选择"更改适配器选项"选项。

③ 用鼠标右键单击网络图标，在弹出的快捷菜单中选择"属性"命令后双击"Internet 协议版本 4（TCP/IPv4）"，弹出图 8-1 所示的对话框。

④ 单击"使用下面的 IP 地址"单选按钮，并依据分配情况填写 IP 地址及子网掩码、默认网关等信息。

⑤ 单击"确定"按钮保存设置。

（2）域名系统和统一资源定位器。通常来说，32 位二进制数的 IP 地址对计算机来说十分有效，但用户使用和记忆都不是很方便。为此，Internet 引进了字符形式的 IP 地址，即域名。Internet 上的域名由域名系统（Domain Name System，DNS）统一管理。DNS 是一个分布式数据库系统，由域名空间、域名服务器和地址转换请求程序 3 部分组成。有了 DNS，凡是域名空

图 8-1　IP 地址修改界面

间中有定义的域名都可以有效地转换为对应的 IP 地址，同样，IP 地址也可通过 DNS 转换成域名。

8.2 Internet 的接入

接入 Internet 的方式多种多样，一般都是通过提供 Internet 接入服务的互联网服务提供商（Internet Service Provider，ISP）接入。主要的接入方式有以下几种。

1. 局域网接入

一般单位的局域网都已接入 Internet，局域网用户可通过局域网接入 Internet。局域网接入传输容量较大，可提供高速、高效、安全、稳定的网络连接。现在许多住宅小区也可以利用局域网提供宽带接入。

2. 电话拨号接入

电话拨号入网可分为两种：一种是个人计算机经过调制解调器和普通模拟电话线，与公用电话网连接；另一种是个人计算机经过专用终端设备和数字电话线，与综合业务数字网（Integrated Service Digital Network，ISDN）连接。通过普通模拟电话拨号方式入网，数据传输能力有限，传输速率较低（最高 56kbit/s），传输质量不稳，上网时不能使用电话。通过 ISDN 拨号方式入网，信息传输能力强，传输速率较高（128kbit/s），传输质量可靠，上网时还可使用电话。

3. ADSL 接入

非对称数字用户线（Asymmetric Digital Subscriber Line，ADSL）上行（指从用户计算机端向网络传送信息）速率最高 1Mbit/s，下行（指浏览网页、下载文件）速率最高 8Mbit/s。上网的同时可以打电话，二者互不影响，而且上网时不需要另交电话费。安装 ADSL 也极其方便快捷，只需在现有电话线上安装 ADSL 调制解调器，而用户现有线路无须改动（改动只在交换机房内进行）即可使用。

4. Cable Modem 接入

基于有线电视的线缆调制解调器（Cable Modem）接入方式可以达到下行 8Mbit/s、上行 2Mbit/s 的高速率接入。要实现基于有线电视网络的高速互联网接入业务还要对现有的 CATV 网络进行相应的改造。基于有线电视网络的高速互联网接入系统有两种信号传送方式，一种是通过 CATV 网络本身采用的上、下行信号分频技术来实现；另一种是通过 CATV 网传送下行信号，通过普通电话线路传送上行信号。

8.3 信息浏览和检索

为了帮助用户更加便捷地获得信息，各种信息查询工具应运而生。目前比较先进的信息查询工具是万维网（World Wide Web，WWW）。万维网就像一个巨大的图书馆，万维网站点就像一本书，万维网网页如同书中的某一页。

信息浏览和检索

（1）打开网页。Windows 10 中的 Internet Explorer 11（IE 11）比较隐蔽，用户可以在搜索栏里搜索"IE"来启动它。其工作窗口如图 8-2 所示，包括标题栏、菜单栏、工具栏、地址栏、链接栏、状态栏、浏览区等。标题栏中显示网页名称和程序名称；菜单栏包含了全部操作命令；工具栏只包含常用操作命令；地址栏

用于输入网址访问网站；链接栏用于对某个页面的快速访问；状态栏用于显示网页打开的进度；浏览区用于显示网页内容。使用工具栏中的按钮可以完成大部分操作，常用按钮的作用如下。

图 8-2　IE 11 界面

① "后退"：退回到上一个已访问过的网页。
② "前进"：前进到下一个已访问过的网页。
③ "停止"：停止对当前网页内容的下载。
④ "刷新"：重新下载当前网页。
⑤ "主页"：转到用户设置的默认主页。
⑥ "搜索"：在窗格中显示搜索栏，使用搜索引擎查询信息。
⑦ "收藏夹"：显示"收藏夹"列表。
⑧ "历史"：显示"历史记录"列表。

启动 IE 11 浏览器后，即可打开网页，浏览网上信息。打开网页的几种常用方法如下。

方法一：通过地址栏打开网页。在地址栏中输入 IP 地址、域名地址或资源地址，按【Enter】键或单击地址栏右边的"转到"按钮，即可打开相应网页。单击地址栏右边的下拉按钮，可显示用户曾经在地址栏中输入过的网页地址，单击列表中的网页地址，也可打开网页。

方法二：通过"收藏夹"列表打开网页。在网页浏览过程中，用户可以把自己感兴趣的网页保存到收藏夹中，以便再次访问。单击"收藏夹"按钮，从"收藏夹"列表中选择网页名称。

方法三：通过链接栏打开网页。链接栏用于快速打开经常访问的网页。在浏览网页时，把地址栏中的网页图标拖到链接栏中，可在链接栏中添加对应网页图标。单击链接栏中的图标，即可打开相应的网页。

方法四：通过"历史记录"列表打开网页。单击工具栏中的"历史"按钮，在"历史记录"列表中会显示最近几天或几星期内用户曾经访问过的网页，单击网页名称，即可打开相应的网页。

（2）保存网页或页面图片。在浏览网页的过程中，如果遇到一些感兴趣的网页或图片，可以将网页或页面中的图片保存下来。具体操作如下。

① 保存网页。选择"工具"→"文件"→"另存为"命令，在弹出的对话框中，选择要保存文件的文件夹，设置好文件名、文件类型后，单击"保存"按钮，如图 8-3 所示。

② 保存网页图片。在当前网页中，将鼠标指针指向需要保存的图片，单击鼠标右键，在弹出的快捷菜单中选择"图片另存为"命令，在弹出的"另存为"对话框中，选择要保存文件的

文件夹并设置文件保存类型，输入文件名，单击"确定"按钮。

（3）检索信息。搜索引擎是将网页按主题分类和组织的特殊网站。通过访问搜索引擎站点，

输入要查找的关键词，可在 Internet 中查找相关信息。提供搜索引擎服务的网站很多，输入同样的关键词，使用不同的引擎搜索，可能得到不同的检索结果。常用的搜索引擎有百度、谷歌、雅虎等。

用户可以使用 IE 11 内置的搜索引擎查询信息。在搜索栏的文本框中输入关键词，单击"搜索"按钮，在搜索结果中单击对应网页名称，即可打开相应网页。

（4）设置默认主页。IE 11 启动时会自动打开默认主页，单击工具栏中的"主页"按钮，也可以打开默认主页。用户可将经常访问的网页设置为默认主页。选择"工具"→"Internet 选项"命令，如图 8-4 所示。打开"Internet 选项"对话框，如图 8-5 所示。设置默认主页的按钮如下。

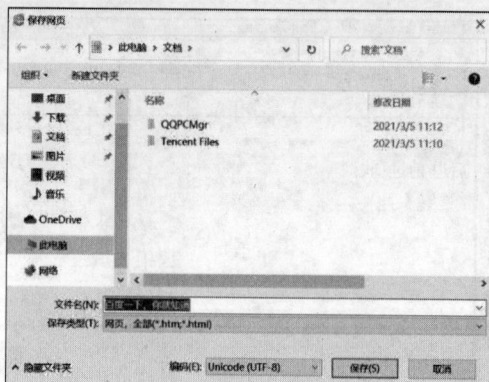

图 8-3　保存当前网页

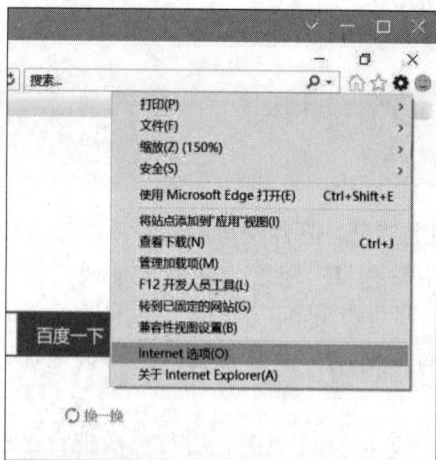

图 8-4　工具选项卡

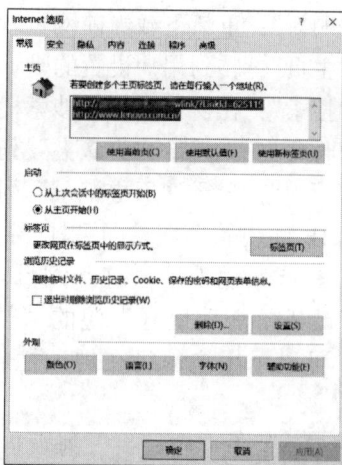

图 8-5　设置 Internet 选项

① "使用当前页"：单击此按钮，将当前正在浏览的网页设置为默认主页。
② "使用默认值"：单击此按钮，将设置第一次安装 IE 时的主页为默认主页。
③ "使用新标签页"：单击此按钮，将设置新标签页面为默认主页。

8.4　电子邮件

Internet 为使用者提供了丰富的信息资源和各种服务功能。让网络用户之间可以自由地收发电子邮件（E-mail），使人们以最快的速度（与传统的邮政服务相比）和最低廉的价格（与传统的电信服务相比）互通信息，这也是 Internet 最重要的基础功能之一。电子邮件的传输是通过简单邮件传送协议（Simple Mail Transfer Protocol，SMTP）来完成的，它是 Internet 下的一种电子邮件通信协议。电子邮件发送的信函内容可以从一般的文本文字到数据库、图形、声音或影像等各种类型。由于 E-mail 是用电子媒体传递的邮件，不需要运输和人工投递，所以比传统

邮件更加迅速、便捷和安全可靠。

用户使用电子邮件地址发送或接收电子邮件，电子邮件地址标识了电子信箱在 Internet 中的位置。其一般格式为"用户名@邮件服务器域名"，例如，邮件地址"zzgy@163.com"，其中"zzgy"是用户名，"163.com"是邮件服务器域名。

国内各大网站大都提供电子邮件服务，用户可以申请免费或付费电子邮箱。例如，打开"163 网易免费邮"的网页，单击网页中的注册链接，设置用户名和密码等信息，即可注册免费电子邮箱；注册成功之后，在网页登录界面中输入用户名和密码即可进入用户申请的邮箱，进而自由地收发邮件。

8.5　职业道德与相关法规

要保障网络安全，实现可用性、机密性、完整性、不可否认性与可控性，仅靠技术是远远不够的，还必须依靠政府与立法机构制定和不断完善相关法律来加以保障。我国非常重视计算机、网络和信息安全的立法问题。从 1987 年开始，我国政府就相继颁布了一系列行政法规，主要包括《计算机软件保护条例》《计算机软件著作权登记办法》《中华人民共和国计算机信息系统安全保护条例》《计算机信息系统保密管理暂行规定》等，有力地保障了我国网络平台的规范化和发展的持续化。

国外对于网络与信息安全技术与相关法规的研究起步较早，比较重要的组织有美国国家标准与技术协会（National Institute of Standards and Technology，NIST）、美国国家安全局（National Security Agency，NSA）、美国国防部高级研究计划署（Advanced Research Projects Agency，ARPA），以及一些国际性组织，如 IEEE-CS 安全与政策工作组、故障处理与安全论坛等。它们的工作各有侧重点，但主要集中在计算机、网络与信息系统的安全政策、标准、安全工具、防火墙、网络防攻击技术，以及计算机与网络紧急情况处理和技术援助等方面。在评估计算机、网络与信息系统安全性的标准上，最先颁布且比较有影响力的是美国国防部的可信计算机系统 TC-SEC-NCSC（黄皮书）评估准则。在欧洲，信息安全评估标准（Information Technology Security Evaluation Criteria，ITSEC）最初是用来协调法国、德国、英国、荷兰等国的计算机网络安全指导标准，目前已经被欧洲各国所接受。

随着信息技术的飞速发展，如今各行各业的工作都离不开计算机，人人都会使用计算机，然而利用计算机犯罪的行为也时有发生，为了构建一个文明的网络环境，应不断加强计算机职业道德教育，加强计算机使用道德规范，进而降低计算机犯罪的概率。计算机使用道德规范简单举例如下：不利用计算机去伤害他人；不干扰别人的计算机工作；不窥探别人的文件；不用计算机进行偷窃；不用计算机做伪证；不使用或复制没有付钱的软件；不未经许可而使用别人的计算机资源；不盗用别人的智力成果；

本章小结

本章重点介绍了 Internet 的组成、工作原理、网络地址，Internet 的接入方式，信息浏览和检索，电子邮件的收发，以及相关职业道德与法规。学习完本章，希望读者能够独立使用 Internet 搜索引擎进行信息的检索，同时具备一定的网络安全知识并自觉养成遵纪守法、促进绿色网络建设的好习惯。

练习题

一、填空题

（1）Internet 的核心部分由大量网络和连接这些网络的_____组成。

（2）Internet 的技术核心是_____。

（3）IP 地址有_____位。

二、选择题

（1）Internet 的中文标准译名为（　　）。

  A. 因特网   B. 万维网   C. 互联网   D. 广域网

（2）电子邮件地址的一般格式为（　　）。

  A. 用户名@域名 B. 域名@用户名 C. IP 地址@域名 D. 域名@IP 地址

（3）关于电子邮件，下列说法错误的是（　　）。

  A. 发送电子邮件需要 E-mail 的软件支持

  B. 发件人必须有自己的 E-mail 账号

  C. 收件人必须有自己的邮政编码

  D. 必须知道收件人的 E-mail 地址

三、简答题

（1）Internet 的主要功能体现在哪几个方面？

（2）如何在浏览器上设置主页？

（3）动手查找一下你使用的计算机的 IP 地址。

【价值引领】

- 培养学生爱国主义情怀。
- 通过网页搜索，培养学生的自主学习能力、交流表达能力、自主创新能力。
- 培养学生精益求精的精神。
- 教育学生增强守法意识，构建和谐文明的网络环境。

第9章 常用工具软件

【学习目标】

- 了解美图秀秀软件的基本功能。
- 了解 GoldWave 音频处理软件的基本功能。
- 了解会声会影视频处理软件的基本功能。
- 熟练使用 WinRAR 对文件进行压缩和解压。

【引例】常用工具软件让生活、工作更轻松

李丽通过前面章节的学习已经掌握了基础办公软件的使用方法，在面对一般工作内容时她都能够自己解决。但是随着计算机在工作和生活中应用得越来越广泛，李丽发现还可以使用很多常用工具软件轻松解决一些特殊问题。例如，可以用图形图像软件编辑处理图形图像文件；可以用音频处理软件编辑处理音频文件；可以用视频处理软件编辑处理视频文件；可以用多媒体数据压缩软件对文件进行压缩和解压。通过对这些软件使用方法的学习，李丽的计算机技能更加全面了。

9.1 图形图像处理软件

美图秀秀是一款好用、免费的图片处理软件。拥有图片特效、美容、拼图，添加场景、边框、饰品等功能，软件界面如图 9-1 所示。

图 9-1 美图秀秀软件界面

美化：在该选项卡下可以通过调整图片基础色调来美化图片，也可以使用画笔进行美化，同时，软件还提供了多种特效。

美容：在该选项卡下可以对人像进行局部美容。软件提供瘦脸瘦身、皮肤美白、祛痘祛斑、磨皮、腮红笔、放大眼睛、添加眼部饰品、添加睫毛膏、眼睛变色、消除黑眼圈、添加唇彩、消除红眼、染发、添加美容饰品等 14 种美容功能。

饰品：在该选项卡下可以为图片添加静态饰品和动态饰品，如炫彩水印、潮流涂鸦、遮挡物、爱心、绘画气泡、卡通形象、配饰、证件照、缤纷节日、其他饰品等。

文字：在该选项卡下可以为图片添加各种漂亮的文字，如漫画文字、动闪文字、模板文字等。

边框：在该选项卡下可以为图片添加各种漂亮的边框，如简单边框、轻松边框、文字边框、撕边边框、炫彩边框、纹理边框、动画边框等。

场景：在该选项卡下可将图片放入某个场景中，如贴到茶杯上。

拼图：在该选项卡下可以将多张图片拼贴在一起，形成特殊效果，有自由拼图、模板拼图、海报拼图、图片拼接等选择。

除此之外，美图秀秀还提供了九宫格切图、摇头娃娃和闪图功能，帮助用户制作精美的图片。

使用美图秀秀对图片进行美化并添加边框，效果如图 9-2 所示。

图 9-2　使用美图秀秀处理照片

9.2　音频处理软件

GoldWave 是一款易上手的专业级数字音频编辑软件。从最简单的录制和编辑到最复杂的音频处理、恢复、增强和转换等工作，它都能完成。GoldWave 软件界面如图 9-3 所示。

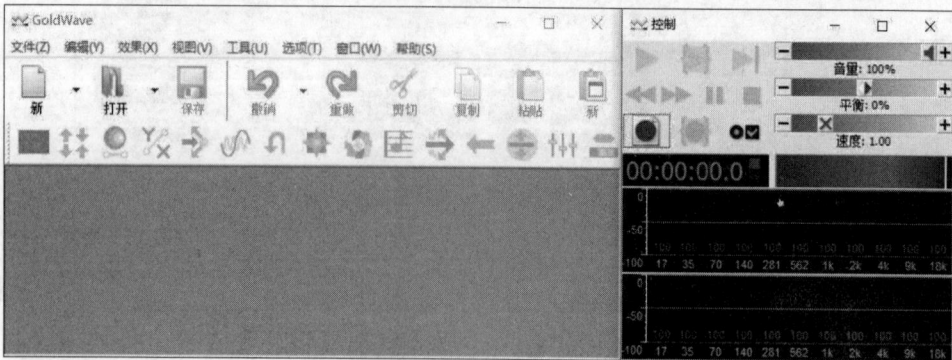

图 9-3　GoldWave 软件界面

1. 转换音频格式

对计算机来说，音频文件有很多种保存格式，例如 MP3、CD、WAV、APE 等，相应地，各个格式也有不同的使用渠道和方法。在实际操作中，当需要某种特定的音频格式，而用户拥有的音频是另外一种格式时，就需要进行格式转换。

利用 GoldWave 进行音频格式转换的操作步骤如下。

选择"文件"→"打开"命令，找到待修改的音频文件并导入，按照需求进行音频编辑后，选择"文件"→"另存为"命令，找到目标文件格式，单击"确定"按钮即可，如图 9-4 所示。

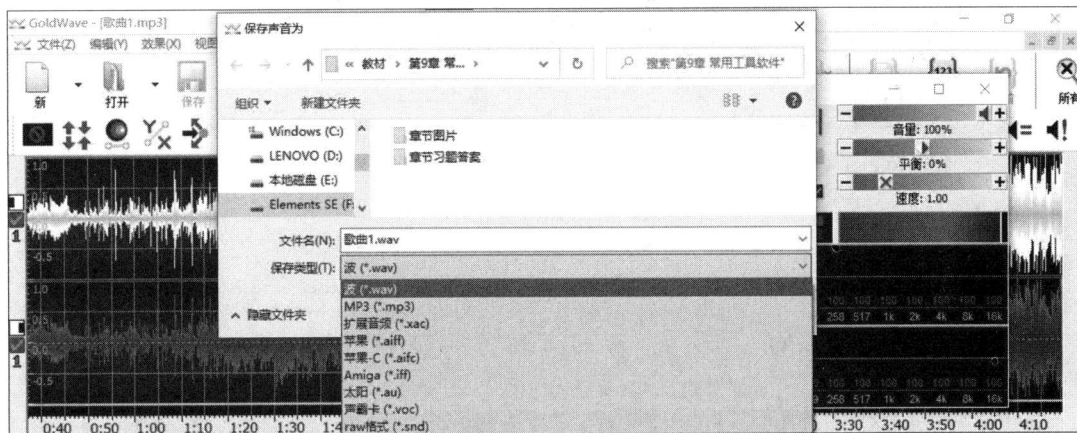

图 9-4　格式转换

不同格式的转换难免对音频的音质有一定程度的影响或毁损，在"保存声音为"对话框中单击"属性"按钮，根据需要选择格式和属性即可消除这种影响，如图 9-5 所示。

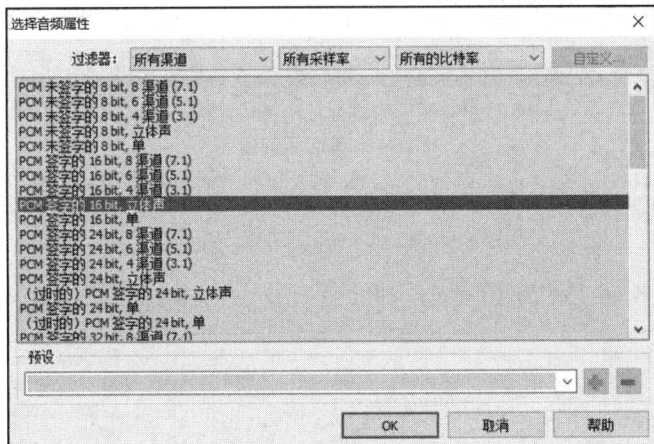

图 9-5　音频属性选择

如果需要批量修改音频文件格式，在导入时选择所有目标文件同时导入，按照格式转换方式进行操作即可。

2. 音频的剪切和粘贴

在录制音频时，难免有不合心意的部分，有时是质量问题，有时是顺序问题，使用 GoldWave 进行音频剪辑可以轻松地对音频进行修改。

打开音频文件，将鼠标指针放置在音频上，按住鼠标左键并拖曳即可选择音频范围，如图 9-6

所示。单击"修剪"按钮即可将未选中的音频部分删除，单击"删除"按钮可将选中的音频部分删除，单击"剪切"按钮可将选中的音频部分剪切下来并放置在剪贴板上，如图9-7所示。

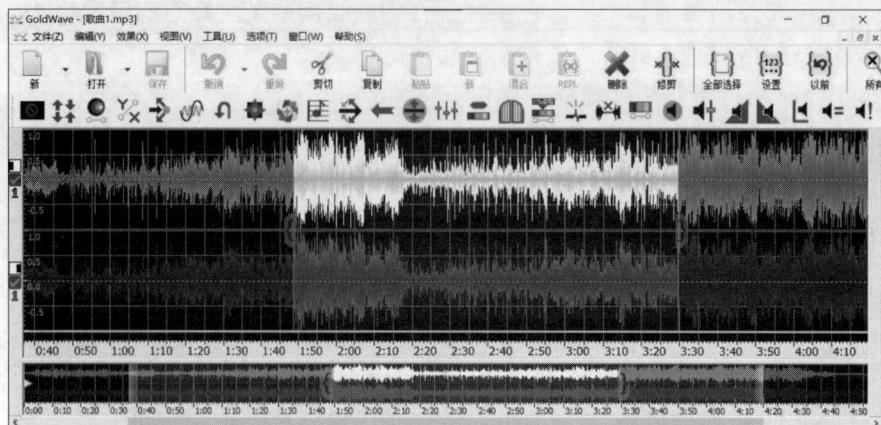

图 9-6　选择剪切范围

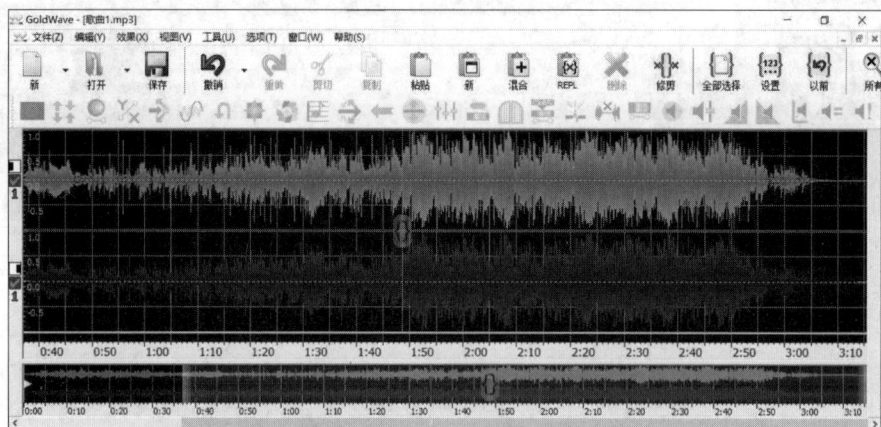

图 9-7　剪切后音频

调整音频顺序可以使用"剪切"命令或者"复制"命令实现，单击粘贴的目标位置，再单击"粘贴"按钮即可。执行撤销操作可单击"撤销"按钮或者按【Ctrl】+【Z】组合键。删除音频可单击"删除"按钮或者按【Delete】键。

3．插入空白区域

在音频制作、编辑过程中，有时需要在音频中间插入一段空白音频。

单击插入空白音频的起始位置，选择"编辑"→"插入静音"命令，在弹出的"插入静音"对话框中，输入持续时间，地点选择"开始标记"，单击"OK"按钮，如图9-8所示，即可在选择的起始位置之后插入一段空白音频。

图 9-8　"插入静音"对话框

9.3　视频处理软件

会声会影是一款直观的视频编辑软件，拥有强大的功能并能输出高质量的结果，具有丰富且有创意的模板和工具，适合经验水平不同的用户实现高质量的视频制作。

使用会声会影制作视频的步骤如下。

1. 导入素材

打开会声会影，在视频轨上单击鼠标右键，在弹出快捷菜单中选择"插入视频"命令，在
弹出的"打开文件"对话框中，选择目标视
频，单击"打开"按钮，如图 9-9 所示。

2. 添加特效

（1）添加转场

将素材添加到视频轨上后，切换到故事
板视图，单击"转场"图标，选中符合要求
的转场，拖曳至两个素材中间。

（2）添加滤镜

会声会影为用户提供了多种滤镜效果，
在对视频素材进行编辑时，可以将这些滤镜

图 9-9　导入素材

效果应用到视频素材上。通过视频滤镜不仅可以修饰视频素材的瑕疵，还可以令视频具有绚丽
的视觉效果，使制作出的视频更具表现力。

添加滤镜的方法：单击"滤镜"图标，选中其中一个滤镜效果，拖曳至相应的素材上。

（3）添加字幕

单击"标题"图标，在标题字幕中选择合适的标题格式拖入覆叠轨中，双击标题轨中的标
题，输入文字，将标题长度调整到与视频一致。

（4）添加音乐

在声音轨上单击鼠标右键，在弹出的快捷菜单中选择"插入音频"→"到声音轨"命令，在弹出
的对话框中选择一个音乐素材，单击"打开"按钮，拖曳音乐尾端，将长度调整到与视频素材一致。

3. 渲染输出

（1）保存工程文件

选择"文件"→"智能包"命令。打包后的工程文件能保证文件在下次打开的时候不丢失。

（2）输出文件

单击"共享"选项卡，单击"自定义"按钮，在"格式"下拉列表中选择"MPEG-4"选
项，输入文件名，选择文件位置，单击"开始"按钮即可输出。

9.4　数据压缩软件

WinRAR 是一个强大的压缩文件管理工具，可以备份数据，减少 E-mail 附件的大小，解压
从 Internet 上下载的 RAR、ZIP 或其他格式的压缩文件，并能创建 RAR 和 ZIP 格式的压缩文件。

1. 打开 WinRAR 文件

（1）双击 RAR 文件，该文件将会在 WinRAR 窗口中显示，选择要提取或解压的文件或文
件夹。

（2）单击 WinRAR 窗口顶部的"解压到"按钮，在弹出对话框中设置目标路径，单击"确
定"按钮，即可将文件解压。

2. WinRAR 文件解压缩的其他方式

（1）用鼠标右键单击 RAR 文件，在弹出的快捷菜单中选择"用 WinRAR 打开"命令。

（2）打开 WinRAR 软件，选择"文件"→"打开压缩文件"命令，在弹出的"查找压缩文件"对话框中选择目标文件，单击"打开"按钮。

（3）用鼠标右键单击 RAR 文件，在弹出的快捷菜单中选择"解压文件""解压到当前文件夹"或"解压到'文件名'"命令都可将文件解压。

3. 压缩文件

（1）用鼠标右键单击需要压缩的文件或文件夹，在弹出的快捷菜单中选择"添加到压缩文件"或"添加到'文件名.rar'"命令都可将文件压缩。

（2）打开 WinRAR 软件，单击"添加"按钮，在弹出的对话框中选择要压缩的文件，并设置压缩文件名和参数，单击"确定"按钮。

本章小结

本章介绍了计算机应用中的一些常用工具软件。学完本章，读者应了解图形图像处理软件美图秀秀的基本功能，了解 GoldWave 音频处理软件的基本功能，了解会声会影视频处理软件的基本功能，熟练使用 WinRAR 软件对文件进行压缩和解压，能够利用所学工具软件解决生活中的实际问题，体现计算机的价值。

练习题

操作题

（1）下载安装美图秀秀，对图像进行处理。

（2）利用 WinRAR 软件对文件进行压缩和解压。

【价值引领】
- 激发学生科技报国的家国情怀和使命担当。
- 增强学生的民族自豪感。
- 培养学生的大国工匠精神。

第10章　计算机新技术及应用

【学习目标】
- 了解云计算的相关知识。
- 了解大数据的相关知识。
- 了解人工智能的相关知识。
- 了解物联网的相关知识。
- 了解虚拟现实技术的相关知识。

10.1　云计算

云计算可以看作分布式计算、并行计算和网格计算等计算范式的集大成者，云计算的发展借鉴了这些不同计算模式的优点。云计算的应用目前已经非常广泛，为用户使用存储资源、计算资源、软件资源等提供了方便，也为用户节约了使用成本。

10.1.1　云计算概述

2006 年，谷歌在搜索引擎大会上提出了一种新型的网络应用模式——云计算，它是传统计算机技术和网络技术发展融合的产物。目前，亚马逊、谷歌、微软、阿里、腾讯、华为等公司都建立了自己的云计算服务平台，面向全世界提供云计算服务。

云计算就是一种资源的整合，它通过互联网以服务的方式提供动态可伸缩的虚拟化资源。云计算主要是把信息资源都集合到云存储中心，而用户只需要联网就可以以很低的成本共享云存储中心的任何资源。基于云平台对不同资源进行调度，可以提供多种服务，满足各类用户的需求。换句话说，云计算属于商业实现，用户通过支付费用，可以享受云计算服务，而运营商在收取费用后就提供数据存储及传输等服务，并且负责数据存储的安全。

10.1.2　云计算的特征

1. 可靠性高

云计算向终端用户提供的数据存储服务具有一定的可靠性，保存的数据可以实现同步传递和资源共享，而用户只需要通过联网就可以使用云服务，不必担心被病毒入侵，也可以防止本地数据丢失，保证数据的存储可靠性。

2. 计算能力强

云计算的计算规模非常大，云计算系统可以有几十万甚至上百万台服务器，以满足用户对云计算及运行快速的服务需求。用户可以使用终端设备通过联网在云端进行各种各样的复杂计算，完成普通的机器设备无法完成的计算。

3. 服务便捷

云计算模式具有极高的灵活性，提供者可以根据用户的需要及时部署资源，终端用户可以在任何时间购买任意数量的资源，只要有可以联网的设备就能享受云服务，使用浏览器就可以开始云计算，十分方便快捷。

4. 扩展性强

终端用户不需要额外租赁场地或购买设备，就可以租用看起来接近无限的资源，可以把各种资源随时存储到云端，而不用担心空间不够，也不用担心无法承载大规模并发访问的问题。并且云计算的各个节点可以互换，所以其扩展性强。

5. 按用量收费

即付即用的方式已经广泛应用到存储和网络宽带技术中。谷歌公司的 App Engine 按照用户使用 CPU 的周期收费；亚马逊公司的 AWS 则按照用户所占用的虚拟机节点的时间来收费。目前包括腾讯云、阿里云等在内的国内云提供商都是采用按需计费的方式。

10.1.3 云计算的分类

根据云的拥有者、用户、工作方式来看，云可以分为公有云、私有云、混合云等。

1. 公有云

公有云通常指第三方提供商为用户提供的能够使用的云，公有云一般可通过互联网使用，可能是免费或成本低廉的，公有云的核心属性是共享资源服务。云提供商提供从应用程序、软件运行环境到物理基础设置等各方面的资源的安装、管理、部署和维护。终端用户通过共享的资源实现自己的目的，并为自己使用的资源付费。

优点：终端用户无须了解具体的技术底层实现方式，无须担心安装和维护物理设施的问题；除了通过网络使用服务外，终端用户只需为他们所使用的资源支付费用。

缺点：公有云通常不能满足许多安全法规遵从性要求，因为不同的服务器驻留在多个国家，安全法规也不相同；流量峰值期间，服务不能得到有效保障。

2. 私有云

私有云通常指面向单一组织而构建的且不对公众开放的云。因此，私有云提供对数据、安全性和服务质量的最有效控制。私有云用户拥有完整的云基础设施，并可以控制在此基础设施上部署的应用程序，决定允许哪些用户使用云服务。私有云可部署在企业数据中心的防火墙内，服务对象只针对组织内部，通过用户范围控制、网络限制等途径，私有云提供了更高的安全性和私密保障性。

优点：提供了更高的安全性，因为单个组织是唯一可以访问私有云的指定实体；组织更容易定制资源以满足特定的业务要求。

缺点：安装成本很高；私有云的高度安全性可能会使得从远程位置访问也变得很困难。

3. 混合云

混合云是将公有云和私有云两种服务方式结合到一起的方式。用户可以通过一种可控的方式，使部分完全拥有、部分与他人共享。企业可以利用公有云的成本优势，将非关键的因公部分运行在公有云上，将对安全性要求高的主要应用通过内部的私有云提供服务。

优点：允许用户利用公有云和私有云的优势；为应用在多云环境中的移动提供了极高的灵活性；此外，混合云模式具有成本效益，企业可以根据需要决定使用哪些云计算资源。

缺点：因为设置更加复杂，所以难以维护和保护；由于混合云是不同的云平台、数据和应用程序的组合，因此资源整合可能是一项挑战。

10.1.4　云计算的应用

1. 云教育

云教育是"云计算技术"在教育领域中的应用，包括了教育信息化所必需的一切硬件计算资源，这些资源经虚拟化之后，向教育机构、从业人员和学习者提供一个良好的云服务平台。典型的案例有 EduCoder 实践教学平台、智慧树在线教育、腾讯课堂等。

2. 云存储

云存储是指通过集群应用、网格技术或分布式文件系统等，将网络中大量各种不同类型的存储设备通过应用软件集合起来协同工作，共同对外提供数据存储和业务访问功能的系统，能保证数据的安全性，并节约存储空间。典型的案例有百度云盘、金山快盘、移动和彩云、天翼云盘等。

3. 云医疗

云医疗是指使用"云计算"的理念来构建医疗健康服务云平台。医疗云的核心是以全民电子健康档案为基础，建立覆盖医疗卫生体系的信息共享平台，打破各个医疗机构的信息"孤岛"现象，同时围绕居民的健康关怀提供统一的健康业务部署，建立远程医疗系统。

4. 云安全

云安全是网络时代信息安全的最新体现，它融合了并行处理、网格计算、未知病毒行为判断等新兴技术和概念，通过网状的大量客户端进行网络中软件行为的异常监测，获取互联网中木马、恶意程序的最新信息，并推送到服务器端进行自动分析和处理，再把病毒和木马的解决方案分发到每一个客户端。

5. 云交通

云交通是指基于云计算商业模式应用的交通平台服务，所有的交通工具、管制中心、服务中心、制造商、行业协会、管理机构、行业媒体、法律结构等都集中整合成云资源池，各个资源相互指引和互动，按需交流，达成意向，从而降低成本、提高效率。云交通中心利用云计算中心，向个体的云终端提供全面的交通指引和指示标识等服务。

10.2　大数据

10.2.1　大数据概述

随着信息技术的发展，数据的产生、传输和存储变得越来越容易，人类社会产生的信息也越来越多，且被作为数据存储起来，数据已成为一种重要的生产要素。这些海量的数据可以让人们更加客观、全面地分析和研究整个社会。知名管理咨询公司麦肯锡提出：大数据是指其大小超出了传统软件工具的采集、存储、管理和分析等能力的数据集，具有海量的数据规模（Volume）、快速的数据处理（Velocity）、多样的数据类型（Variety）和低价值密度（Value）四大特征，简称4V。大数据蕴藏着巨大的价值，对大数据的运用和价值挖掘会给社会和企业带来新的机遇和变革。大数据技术的战略意义不在于掌握庞大的数据信息，而在于对这些含有意义的数据进行专业化处理。

10.2.2　大数据的特征

1. 海量的数据规模

进入信息社会以来，数据量爆发式增长。生活中每个人都离不开互联网，也就是说每个人每天都在向大数据提供大量的资料。社交网络、移动网络、各种智能工具、服务工具等，都成为数据的来源。用户可以随时随地在微博、微信、火山、抖音等平台上发布自己的信息，网剧、直播的兴起也大大降低了多元化内容的生产门槛，每个互联网用户都可以产生大量的数据。

2. 快速的数据处理

随着数据量的急速增长，企业对数据处理效率的要求也越来越高，迫切需要智能的算法、强大的数据处理平台和新的数据处理技术，来统计、分析、预测和实时处理大规模的数据。大数据对处理速度有非常严格的要求，服务器中大量的资源都用于处理和计算数据，很多平台都需要做到实时分析。数据无时无刻不在产生，谁的速度更快，谁就有优势。大数据可以通过对海量数据进行实时计算和分析，快速得出结论，从而保证结果的时效性。

3. 多样的数据类型

广泛的数据来源决定了大数据形式的多样性。与传统数据相比，大数据的数据来源广、维度多、类型杂，可以简单地分为结构化数据、半结构化数据、非结构化数据。图片、音频、视频、文档等不方便用关系数据库来存储的数据称为非结构化数据，这些数据因果关系弱，需要人工对其进行标注。非结构化数据越来越多，多类型的数据对数据的处理能力提出了更高的要求。

4. 低价值密度

现实世界所产生的数据中，有价值的数据所占比例很小，从宏观的角度对所有数据进行分析才能得到有价值的结果。相较于传统的小数据，大数据最大的价值在于可以从大量不相关的、各种类型的数据中，挖掘出对未来趋势与模式预测分析有价值的数据，并通过机器学习方法、人工智能方法或数据挖掘方法深度分析，发现新规律和新知识。

10.2.3　大数据的关键技术

1. 大数据采集

大数据采集主要通过网络、应用、传感器等方式获得各种类型的结构化、半结构化和非结构化的海量数据，是大数据知识服务模型的根本，其难点在于采集量大且数据种类繁多。重点要突破分布式高速、高可靠数据抓取或采集，高速数据全映像等大数据收集技术；突破高速数据解析、转换与装载等大数据整合技术；设计质量评估模型，开发数据质量技术。很多互联网企业都有自己的海量数据收集工具，例如，Hadoop 的 Chukwa、Flume，Facebook 的 Scribe 等。

2. 大数据预处理

大数据的预处理包括数据抽取和数据清洗等操作。由于大数据的数据类型多样性，不利于快速分析，所以需要进行预处理。数据抽取可以将复杂的数据转换为单一的或者便于处理的数据结构。数据清洗可以将数据集中残缺的、错误的、重复的、没有价值的数据筛选出来并丢弃，只保留有效数据。常见的数据清洗工具有 DataWrangler、GoogleRefine 等。

3. 大数据存储与管理

与传统数据相比，大数据存储与管理的难点在于数据量大、数据类型多、单个文件过于庞大。实现对结构化、半结构化、非结构化海量数据的存储与管理，需要解决大数据的可存储、可表示、可处理、可靠性及有效传输等几个关键问题，综合利用分布式文件系统、数据仓库、关系数据库、非关系数据库等技术。

4. 大数据分析与挖掘

数据分析是指根据分析的目的，用适当的统计分析方法对收集来的数据进行处理与分析，提供有价值的信息的技术，包括描述性统计分析、探索性数据分析和验证性数据分析。数据挖掘是指从大量的数据中，通过统计学、人工智能、机器学习等方法，挖掘出未知的、有价值的信息和知识的过程，包括偏差分析、关联分析、聚类分析、分类、回归等 5 个类别的任务。大数据平台通过不同的计算框架执行任务，实现数据分析与挖掘，从而得到有用的信息。常用的分布式计算框架有 MapReduce、Storm 和 Spark 等。MapReduce 适用于复杂的批量离线数据处理；Storm 适用于流式数据的实时处理；Spark 基于内存计算，应用范围较广。

5. 数据可视化

数据可视化是指将数据以图形、图像形式展示，向用户清晰、有效地传达信息的过程。利用数据可视化技术，可以生成实时的图表，能对数据的生成和变化进行观测、跟踪，也可以形成静态的多维报表，以发现数据中不同变量的潜在联系。

10.2.4　大数据的应用

大数据无处不在，结合不同行业的应用场景可以创造巨大价值。大数据技术能够将隐藏于海量数据中的信息和知识挖掘出来，为人类的社会经济活动提供依据，从而提高各个领域的运行效率，大大提高整个社会经济的集约化程度。政府单位和企业会基于大数据分析平台优化决策，各行各业会利用大数据技术进行运营策略定制、市场分析和用户定位，可以根据数据分析结果来提供更优质的服务。

大数据在互联网、政府公共事业、金融、媒体、医疗、零售等领域都得到了日益广泛的应用，在我国，大数据主要应用于三大领域：商业智能、政府决策、公共服务。例如商业智能技术、政府决策技术、电信数据信息处理与挖掘技术、电网数据信息处理与挖掘技术、气象信息分析技术、环境监测技术、警务云应用系统（道路监控、视频监控、网络监控、智能交通、反电信诈骗、指挥调度等公安信息系统）、大规模基因序列分析比对技术、Web 信息挖掘技术、多媒体数据并行化处理技术、影视制作渲染技术，以及其他各种行业的云计算和海量数据处理应用技术等。目前最典型的就是推荐系统，如淘宝、网易云音乐、今日头条等，这些平台都会通过对用户的日志数据进行分析，进一步推荐用户喜欢的东西。

10.3 人工智能

10.3.1 人工智能概述

人工智能是研究、开发用于模拟、延伸和扩展人的智能的理论、方法、技术，以及应用系统的一门技术科学。人工智能是计算机科学的一个分支，它企图了解智能的实质，并生产出一种新的能以与人类智能相似的方式做出反应的智能机器，该领域的研究包括机器人、语言识别、图像识别、自然语言处理和专家系统等。人工智能从诞生以来，其理论和技术日益成熟，应用领域也不断扩大，可以设想，未来人工智能带来的科技产品，将会是人类智慧的"容器"。人工智能可以对人的意识、思维的信息过程进行模拟。人工智能不是人的智能，但能像人那样思考，也可能超过人的智能。

人工智能是一种集计算机、电子、统计学、数学、物理等多种学科于一体的一种具有独特知识体系的新学科，但同时又拥有相对独立的专业知识和学科内涵。随着人工智能、云计算、大数据和 5G 技术等新一代信息技术的交融渗透和推动，社会新产业、新业态、新模式大量兴起，加速了信息技术向传统产业的渗透，成为数字经济的重要引擎。

10.3.2 人工智能的研究内容

人工智能主要研究如何让机器像人一样能够感知环境、获取知识、存储知识、推理思考、学习、行动等，并最终创建拟人、类人的智能系统。人工智能学科研究的主要内容包括知识表示、自动推理、搜索方法、机器学习、知识获取、知识处理系统、自然语言理解、机器视觉、智能机器人、自动程序设计等。

1. 知识表示

知识表示是指把知识客体中的知识因子与知识关联起来，便于人们识别和理解知识。知识表示是知识组织的前提和基础，任何知识组织方法都要建立在知识表示的基础上。知识表示有主观知识表示和客观知识表示两种。常用的知识表示方法有逻辑表示法、产生式表示法、语义网络表示法和框架表示法等。

2. 自动推理

问题求解中的自动推理是知识的使用过程，由于有多种知识表示方法，相应地有多种推理方法。自动推理的研究内容有模型生成与定理机器证明、程序正确性验证、逻辑程序设计、常识推理、非单调推理、模糊推理、约束推理、定性推理、类比推理、归纳推理、自然演绎法、归结方法、重写方法等。自动推理的近期目标是得到各种推理程序，它们中的每一个都相当于一个自动推理"助手"，人们能有效地和这个助手"交谈"。远期目标是当用户向这样一个程序提出问题后，就可以去考虑别的问题了；当用户再回来时，原来的问题就已经解决了。

3. 搜索方法

搜索是人工智能的一种问题求解方法，搜索策略决定着问题求解的一个推理步骤中知识被使用的优先关系。搜索可分为无信息导引的盲目搜索和利用经验知识导引的启发式搜索。启发式知识常由启发式函数来表示，启发式知识利用得越充分，求解问题的搜索空间就越小。典型的启发式搜索方法有 A*算法、AO*算法等。近几年，关于搜索方法的研究开始注意那些具有百万节点的超大规模的搜索问题。

4. 机器学习

机器学习是指在一定的知识表示意义下获取新知识的过程。按照学习机制的不同，机器学习主要有归纳学习、分析学习、连接机制学习和遗传学习等。机器学习研究如何使用机器来模拟人类的学习活动，通过学习，获取知识，进行知识积累，对知识库进行增、删、修改与更新，机器学习所采用的策略大体包括机械学习、演绎学习、类比学习和示教学习等 4 种，主要包括表示学习系统、影响学习系统、因为学习系统和知识库等部分。

5. 知识获取

知识获取是指在人工智能和知识工程系统中，机器（计算机或智能机）获取知识的问题。狭义的知识获取是指人们通过系统设计、程序编制和人机交互，使机器获取知识。例如，知识工程师利用知识表示技术，建立知识库，使专家系统获取知识，即通过人工移植的方法，将人们的知识存储到机器中去。广义的知识获取是指除了人工知识获取之外，机器还可以自动或半自动地获取知识。例如，在系统调试和运行过程中，机器通过机器学习进行知识积累，或者通过机器感知直接从外部环境获取知识，对知识库进行增、删、修改和更新。

6. 知识处理系统

知识处理系统主要由知识库和推理机组成。知识库存储系统所需要的知识，当知识量较大而又有多种表示方法时，知识的合理组织与管理是很重要的。推理机在问题求解时，规定使用知识的基本方法和策略，推理过程中为记录结果或通信需要设置数据库或采用黑板机制。如果在知识库中存储的是某一领域（如医疗诊断）的专家知识，则这样的知识系统称为专家系统。为满足复杂问题的求解需要，单一的专家系统向多主体的分布式人工智能系统发展，这时知识共享、主体间的协作、矛盾的出现和处理将是研究的关键问题。

7. 自然语言理解

自然语言理解是研究实现人与计算机之间用自然语言进行有效通信的各种理论和方法，其基础是各类自然语言处理数据集。自然语言理解是计算机科学、人工智能、计算机和人类语言之间相互作用的领域，其技术难点在于单词的边界界定、语义的消歧、句法的模糊、不规范输入、语言行为等内容。

8. 机器视觉

机器视觉就是用机器代替人眼来做测量和判断。机器视觉系统通过机器视觉产品将被摄取目标转换成图像信号，并传送给专用的图像处理系统，得到被摄目标的形态信息，根据像素分布和亮度、颜色等信息，将被摄目标信息转变成数字化信号；图像系统对这些数字化信号进行各种运算来抽取目标的特征，进而根据判别的结果来控制现场的设备动作。一个典型的机器视觉应用系统包括图像捕捉、光源系统、图像数字化模块、数字图像处理模块、智能判断决策模块和机械控制执行模块。机器视觉系统最基础的目的就是提高生产的灵活性和自动化程度。在一些不适于人工作业的危险工作环境或者人工视觉难以满足要求的场合，常用机器视觉来替代人工视觉。同时，在大批量重复性工业生产过程中，用机器视觉检测方法可以大大提高生产的效率和自动化程度。

9. 智能机器人

智能机器人具备形形色色的内部信息传感器和外部信息传感器，如视觉、听觉、触觉、嗅觉。除具有感受器外，它还有效应器，作为作用于周围环境的手段。智能机器人至少要具备 3

个要素：感觉要素、反应要素和思考要素。智能机器人能够理解人类语言，用人类语言同操作者对话，在它自身的"意识"中单独形成了一种使它得以"生存"的外界环境——实际情况的详尽模式。它能分析出现的情况，能调整自己的动作以满足操作者所提出的全部要求，能拟定所希望的动作，并在信息不充分的情况下和环境迅速变化的条件下完成这些动作。

10. 自动程序设计

自动程序设计是采用自动化手段进行程序设计的技术和过程。其目的是提高软件生产率和软件产品质量。从关键技术来看，自动程序设计的实现途径可归结为演绎综合、程序转换、实例推广及过程实现等 4 种。自动程序设计的任务是设计一个程序系统，自动生成一个能完成这个目标的具体程序。自动程序设计所涉及的基本问题与定理证明和机器人学有关，要用到人工智能的方法来实现，它也是软件工程和人工智能相结合的课题。

10.3.3 人工智能的应用

人工智能已经在我们的日常生活中发挥了重要作用。无论你是否意识到，人工智能都使我们的生活变得更轻松。不仅如此，它还对我们目前拥有的每个行业都有益。人工智能可以充当用户的个人助理、老师、医生等，并且人工智能还可以做很多事情。

1. 智能客服

大多数公司都有一种形式的高科技客户支持——聊天机器人。这些聊天机器人能帮助企业提供出色的客户服务，而不会浪费大量资金。传统的聊天机器人只能通过电子邮件或电话进行联系，而支持人工智能的客户服务或聊天机器人可以回答诸如订单查询之类的简单问题，可以帮助客户解决较小的技术难题。它还可以帮助公司和客户节省时间。

2. 智能教育

智能教育通过图像识别、语音识别等技术，对各类信息进行收集、处理和综合分析研判，可以批改试卷、识题答题等，可以纠正、改进发音，人机交互可以进行在线答疑解惑等，可在一定程度上改善教育行业师资分布不均衡、费用高昂等问题，从工具层面给师生提供更有效率的学习方式。智能教育可以帮助处于焦虑和压力下的学生，还有助于改善整个教室的周围环境，使教师能更容易地教育学生。

3. 智能零售

通过人工智能、深度学习、图像智能识别、大数据应用等技术，控制单元可以进行自主的判断并做出相应行动，实现在商品分拣、运输、出库等环节的自动化，便于提升到店客户转换率。

4. 智能医疗

智能医疗可建立病理知识库、方法库、模型库和工具库，通过机器学习和知识创新，支持病理智能诊断，促进医学影像的快速发展，另外通过自动分析与远程专家诊断、远程查体、VR/AR、大数据等技术的有效结合，疑难杂症诊断的工作效率得到了很大的提升，而且提升了医疗管理能力和工作效率，推进了智能医疗的不断进步。

5. 智能社交

社交媒体是我们日常生活的重要组成部分。人工智能在社交媒体中的应用有助于过滤垃圾内容，确保用户仅能获得准确的信息。它还会考虑用户过去的网络搜索行为及单击或完成的所有操作，给予用户特定的体验。

6. 智能金融

智能金融是指将人工智能应用于金融领域。人工智能创建的算法准确高效，金融领域高度依赖实时报告。人工智能软件能够通过扫描市场数据而设置的偏好来预测最佳投资组合。算法交易是人工智能在金融中应用的最好例子，它利用了计算机相比人工交易者具有的速度和数据处理优势。

7. 智能交通

基于物联网技术，通过智能硬件、软件系统、云平台等构成一套完整的智慧交通体系，对道路交通中的路基情况、交通情况、车辆流量、行车速度等信息进行采集和分析，通过后台分析模型和算法处理，可帮助实现对交通的智能监控和调度，对违法事件的取证分析，对道路的监控和智能维护，便于提升通行能力，简化交通管理。

8. 智能家居

借助物联网，现在可以实现轻松控制智能家居的目标。通过一台设备，就可以控制家中大部分的设备。人工智能还可以根据时间更改设置，或推荐歌曲，使用户体验流畅。

9. 智能汽车

智能汽车在普通车辆的基础上增加了先进的传感器（雷达、摄像）、控制器、执行器等装置，通过车载传感系统和信息终端实现与人、车、路等的智能信息交换，使车辆具备智能的环境感知能力，能够自动分析车辆行驶的安全及危险状态，使车辆按照人的意愿到达目的地，最终实现代替人来操作的目的。智能车辆的主要特点是以技术弥补人为缺陷，使得即便是在很复杂的道路情况下，也能绕开障碍物，沿着预定的道路轨迹行驶。智能车辆是一个集环境感知、规划决策、多等级辅助驾驶等功能于一体的综合系统，它集中运用了计算机、现代传感、信息融合、通信、人工智能及自动控制等技术，是典型的高新技术综合体。对智能化的车辆控制系统的不断研究完善，相当于延伸扩展了驾驶员的控制、视觉和感官功能，可以提高驾驶员的控制与驾驶水平，保障车辆行驶安全、畅通、高效。

10.4　物联网

10.4.1　物联网概述

互联网实现了人与信息的连接，物联网在此基础上又提供了与多种物品的融合。与互联网相比，物联网对人类社会的改变更为全面、深刻。物联网可以理解为连接物品的网络，国际电信联盟这样定义物联网：通过二维码识读设备、射频识别装置、红外传感器、全球定位系统和激光扫描器等信息传感设备，按约定的协议，把任何物品与互联网相连接，进行信息交换和通信，以实现智能化识别、定位、跟踪、监控和管理的一种网络。简言之，物联网是指通过各种信息传感设备，实时采集任何需要监控、连接、互动的物体或过程等各种信息，与互联网结合形成的一个巨大网络，其目的是实现物与物、物与人、人与人的连接，方便识别、管理和控制。

10.4.2　物联网的特征

物联网在现有的电信网、互联网、未来融合各种业务的下一代网络，以及一些行业专用网的基础上，通过添加一些新的网络能力实现所需的服务。人们可以在未意识到网络存在的情况下，随时随地通过适合的终端设备接入物联网并享受服务。物联网的本质就是物理世界和数字世界的融合。物联网是为了打破地域限制，实现物与物之间按需进行信息获取、传递、存储、融合、使用等服务的网络。物联网具备以下 3 个特征。

1. 全面感知

利用无线射频识别、传感器、定位器和二维码等手段，随时随地对物体进行信息采集和获取，包括用户位置、周边环境、个体喜好、身体状况、情绪、环境温度、湿度，以及用户业务管理、网络状态等。感知包括传感器的信息采集、协同处理、智能组网，甚至信息服务，以达到控制、指挥的目的。

2. 可靠传递

通过各种网络融合、业务融合、终端融合、运营管理融合等，对接收到的感知信息进行实时远程传送，实现信息的交互和共享，并进行各种有效的处理。在这一过程中，通常需要用到现有的电信运营网络，包括无线和有线网络。由于传感器网络是一个局部的无线网，因而无线移动通信网、4G/5G 网络是作为承载物联网的一个有力的支撑。

3. 智能处理

利用云计算、模糊识别等各种智能计算技术，对随时接收到的跨地城、跨行业、跨部门的海量数据和信息进行分析处理，提升对物理世界、经济社会各种活动和变化的洞察力，实现智能化的决策和控制。

10.4.3　物联网的关键技术

1. 射频识别技术

射频识别是一种简单的无线系统，由一个询问器（或阅读器）和很多应答器（或标签）组成。应答器由耦合元件及芯片组成，每个应答器具有扩展词条唯一的电子编码，附着在物体上用以标识目标对象，它通过天线将射频信息传递给阅读器，阅读器就是读取信息的设备。射频识别技术让物品能够"开口说话"。这就赋予了物联网可跟踪性。就是说人们可以随时掌握物品的准确位置及其周边环境。

2. 传感网技术

微机电系统是由微传感器、微执行器、信号处理和控制电路、通信接口和电源等部件组成的一体化的微型器件系统。其目标是把信息的获取、处理和执行集成在一起，组成具有多功能的微型系统，并集成于大尺寸系统中，从而大幅度提高系统的自动化、智能化和可靠性水平。微机电系统赋予了普通物体新的生命，让它们有了属于自己的数据传输通路，有了存储功能、操作系统和专门的应用程序，从而形成一个庞大的传感网。这让物联网能够通过物品来实现监控与保护。

3. M2M 技术

M2M 是 Machine-to-Machine/Man 的简称，是一种以机器终端智能交互为核心的、网络化的应用与服务。M2M 技术涉及 5 个重要的技术部分：机器、M2M 硬件、通信网络、中间件、应用。M2M 技术基于云计算平台和智能网络，可以依据传感器网络获取的数据进行决策，改变对象的行为，并进行控制和反馈。

4. 云计算

云计算旨在通过网络把多个成本相对较低的计算实体整合成一个具有强大计算能力的完美

系统，并借助先进的商业模式让终端用户得到这些具有强大计算能力的服务。云计算的一个核心理念就是通过不断提高"云"的处理能力，不断减少用户终端的处理负担，最终使其简化成一个单纯的输入、输出设备，并能让终端用户按需享受"云"强大的计算处理能力。物联网感知层获取的大量数据信息，在经过网络层传输以后，被放到一个标准平台上，利用高性能的云计算机对其进行处理，赋予其智能性，最终它们转换成对终端用户有用的信息。

10.4.4　物联网的应用

物联网的应用涉及方方面面。物联网在工业、农业、环境、交通、物流、安保等基础设施领域的应用有效地推动了这些领域的智能化发展，使得有限的资源得到更加合理的分配和使用，从而提高了行业效率、效益。物联网在家居、医疗健康、教育、金融与服务业、旅游业等与生活息息相关的领域的应用，使得这些行业从服务范围、服务方式到服务的质量等方面都有了极大的改进，大大地提高了人们的生活质量。在国防军事领域方面，大到卫星、导弹、飞机、潜艇等装备系统，小到单兵作战装备，物联网技术的嵌入有效提升了军事智能化、信息化、精准化，极大提升了军队战斗力，是未来军事变革的关键。

1. 智慧城市

智慧城市将人与人之间的通信扩展到了机器与机器之间的通信。"通信网+互联网+物联网"构成了智慧城市的基础通信网络，并在通信网络上叠加城市信息化应用。

智慧城市通过物联网基础设施、云计算基础设施、地理空间基础设施等新一代信息技术及融合通信终端等工具和方法的应用，实现全面透彻的感知、宽带泛在的互联、智能融合的应用，以及以用户创新、开放创新、大众创新、协同创新为特征的可持续创新。伴随网络"帝国"的崛起、移动技术的融合发展及创新的进程，智慧城市会成为继数字城市之后信息化城市发展的高级形态。

2. 智慧校园

智慧校园是指以促进信息技术与教育教学融合、提高学与教的效果为目的，以物联网、云计算、大数据分析等新技术为核心技术，提供一种环境全面感知、智慧型、数据化、网络化、协作型一体化的教学、科研、管理和生活服务，并能对教育教学、教育管理进行洞察和预测的智慧学习环境。智慧校园应用系统包括学生成长类智慧应用系统、教师专业发展类智慧应用系统、科学研究类智慧应用系统、教育管理类智慧应用系统、安全监控类智慧应用系统、后勤服务类智慧应用系统、社会服务类智慧应用系统、综合评价类智慧应用系统。

3. 智能电网

智能电网就是电网的智能化，也被称为"电网 2.0"。智能电网建立在集成的、高速双向通信网络的基础上，通过先进的传感和测量技术、先进的设备技术、先进的控制方法，以及先进的决策支持系统技术的应用，实现电网的可靠、安全、经济、高效、环境友好和使用安全的目标。其主要特征包括自愈、激励和保护用户，抵御攻击，提供满足用户需求的电能质量，允许各种不同发电形式的接入，启动电力市场，以及资产的优化、高效运行。

4. 智能家居

智能家居通过物联网技术将家中的各种设备（如音视频设备、照明系统、窗帘控制、空调控制、安防系统、数字影院系统、影音服务器、影柜系统、网络家电等）连接到一起，提供家电控制、照明控制、电话远程控制、室内外遥控、防盗报警、环境监测、暖通控制、红外转发及可编程定时控制等多种功能和手段。与普通家居相比，智能家居不仅具有传统的居住功能，还兼备建筑、网络通信、信息家电、设备自动化等相关功能，提供全方位的信息交互功能，甚至能为各种能源费用节约资金。典型的智能家居具有智能家庭安防、智能灯光控制、智能感知、智能电器控制、家庭门禁、能源管理系统、智能背景音乐、网络远程控制、家庭医疗保健和监护等功能。

5. 智慧交通

智慧交通是在智能交通的基础上，融入物联网、云计算、大数据、移动互联网等新技术，通过汇集交通信息，提供实时交通数据的交通信息服务。智慧、交通大量使用了数据模型、数据挖掘等数据处理技术，实现了智慧交通的系统性、实时性，信息交流的交互性，以及服务的广泛性。将先进的信息技术、数据通信传输技术、电子传感技术、控制技术及计算机技术等有效地集成并运用于交通系统，从而提高交通系统的效率。其目标在于提高运输效率、保障交通安全、缓解交通拥堵、减少空气污染。

6. 智能物流

智能物流就是将条形码、射频识别技术、传感器、全球定位系统等先进的物联网技术通过信息处理和网络通信技术平台广泛应用于物流业运输、仓储、配送、包装、装卸等基本活动环节，实现货物运输过程的自动化运作和效率优化管理，提高物流行业的服务水平，降低成本，减小自然资源和社会资源消耗的应用。物联网为物流业将传统物流技术与智能化系统运作管理相结合提供了一个很好的平台，进而能够更好、更快地实现智能物流的信息化、智能化、自动化、透明化、系统化的运作模式。智能物流在实施的过程中强调的是物流过程的数据智慧化、网络协同化和决策智慧化。智能物流在功能上要实现 6 个"正确"，即正确的货物、正确的数量、正确的地点、正确的质量、正确的时间、正确的价格，在技术上要实现物品识别、地点跟踪、物品溯源、物品监控、实、时响应等功能。

7. 智慧农业

智慧农业将物联网技术运用到传统农业中，通过移动平台或者计算机平台运用传感器和软件来对农业生产进行控制，依托部署在农业生产现场的各种传感节点（环境温湿度、土壤水分、二氧化碳、图像等）和无线通信网络，使传统农业更具有"智慧"，实现农业生产环境的智能感知、智能预警、智能决策、智能分析、专家在线指导，为农业生产提供精准化种植、可视化管理、智能化决策。智慧农业是农业生产的高级阶段，除了精准感知、控制与决策管理外，从广泛意义上讲，智慧农业还包括农业电子商务、食品溯源防伪、农业休闲旅游、农业信息服务等方面的内容。

10.5 虚拟现实技术

10.5.1 虚拟现实技术概述

虚拟现实技术的基本实现方式是计算机模拟虚拟环境来给人以环境沉浸感。虚拟现实技术利用现实生活中的数据，通过计算机技术产生的电子信号，将其与各种输出设备相结合，使其转化为能够让人们感受到的现象，即通过三维模型表现出来。因为这些现象是通过计算机技术模拟出来的现实中的世界，故称其为虚拟现实。

虚拟现实技术使用户可以在虚拟世界体验到最真实的感受，其模拟的环境与现实世界难辨真假，让人有种身临其境的感觉；虚拟现实可以使用户具有感知功能，例如听觉、视觉、触觉、味觉、嗅觉等；虚拟现实具有超强的仿真系统，真正实现了人机交互，使人在操作过程中，可以随意操作并且得到环境最真实的反馈。

10.5.2　虚拟现实技术的分类

根据用户参与虚拟现实形式及沉浸程度的不同，可以把各种类型的虚拟现实系统划分为以下 4 类。

1. 桌面式虚拟现实

桌面式虚拟现实系统是应用最为方便、灵活的一种虚拟现实系统，利用个人计算机或初级图形工作站，以计算机屏幕作为用户观察虚拟世界的窗口，采用立体图形、自然交互等技术，产生三维立体空间的交互场景，通过键盘、鼠标和力矩球等各种输入设备操纵虚拟世界，实现与虚拟世界的交互。

2. 沉浸式虚拟现实

沉浸式虚拟现实系统提供了完全沉浸式的体验，使用户有一种置身于真实世界的感觉，是一种较理想的虚拟现实系统。它采用洞穴式立体显示装置或头盔式显示器等设备，把用户的视觉、听觉和其他感觉封闭起来，并提供一个新的、虚拟的空间，利用三维鼠标、数据手套、空间位置跟踪器等输入设备和视觉、听觉等设备，使用户产生一种身临其境、完全投入和沉浸其中的感觉。

3. 增强式虚拟现实

增强式虚拟现实技术增强参与者在现实中无法或不方便获得的感受。增强现实是在虚拟现实与真实世界之间的沟壑上架起的一座桥梁。可以利用叠加在周围环境上的图形信息和文字信息，指导操作者对设备进行操作、维护或修理；还可以进行辅助教学、辅助训练，同时增进学生的理性认识和感性认识。

4. 分布式虚拟现实

分布式虚拟现实系统将分布在各处的多个用户或多个虚拟现实世界通过网络连接在一起，使多个用户参与到同一个虚拟空间，通过联网的计算机与其他用户进行交互，它使协同工作达到一个更高的境界。根据分布式虚拟现实系统运行的共享应用系统的个数，可将其分为集中式结构和复式结构两种。分布式虚拟现实系统在远程教育、工程技术、建筑、电子商务、交互式娱乐、远程医疗、大规模军事训练等领域都有着极其光明的应用前景。

10.5.3　虚拟现实技术的特征

1. 沉浸性

沉浸性是虚拟现实技术最主要的特征，虚拟现实技术就是要让用户成为并感受到自己是计算机系统所创造的环境中的一部分，当使用者感知到虚拟世界的刺激时，包括触觉、味觉、嗅觉、运动感知等，便会产生思维共鸣，造成心理沉浸，如同进入真实世界一样。

2. 交互性

交互性是指用户对模拟环境内物体的可操作程度和从环境得到反馈的自然程度，当使用者在进行某种操作时，周围的环境也会做出某种反应。如使用者接触到虚拟空间中的物体，那么使用者手上应该能够感受到；若使用者对物体有所动作，那么物体的位置和状态也应有所改变。

3. 多感知性

多感知性表示计算机技术应该拥有很多感知方式，例如听觉、触觉、嗅觉等。理想的虚拟现实技术应该能创建出具有人所具有的一切感知功能的系统。由于相关技术的限制，特别是传感技术的限制，目前大多数虚拟现实技术所能提供的感知功能仅限于视觉、听觉、触觉、运动感知等几种。

4. 构想性

使用者在虚拟空间中，可以与周围物体进行互动，可以拓宽认知范围，创造客观世界不存在的环境或场景。构想可以理解为使用者进入虚拟空间后，根据自己的感觉与认知能力吸收知识，发散拓宽思维，创立新的概念和环境。

5. 自主性

自主性是指虚拟环境中物体依据物理定律动作的程度。如当受到力的推动时，物体会向力的方向移动、翻倒或从桌面落到地面等。

10.5.4　虚拟现实技术的应用

随着各种技术的深度融合、相互促进，虚拟现实技术在教育、军事、工业、医学等领域的应用都有着极大的发展空间。

1. 教育领域

虚拟现实技术能将三维空间的事物清楚地表达出来，能使学习者直接、自然地与虚拟环境中的各种对象进行交互，通过多种形式参与到事件的发展变化过程中去，从而获得最大的控制和操作整个环境的自由度。这将为学习者掌握一门新知识、新技能提供最直观、最有效的方式。虚拟现实技术在很多教育与培训领域，如虚拟实验室、立体观念、生态教学、特殊教育、仿真实验、专业领域的训练等应用中具有明显的优势和特征。例如学习水轮发动机时，虚拟现实技术不仅可以直观地向学生展示出水轮发电机的复杂结构、工作原理，以及工作时各个零件的运行状态，而且可以模仿出各部件在出现故障时的表现和原因，为学生提供对虚拟事物进行全面考察、操纵乃至维修的模拟训练机会，从而提升教学和实验效果。

2. 军事领域

虚拟现实的最新技术成果在军事领域中往往被率先应用于航天和军事训练，利用虚拟现实技术可以模拟新式武器操纵和训练，以取代危险的实际操作。使用虚拟现实技术模拟的场景如同真实战场一样，操作人员可以体验到真实的攻击和被攻击的感觉。这将有利于操作人员从虚拟武器及战场顺利地过渡到真实武器和战场环境，这对各种军事活动影响深远，所以其应用前景不错。

3. 工业领域

虚拟现实技术已大量应用于工业领域。对汽车工业而言，虚拟现实技术旨在建立一种人工环境，人们可以在这种环境中以一种自然的方式从事驾驶、操作和设计等实时活动。在产品设计中借助虚拟现实技术建立的三维汽车模型，可显示汽车的悬挂、底盘、内饰，甚至每个焊接点，设计者可以通过三维模型确定每个部件的质量，了解各个部件的运行性能。这种三维模型准确性很高，汽车制造商可按得到的数据进行大规模生产。

4. 医疗领域

目前虚拟现实技术在医疗领域应用较为广泛的有：外科虚拟手术仿真训练、虚拟内科诊断、中医推拿按摩、运动理疗与恢复、数字医院医学仿真与教学等。虚拟手术仿真系统可以根据各种医学影像信息和数据创建虚拟手术环境，并在虚拟环境中建立 3D 模型来设计切口位置、角度，预演手术的过程，从而帮助医护人员提前预测手术过程中可能出现的问题并采取补救措施，提高手术的成功率。医生可以根据该系统更加合理地选择、制订手术方案和方法，减少手术给患者带来的各种损伤和伤害，并可以提高判断病灶位置的准度。所以虚拟手术仿真系统对各种复杂的内科、外科手术都有很好的辅助判断效果。建立和应用虚拟手术仿真系统，不仅能使医学科研机构的经济负担大幅减少，而且能有效缩短科研人员的手术训练时间，可以让科研人员获得真实的临场实际手术的手感。

本章小结

本章的目的是让读者了解计算机发展过程中出现的新技术，了解云计算、大数据、人工智能、物联网、虚拟现实技术等新技术的概念、特征和分类，让读者切实感受到新技术的出现给人类生活带来的巨大影响和改变。

练习题

思考题

（1）你在生活中接触过哪些新技术？试着从正面、负面两方面描述你对这些新技术的感受。

（2）本章中未提到的新技术还有哪些？你最希望应用的是哪个？为什么？

（3）试着描述未来可能出现的新技术及它们在生活中的应用。

【价值引领】

● 鼓励学生探索未知，激发创新和实践能力。

● 培养学生注重质量意识，重视开发工程项目的质量。

● 培育学生具备求真务实、理性思考的精神，具有严谨负责、勇于追求真理等优良品质。

● 鼓励学生将所学所得最终外化为严于律己、献身社会、忠于祖国的责任行为。

参 考 文 献

［1］毛建景，刘彩霞. 计算机应用基础［M］. 北京：人民邮电出版社，2019.

［2］甘勇，尚展垒，王伟，等. 大学计算机基础（微课版）［M］. 4 版. 北京：人民邮电出版社，2020.

［3］刘志成，石坤泉. 大学计算机基础［M］. 3 版. 北京：人民邮电出版社，2020.

［4］熊燕，杨宁. 大学计算机基础（微课版）［M］. 北京：人民邮电出版社，2019.

［5］陈仕鸿，胡春花，李穗丰. 大学计算机基础（微课版）［M］. 北京：人民邮电出版社，2020.

［6］贾如春，李代席. 计算机应用基础项目实用教程［M］. 北京：清华大学出版社，2018.

［7］互联网+计算机教育研究院. 办公自动化全能一本通［M］. 北京：人民邮电出版社，2017.

［8］文杰书院. Office 2016 电脑办公基础与应［M］. 北京：清华大学出版社，2019.

［9］龙马高新教育. 新手学电脑从入门到精通［M］. 北京：北京大学出版社，2016.

［10］杨月江. 计算机导论［M］. 2 版. 北京：清华大学出版社，2017.

［11］王伟. 云计算原理与实践［M］. 北京：人民邮电出版社，2018.

［12］黄史浩. 大数据原理与技术［M］. 北京：人民邮电出版社，2021.

［13］潘宏斌，林雨，王自力. 物联网概论［M］. 上海：上海交通大学出版社，2018.